新型磷酸盐晶体材料的合成与发光性能研究

赵丹 著

图书在版编目(CIP)数据

新型磷酸盐晶体材料的合成与发光性能研究/赵丹著. —西安:西安交通大学出版社,2017.12
ISBN 978-7-5693-0293-6

Ⅰ.①新… Ⅱ.①赵… Ⅲ.①磷酸盐-晶体-功能材料-研究 Ⅳ.①TQ126.3

中国版本图书馆 CIP 数据核字(2017)第 300428 号

书　　名 新型磷酸盐晶体材料的合成与发光性能研究
著　　者 赵　丹
责任编辑 郭鹏飞

出版发行 西安交通大学出版社
(西安市兴庆南路 10 号　邮政编码 710049)
网　　址 http://www.xjtupress.com
电　　话 (029)82668357　82667874(发行中心)
(029)82668315(总编办)
传　　真 (029)82668280
印　　刷 虎彩印艺股份有限公司

开　　本 787mm×1092mm　1/16　**印张** 13.5　**字数** 327 千字
版次印次 2017 年 12 月第 1 版　2017 年 12 月第 1 次印刷
书　　号 ISBN 978-7-5693-0293-6
定　　价 68.00 元

读者购书、书店添货、如发现印装质量问题,请与本社发行中心联系、调换。
订购热线:(029)82665248　(029)82665249
投稿热线:(029)82665127
读者信箱:lg_book@163.com

前　言

当今社会科技发展日新月异，新功能器件层出不穷，所有的一切都以材料为基础，研制、合成新型结构和新型功能的材料已成为各国科技工作者的一项重要任务。稀土元素在新材料的开发中肩负着重要的使命，其位于内层的 $4f$ 电子在不同能级之间的跃迁，可产生大量的吸收和荧光光谱信息，被称为21世纪的战略元素。各种稀土元素作为激活离子，掺入到各种基质中可得到多种性能优异的稀土发光材料，在光学照明、二次电池、磁记录等高科技领域具有广泛的应用。

稀土发光材料按应用情况可分为三种：(1)照明用稀土发光材料：从最先发现的并使用稀土氯化物灯用三基色荧光粉，到现在研究最为热门的白光LED用荧光粉；(2)显示用稀土发光材料：投影管用、场发射显示用(FED)、阴极射线管用(CRT)、等离子显示(PDP)用稀土发光材料等；(3)特种稀土发光材料，主要包括稀土长余辉荧光粉、X射线增感屏用荧光粉，上转换荧光粉等。目前，最主要应用是由电致发光所激发的电源照明方面，它被誉为白光LED照明中“第四代照明光源”。想要得到白光LED有三种方式可供选择，一种是直接用蓝光芯片与黄色荧光粉YGA：Ce^{3+}相结合。这种方式较为简单，但有明显不足，首先芯片与发光材料的衰减率不同，色差与色彩不稳定，其次YGA：Ce^{3+}体系由于缺少红光，其显色指数较低，从而影响白光的整体亮度。第二种是选用紫外芯片直接激发三基色发光材料。第三种采用紫外芯片激发单基质。目前来说只有第一种方式较为主流，在市场上占有率较高。

另一方面，磷酸盐体系晶体结构多样，性能卓越，在功能材料领域具有广阔的发展潜力，将稀土元素引入到磷酸盐体系中，二者完美结合，能够设计和合成出结构新颖，具有特定光学性能的磷酸盐晶体材料。作为新型荧光基质材料，磷酸盐晶体材料一直以来都是无机晶体材料领域的研究热点。本书简要回顾了磷酸盐发光材料的发展历程，阐述了基本制备方法、性能特点，然后分章节阐述了本人近年来研究的一些成果，可供读者阅读与参考。由于作者水平有限，不足之处请读者海涵。

本书作者赵丹为河南理工大学化学化工学院专业教师。本书的出版得到了国家自然科学基金(21201056)，河南省教育厅重点研究项目(17A150013)，河南省科技厅科技攻关项目(172102310678)的支持，在此表示衷心的感谢。

作　者

2017年9月于河南理工大学

目　录

第 1 章　绪论………………………………………………………………………… (1)

1.1　磷酸盐晶体材料 ……………………………………………………………… (1)

1.2　稀土发光材料 ………………………………………………………………… (4)

1.3　发光材料的发光机理 ………………………………………………………… (7)

1.4　稀土发光材料的合成方法 …………………………………………………… (9)

1.5　发光材料的性能表征………………………………………………………… (13)

1.6　密度泛函理论在固体计算中的应用及 CASTEP 程序简介 ………………… (17)

第 2 章　稀土发光材料多磷酸钬 $Ho(PO_3)_3$ ……………………………………… (22)

2.1　前言…………………………………………………………………………… (22)

2.2　实验主要试剂和仪器设备…………………………………………………… (22)

2.3　实验制备过程………………………………………………………………… (23)

2.4　结构分析与性能表征………………………………………………………… (26)

2.5　本章小结……………………………………………………………………… (30)

第 3 章　一种新型的荧光基质材料 $K_8Nb_7P_7O_{39}$ …………………………………… (31)

3.1　前言…………………………………………………………………………… (31)

3.2　实验主要试剂和仪器设备…………………………………………………… (31)

3.3　实验制备过程………………………………………………………………… (32)

3.4　结构分析……………………………………………………………………… (39)

3.5　性能研究……………………………………………………………………… (47)

3.6　本章小结……………………………………………………………………… (51)

第 4 章　荧光基质材料 $Na_3La(PO_4)_2$ 的结构和性能 ……………………………… (52)

4.1　前言…………………………………………………………………………… (52)

4.2　实验主要试剂和仪器设备…………………………………………………… (52)

4.3　实验制备过程………………………………………………………………… (53)

4.4　结构分析……………………………………………………………………… (59)

4.5　性能研究……………………………………………………………………………… (65)
4.6　本章小结……………………………………………………………………………… (71)

第5章　新型稀土发光材料 $Na_3Pr(PO_4)_2$ 的有公度调制结构和光谱性能 ……………… (72)
5.1　前言……………………………………………………………………………………… (72)
5.2　实验主要试剂和仪器设备……………………………………………………………… (72)
5.3　实验制备过程…………………………………………………………………………… (73)
5.4　结构分析………………………………………………………………………………… (85)
5.5　性能研究………………………………………………………………………………… (89)
5.6　本章小结………………………………………………………………………………… (91)

第6章　化合物 $K_2Ba_3(P_2O_7)_2$ 的晶体结构和光谱性质 …………………………………… (92)
6.1　前言……………………………………………………………………………………… (92)
6.2　实验主要试剂和仪器设备……………………………………………………………… (92)
6.3　实验制备过程…………………………………………………………………………… (93)
6.4　结构分析与性能表征…………………………………………………………………… (97)
6.5　本章小结………………………………………………………………………………… (99)

第7章　两个发光基质材料 $KMBP_2O_8$(M=Sr, Ba)的合成及表征 ……………………… (100)
7.1　前言 ………………………………………………………………………………… (100)
7.2　实验主要试剂和仪器设备 …………………………………………………………… (100)
7.3　实验制备过程 ………………………………………………………………………… (101)
7.4　化合物 $KMBP_2O_8$(M=Sr,Ba)的结构分析 ………………………………………… (105)
7.5　本章小结 ……………………………………………………………………………… (110)

第8章　斜钾铁矾型磷酸盐 $AM(PO_4)_2$(A=Sr,M=Ti;A=Sr,Ba,M=Sn)的合成及表征
……………………………………………………………………………………………… (111)
8.1　前言 ………………………………………………………………………………… (111)
8.2　实验主要试剂和仪器设备 …………………………………………………………… (111)
8.3　单晶制备过程 ………………………………………………………………………… (112)
8.4　单晶结构分析 ………………………………………………………………………… (112)
8.5　粉末制备过程 ………………………………………………………………………… (114)
8.6　结构与性质讨论 ……………………………………………………………………… (115)
8.7　本章小结 ……………………………………………………………………………… (123)

第 9 章　稀土磷酸盐 $LiM(PO_3)_4$ (M=Y, Dy)的结构和光谱性能 …………………… (124)
9.1　前言 …………………………………………………………………… (124)
9.2　实验主要试剂和仪器设备 ………………………………………… (124)
9.3　实验制备过程 ……………………………………………………… (125)
9.4　结构分析 …………………………………………………………… (128)
9.5　本章小结 …………………………………………………………… (132)

第 10 章　无水钾镁矾结构磷酸盐 $K_2AlTi(PO_4)_3$ 的合成及表征 ………………… (133)
10.1　前言 ………………………………………………………………… (133)
10.2　实验主要试剂和仪器设备 ………………………………………… (133)
10.3　实验过程 …………………………………………………………… (134)
10.4　结构与性质讨论 …………………………………………………… (136)
10.5　本章小结 …………………………………………………………… (141)

第 11 章　两种 NASICON 结构磷酸盐的合成及表征 ………………………… (142)
11.1　前言 ………………………………………………………………… (142)
11.2　实验主要试剂和仪器设备 ………………………………………… (142)
11.3　实验部分 …………………………………………………………… (143)
11.4　结果与讨论 ………………………………………………………… (146)
11.5　本章小结 …………………………………………………………… (152)

第 12 章　两种典型 NASICON 结构磷酸盐 $ASn_2(PO_4)_3$ (A=K, Rb) ………………… (153)
12.1　前言 ………………………………………………………………… (153)
12.2　实验主要试剂和仪器设备 ………………………………………… (153)
12.3　实验部分 …………………………………………………………… (154)
12.4　晶体结构 …………………………………………………………… (157)
12.5　本章小结 …………………………………………………………… (159)

第 13 章　稀土磷酸盐 $CsDyP_2O_7$ 的结构和光谱性能 ………………………… (160)
13.1　前言 ………………………………………………………………… (160)
13.2　实验主要试剂和仪器设备 ………………………………………… (160)
13.3　实验制备过程 ……………………………………………………… (161)
13.4　结构分析 …………………………………………………………… (164)
13.5　本章小结 …………………………………………………………… (169)

第 14 章　稀土磷酸盐 $K_3Dy(PO_4)_2$ 的结构和光谱性能 ………………………………… (170)
14.1　前言…………………………………………………………………………… (170)
14.2　实验主要试剂和仪器设备………………………………………………… (170)
14.3　实验制备过程……………………………………………………………… (171)
14.4　结构分析…………………………………………………………………… (174)
14.5　本章小结…………………………………………………………………… (178)

参考文献……………………………………………………………………………… (179)

第1章 绪 论

1.1 磷酸盐晶体材料

1.1.1 概述

材料是人类赖以生活和生产的物质基础，自古以来，人类总是不断地寻找与探索新材料，以促进社会生产力的发展和人类物质文明的改善。当今社会科技发展日新月异，材料的发展已成为科学技术发展的重要标志。当前，世界正面临着一场新技术革命，无论哪个国家，都要碰到能源、材料和信息的问题。材料是决定科学技术发展的关键之一，材料的种类和性能的优劣直接影响到科学技术发展的深度和广度，因此，研制和合成新型结构和新型功能的晶体材料已成为各国科技工作者的一项重要任务。另一方面，材料之所以能够日新月异地发展，并形成一门新兴学科——材料科学，这在很大程度上得力于晶体在微观尺度上的结构理论所提供的知识与观点，晶体学已成为固体科学的基础，任何一种材料，都有其组成、结构、性能及其相互关系，都有其形成的规律，对于任何一种材料都可以采用近代晶体学的观点与方法来加以分析和处理。

晶体材料中的一大类是无机晶体，它具有优异的物理性能，它能实现电、磁、光、声和力等的相互作用和转换，是现代科学技术发展中不可缺少的重要材料。例如：20 世纪 50 年代的半导体锗(Ge)和硅(Si)单晶的出现和应用，曾引起了微电子技术的一场革命；60 年代红宝石($Cr^{3+}:Al_2O_3$)、掺钕钇铝石榴石(Nd:YAG)等固体激光器的制作成功，大大地促进了激光技术的发展。时至今日，无机晶体材料依然是材料科学发展的重要前沿领域，它与空间、电子、激光、红外、新能源开发等新技术发展密切相关。而现代科学技术的发展，特别是光电信息技术的发展，对晶体材料的品种以及性能提出了更高的要求，天然晶体无论是在品种、质量和数量等方面都远远不能满足这一需求，这就极大地促进了人工晶体材料发展，一大批品种丰富，性能优异的无机晶体材料被开发出来，其中包括半导体晶体、压电晶体、激光晶体、非线性光学晶体、绝缘晶体、超硬晶体、磁性晶体等等。目前，随着激光技术的发展，人工合成的无机光学晶体材料越来越被人们所重视，成为人们广泛研究的领域。

无机磷酸盐晶体材料具有广泛研究和实用价值，在现有的无机晶体材料中占了较大的比例，在光学材料方面，早在 20 世纪 60 年代，KDP(KH_2PO_4)晶体作为典型的非线性材料，被广泛应用于各种激光倍频器上。它具有较高的非线性光学系数、较大的激光损伤阈值以及从近红外到紫外波段有较强透过率等优点。而70年代以后人们用新方法生长出来的KTP($KTiOPO_4$)晶体更是一种良好的非线性晶体材料。此外,磷酸盐晶体还是一种重要的介孔材料。Flanigen及其合作者在80年代首先合成了一类新型微孔材料:$AlPO_4-n$(n指结构类型),它具有超过40个不同的空间结构类型。从此以后,磷酸盐类介孔材料的合成引起了科学家们的巨大兴趣,这些介孔材料的开放型结构使其成为潜在的催化剂、分子筛或离子交换剂。在生物材料方面,磷酸盐材料亦扮演着重要的角色。例如,化合物$Ca_5(PO_4)_3OH$是人体内牙齿、骨骼等坚硬组织的主要组成部分,了解它的晶体生长过程对于研究生物体的骨化、结石以及动脉硬化等具有重要的意义;其结构化学的深入了解对于我们人工设计合成一些生物材料也是至关重要的。除上述的一些领域外,磷酸盐晶体在包括催化化学、磁性材料等诸多其他领域亦有着重要的应用。在磷酸盐化合物中,很多具有开放性结构,成为催化剂、分子筛及离子交换剂的候选者,有些具有离子交换性质的同时具有开放型骨架结构,成为快离子导体。

1.1.2　磷酸盐的结构

磷酸盐体系化合物的基本结构单元是PO_4基团。一般来说,一个磷原子与四个氧原子以共价键配位,形成PO_4四面体。很多磷酸盐化合物的基本结构单元都是由孤立的PO_4四面体,阳离子分布在PO_4四面体之间,形成了三维骨架结构。另一方面,PO_4四面体之间通过氧原子的桥连作用,以共用顶点的方式将不同数目的PO_4基团彼此相连,可形成种类繁多的多聚基团。大致可分为两类:链状磷酸盐和环状磷酸盐,下面分别介绍。

(1)链状磷酸盐。在这类化合物中,磷氧骨架或以孤立的PO_4四面体形式存在;或以多个PO_4相互连接而形成的阴离子基团的形式独立存在,常见的阴离子基团有$P_2O_7^{4-}$,$P_3O_{10}^{5-}$,$P_4O_{13}^{6-}$(如图1.1所示),这些磷氧基团在磷酸盐中通过阳离子基团而相互连接。在某些磷酸

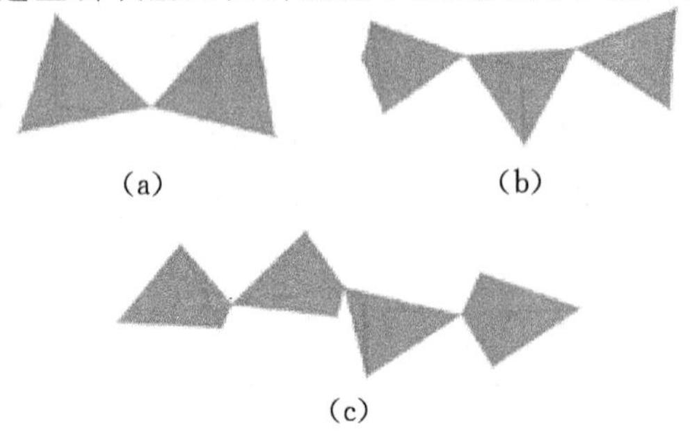

图1.1

(a) $P_2O_7^{4-}$示意图。含有此基团的常见化合物包括:$M_2P_2O_7$(M=Mg,Ca),$M^IM^{III}P_2O_7$(M^I=Li,Na;M^{III}=Fe,Mo,V,Cr,Al,Ga,In)等;

(b) $P_3O_{10}^{5-}$示意图。含有此基团的常见化合物包括:$Na_5P_3O_{10}$,$K_3H_2P_3O_{10}\ H_2O$,$KSmHP_3O_{10}$,$Zn_5(P_3O_{10})_2(H_2O)_{17}$等;

(c) $P_4O_{13}^{6-}$示意图。含有此基团的常见化合物包括:$CaNb_2(P_4O_{13})(P_2O_7)O$,$K_2(VO)_2P_4O_{13}$,$Mo_2O_2P_4O_{13}$,$M_3P_4O_{13}$(M=Sr,Ba,Pb),$Cr_2P_4O_{13}$等等

盐晶体中，磷氧骨架为无限延伸的一维长链，如化合物 $KGd(PO_3)_4$ 等。

(2)环状磷酸盐。三个或三个以上的 PO_4 四面体通过共顶点的方式首尾相连，可以形成环状的阴离子基团，常见的如 $P_3O_9{}^{3-}$，$P_4O_{12}{}^{4-}$，$P_6O_{18}{}^{6-}$，$P_8O_{24}{}^{8-}$ 这四种环状结构，如图 1.2 所示。

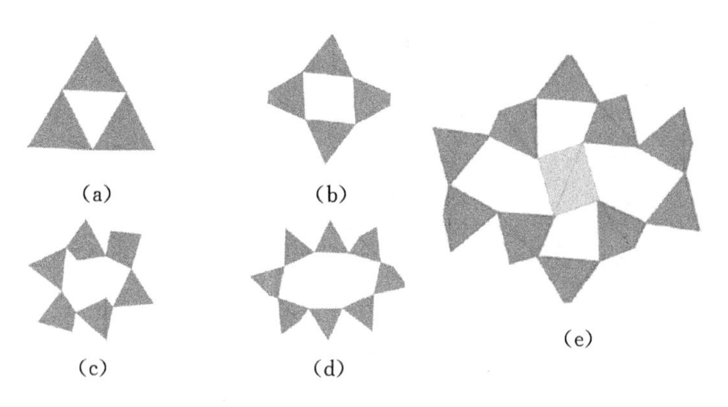

图 1.2

(a) $P_3O_9{}^{3-}$ 环示意图，含有此基团的常见化合物包括：$LiK_2P_3O_9(H_2O)$，$Ag_3P_3O_9(H_2O)$ 等；

(b) $P_4O_{12}{}^{4-}$ 环示意图，含有此基团的常见化合物包括：$ZnNi(P_4O_{12})$，$Na_4P_4O_{12}$，$(NH_4)_4P_4O_{12}$ 等；

(c) $P_6O_{18}{}^{6-}$ 环示意图，含有此基团的常见化合物包括：$K_6P_6O_{18}$，$Li_3Na_3(P_6O_{18})(H_2O)_{12}$，$Cr_2P_6O_{18}$ 等；

(d) $P_8O_{24}{}^{8-}$ 环示意图，含有此基团的常见化合物包括：$Na_8P_8O_{24}(H_2O)_6$，$(NH_4)_8(P_8O_{24})(H_2O)_3$ 等；

(e) $P_{10}O_{30}{}^{10-}$ 环示意图，含有此基团的常见化合物包括：$Ba_2Zn_3P_{10}O_{30}$ 等

(3)复合硼磷酸盐。磷氧基团还可以和硼氧基团相互连接，形成多种多样的硼磷酸盐结构。在硼磷酸盐中，磷氧通常呈 PO_4 四面体配位，而硼氧则有两种配位方式，一种为 BO_4 四面体配位。另一种为 BO_3 平面三角形配位。这种独特的结构特征类似于铝硅酸盐，Kniep Rüdiger 等人对这一系列的化合物做了系统的研究和综述。根据 Kniep Rüdiger 等人的总结，硼磷酸盐可以根据其基本结构单元中 B∶P 的比例来分类，如表 1.1 所示。

表 1.1　描述硼磷酸盐的符号及示例

<table>
<tr><th>符号</th><th>描述对象</th></tr>
<tr><td>□</td><td>tetrahedron(BΦ₄, PΦ₄, MΦ₄)</td></tr>
<tr><td>△</td><td>trigonal planar(BΦ₃)</td></tr>
<tr><td><…></td><td>ring motif</td></tr>
<tr><td>[…]</td><td>branching polyhedron/anion</td></tr>
<tr><td>|</td><td>separator for branches</td></tr>
<tr><td>—，=，≡，…</td><td>structursl motifs share
1,2,3,…common polyhedra</td></tr>
</table>

续表 1.1

示例	描述为 A：B
	△：□△ (dimer)
	3□：3□ (uB trimer)
	4□：[□]□|□|□| (oB tetramer)
	6□：<6□> (uB ring)
	6□：[<3□>]=<3□>|□|□| (olB ring)

根据这种划分方法，可以把多种多样的硼磷酸盐全面系统地分类，例如：B：P=1：1 的化合物 $MBPO_5$(M=Ca,Sr,Ba)，它们的基本结构基元是 4：<3>，基本结构如图 1.3 所示。

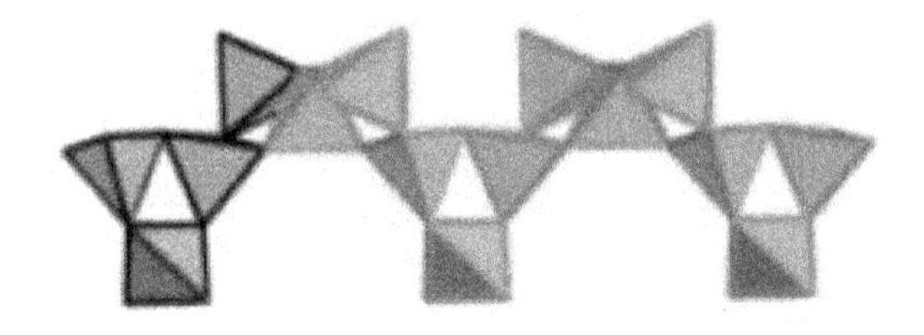

图 1.3　化合物 $MBPO_5$(M=Ca,Sr,Ba)的基本结构基元

其他报道的硼还有如 $Sc(H_2O)_2[BP_2O_8]\cdot H_2O$，$Na[ZnBP_2O_8]\cdot H_2O$，$(C_4N_3H_{16})[Zn_3B_3P_6O_{24}]\cdot H_2O$，$Na_5B_2P_3O_{13}$，$Co(C_2H_{10}N_2)(B_2P_3O_{12})(OH)$，$M^IM^{II}(H_2O)_2(BP_2O_8)\cdot H_2O$(MI=Na,K；MII=Mg,Mn,Fe,Co,Ni,Zn)，$M^IM^{II}(H_2O)(BP_2O_8)$，$A(ZnBP_2O_8)$($A=NH_4^+$，K^+，Rb^+，Cs^+)，$Na_3B_6PO_{13}$，$Na_3BP_2O_8$，$Sr_6BP_5O_{20}$，$Na_2[VB_3P_2O_{12}(OH)]\cdot 2.92H_2O$，$M^{II}[BPO_4(OH)_2]$(M(II)=Mn,Fe,Co)，$Na_2[M^{II}B_3P_2O_{11}(OH)]\cdot 0.67(H_2O)$($M^{II}$=Mg,Mn,Fe,Co,Ni,Cu,Zn)，$Cu(H_2O)_2(B_2P_2O_8(OH)_2)$，$NH_4[BPO_4F]$，$KAl(BP_2O_8(OH))$，$NaInBP_2O_8(OH)$，$Na_8[Cr_4B_{12}P_8O_{44}(OH)_4][P_2O_7]\cdot nH_2O$，$Fe(H_2O)_2BP_2O_8\cdot(H_2O)$等等。

1.2　稀土发光材料

从古至今，人类发展足迹中对光明的探索从未间断，从最初的篝火到现在千家万户的灯火通明,光明的探索突飞猛进,创新科技的思维带来了照明用具进一步的更新换代,也让发光材料更加充分地发挥其价值。发光材料分为很多种,稀土元素因具有独特优异的光谱特性,被越来越多地应用。某一物质受到外来不同形式的能量(光的照射、外加电场、电子束轰击等)激发后,这种物质便会吸收能量,通过储存、传递、转换过程,最终返回平衡状态,其中一部分能量会以可见光或其他的电磁形式发射出来,这个过程中物质就会发光。发光是非平衡辐射的一种特殊现象,其本质是能量守恒中能量之间的互换,辐射出来的能量是物质内部电子之间的能级跃迁,所谓的稀土发光材料就是化合物组成成分中含有稀土元素,稀土元素已被众多发达国家列为战略性物质。我国是稀土大国,稀土资源含量极其丰富,这也为稀土方面的相关研究提供很好的平台。

1.2.1　稀土元素的发光特性

稀土元素是指镧系和过渡金属元素中钪(Sc)和钇(Y)两种元素,总共加起来有 17 种元素,镧系元素包括镧(La)、铈(Ce)、镨(Pr)、钕(Nd)、钷(Pm)、钐(Sm)、铕(Eu)、钆(Gd)、铽(Tb)、镝(Dy)、钬(Ho)、铒(Er)、铥(Tm)、镱(Yb)、镥(Lu)。在稀土元素研究中,+3 价稀土离子(Ln^{3+})被研究的最多也最充分,另外还有极少数+2 或+4 价等稳定价态,例如 Ce、Sm、Eu、Tb 等元素,也有相关的文献报道。稀土离子中大部分均含未填满的 $4f$ 电子轨道,其内部轨道一般的构型是$(Xe)(4f)^n(5s)^2(5p)^6$、$(Xe)(4f)^n(5d)^m(4f)^{n-m}(5s)^2(5p)^6$,其中,$4f$ 轨道电子能被外层 $5s^2 5p^6$ 壳层所屏蔽,其状态相对稳定,能级差非常小,能发射出锋利尖锐且纯度极高的线状光谱,其能级间自发跃迁概率极低,使得光衰减时间达到长寿命状态,如图 1.4 所示。稀土离子吸收和发射光谱包含三种形式的跃迁:$f \to d$ 跃迁,$f \to d$ 跃迁,电荷跃迁。这些不同的能级跃迁数目总数量有 192177 个,因此掺杂稀土离子的化合物能形成种类繁多的发光材料。此外,稀土离子还具备高的吸收能量、性能稳定等优点,即使受到超强电子束、高辐射、强紫外光激发依然能保持很高的发光效率。

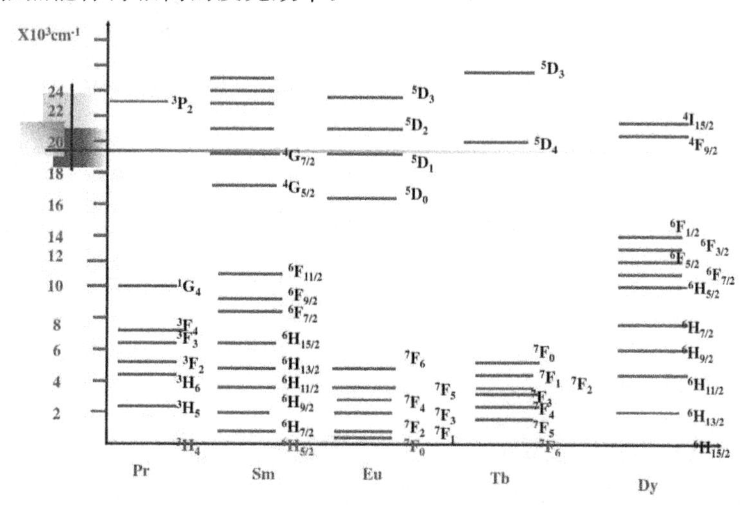

图 1.4　稀土离子的能级

稀土离子中 $f \to f$ 跃迁的发光特性主要受浓度、温度以及电子层的结构影响，主要跃迁方式分为两种：一种是禁戒跃迁，即为稀土离子的 $4f^n$ 组态内的跃迁，发射的光谱形状呈狭窄线状，色度高。一种是允许跃迁，一般处于紫外和真空紫外区，所需能量较高，是稀土离子的 $4f^n$ 组态到 $4f^{n-1}5d$ 组态的跃迁，所发射光谱呈宽带状，强度高，但荧光寿命较短。在稀土离子化合价研究领域中，主要研究包括正常价态（+3）和非正常价态（+4 和+2），目前研究最为充分的是+3 价稀土离子，其外层电子构型为 $4f^n5s^25p^6$，大多数 Ln^{3+} 的吸收与发射是禁戒跃迁，当然也包括特殊的 Ce^{3+}、Pr^{3+}、Tb^{3+} 等部分允许跃迁。

1.2.2 影响发光材料的发光因素

稀土发光材料的发光效果受制于多种因素的影响，例如材料的稳定性、颗粒大小、是否易溶于水、温度范围、激活剂的掺杂浓度等。

（1）紫外光照射稳定性：当某种发光材料在紫外光或近紫外光不断地激发下，材料表面会出现分解现象，材料分解后变黑出现老化从而影响材料的发光效果。如果想要测试样品的稳定性，可以通过在低压汞灯的照射下，横坐标作为时间，纵坐标作为发光亮度，得出的关系曲线，去分析其样品稳定时间范围。

（2）颗粒特性：发光材料颗粒的粒度是影响其应用性能的一项重要参数。一般评价比较优良的样品颗粒，应选择颗粒尺寸大小适中，发光亮度优的粉末。因为粒度越大，亮度虽优，但使用性越差；而粒度越小，发光虽低，但单位面积的颗粒使用更佳，使用更充分更能节省成本，降低能耗。一般认为，采用高温固相合成的发光材料要比使用其他方法所制备的材料发光性能较好。

（3）耐水性：材料发光性能的好坏与其在含水环境状态也息息相关，如果样品在水分子的作用下极易产生水解，会大大影响其发光效果。

（4）温度特性：温度特性包括静态与动态温度特性。静态温度特性受加工温度影响较大，不同的温度会使材料的亮度发生改变；动态温度特性是指不同环境引发发光亮度不同。通常制备样品时应需考虑不同的工序对发光性能的影响。同时，要通过不同的实验比对选择合适的温度参数防止由于过高的温度使材料发生温度猝灭。

（5）激活剂的掺杂浓度：稀土离子是最常用的激活剂。激活剂的掺杂量是影响材料发光性能的重要参数，激活剂的浓度过大与过小都会引起不同的发光亮度，甚至会由于激活剂量掺杂过高发生浓度猝灭而不发光，因此，激活剂的掺杂量一般都有一个最适值，从而使发光效果达到最佳状态。

1.2.3 稀土发光材料的生产工艺

发光材料制备的特殊要求包括：

（1）所制备的发光材料的物理和化学性能必须稳定，不风化、不潮解、在封装时不与设备发生作用。

（2）发光材料的发光具有良好的温度猝灭特性，且在紫外光子的长期轰击下，依然能保持优良的稳定性。

(3)在涂覆工艺时,为了发挥发光材料的最佳使用效率、发光环境等,应在研磨工艺时尽量使发光材料的粒度分布小于8 μm。

制备发光材料的工艺流程分为以下几个步骤:首先净化原料,制备半成品,然后设计发光材料的配料,再试水热或烧结配料,产物的处理,最后使用专门试剂加工发光材料粉末的表面。稀土发光材料的制备工序是一道很细致谨慎的工作,在工业成品生产的工程中对外来的化合物和元素都有一定的很严格标准范围,比如在制备白光LED材料过程中,荧光粉性能的优良直接影响物质的发光效果。这也就是说,在合成过程中的每一个阶段都要做好清洁工作,包括原料制备过程所使用的坩埚、烧杯、反应釜等仪器设备,而原料的纯度、水质的标准要求直接或间接会影响材料的纯度,还要排除空气中的灰尘,这些方案都是为了保证所生产出的成品使用率。

1.2.4 稀土发光材料的应用

稀土元素在新材料的开发中肩负着重要的使命,应用最广泛的主要是在光学材料、发光材料、电池材料、磁性材料等高科技领域。

稀土发光材料按应用分为三种:

(1)照明用稀土发光材料,从最先发现的并使用稀土氯化物到灯用三基色荧光粉,再到现在研究最为热门的白光LED用荧光粉。

(2)显示用稀土发光材料,投影管用、场发射显示用(FED)、阴极射线管用(CRT)、等离子显示(PDP)用稀土发光材料等。

(3)特种稀土发光材料,主要包括稀土长余辉荧光粉、X射线增感屏用荧光粉,上转换荧光粉等。

白光LED被誉为"第四代照明光源",想要得到白光,有三种方式可供选择。一种是直接用蓝光芯片与黄色荧光粉YGA:Ce^{3+}相结合。这种方式较为简单,但有明显不足,首先芯片与发光材料的衰减率不同,色差与色彩不稳定,其次YGA:Ce^{3+}体系由于缺少红光,其显色指数较低,从而影响白光的整体亮度。第二种是选用紫外芯片直接激发三基色发光材料。第三种采用紫外芯片激发单基质,这种方式显色指数稳定,色彩还原性好,也避免多基质的重吸收现象,但也存在转换效率低的问题。目前来说只有第一种方式较为主流,在市场上占有率较高。

1.3 发光材料的发光机理

发光材料的发光原理与其内部的分子结构息息相关。只有具有吸收光子的结构与较强的吸收能量转换能力的材料才有可能发射荧光,因此,要想判断一种物质是否能发光,首先要分析和确定物质的晶体结构。例如有些材料能够发射荧光但它的吸收能力却很一般,而有些材料吸收能量极强,但却拥有较差的荧光效率。如果能更深入地剖析物质内部分子结构与材料发光之间的关系，这将对提高材料荧光发光效率与分析能力有极其重要的价值。发光材料研究最为热门的当属稀土无机固体晶体材料了，它在光致发光领域特别是发光二极管(LED)研究进展中做出了非常重要的贡献，是研究最多，应用最为广泛的一个领域。

1.3.1 特征型发光材料的发光机理

特征型发光材料的内部能量状态的二级能带模型如图 1.5 所示。在发光材料的发光中心内部中，a_1表示为激发态，a_2 表示激发态，对应的曲线表示能量与位形的坐标关系图，横线表示在绝对温度以上时的能量振动状态，E_{10}代表未激发状态，E_{20}代表激发状态。当材料受到辐射时，分子内部吸收能量，发生能级跃迁，即 E_{10}到 E_2 的跃迁，然后能量沿着 a_2 曲线到达激发状态 E_{20}的平衡位置，根据量子力学的基本原理，任何激发态都是非稳定态，物质终究会以辐射的形式返回能量更低稳定态，即基态，这个过程便是从 E_{20}到 E_1的辐射跃迁，能量以光的形式放出。整个跃迁过程中，$E_2-E_{10}>E_{20}-E_1$，发生斯托克斯效应，使得最终的发射波长较于吸收波长沿着长波方向移动。

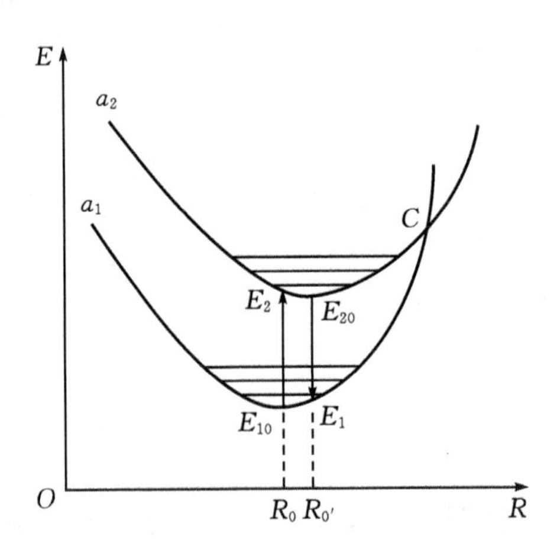

图 1.5 特征型发光材料的二维能带模型

图 1.5 中C点表示物质所处的温度的最高值，当温度达到一定程度时，物质内部会发生温度猝灭，也就是激发态，C点会直接沿着曲线a_1回到平衡位置，此时不发光，因此温度对光谱猝灭的影响较大。而图中 $\Delta R(\Delta R=R_{0'}-R_0)$ 表示曲线 a_1 到 a_2 的位移，这个位移的变化是基于基态与激发态的化学键状态的不同，ΔR是原子核间的振动引起的，通常来说，当激活中心受到激发时，电子的运动速度要远远快于原子核的运动速度，两者运动速度比接近无穷大比无穷小时，原子核的运动速度可以近似被忽略，我们只研究电子的跃迁状态。

1.3.2 复合型发光材料的发光机理

固体能带理论是研究复合型发光材料发光机理的主要理论基础，它基于内部的相互作用形成的能带。一般固体中存在两个能带，一个是价带，一个是导带，其中固体中充满电子的是价带，未充满电子的是导带。导带与价带中间是禁带，禁带中不存在能级跃迁，这种情况如果引入激活中心，则禁带中可能就会形成能级。

半导体发光物质的能带图如图1.6所示。当在固体晶格含有或有目的的掺杂激活离子后，产生激活中心就会使禁带之间形成 A_1 和 A_2。如果固体晶格有缺陷或引入杂质就会产生用作俘获电子的能级 A_3。当物质受到激发，激活中心吸收能量，从基态 A_1 发生能级跃迁到激发态 A_2，过程(1)所示。由于处于激发态的 A_2 极不稳定，会以辐射跃迁的形式回到基态，辐射时产生能量即为我们所看到的荧光，过程(2)所示。过程(3)是部分跃迁到激发态的 A_2 中的电子继续受到激发发生跃迁直至导带，在回到基态的过程中，会被俘获能级 A_3 所俘获，只要给与这部分电子一定的能量，被俘获的电子吸收能量后，便会跃迁出来，过程(5)所示。跃迁出来的电子先被能级 A_3 能级重新俘获，过程(4)所示，也有存在可能从导带直接返回激活态 A_2 能级，过程(6)所示，这个过程会存在以辐射的形式产生荧光，直持续到无电子被俘获能级俘获。过程(7)也存在另一种的发光环境，这个过程物质受到激发，内部发生电子转移，电子吸收能量从价带直接跃迁到导带上，这是特殊的发光过被称为敏化发光。如果掺杂到基质中这种离子直接吸收激发辐射能量，并且辐射出光谱恰好与吸收进光谱一致，然后又把吸收的能量直接传递给激活剂而发光，这种离子便被称为发光材料的敏化剂。

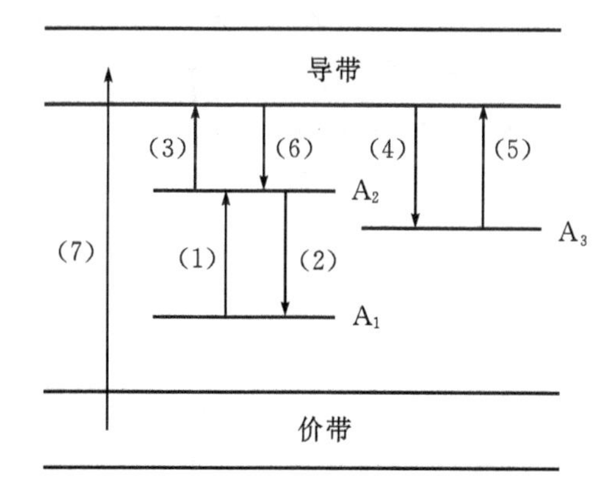

图1.6 发光物质的能带图

1.4 稀土发光材料的合成方法

随着现代科学技术的不断进步以及多学科的相互交叉与渗透，人们不断摸索着不同的荧光粉的制备方法，以寻求最有效、反应周期更短、发光效率更高、性能最为优异、成本低廉、更能适应现代工业化生产的合成方法。通常，要得到纯度好、结晶性能优、稳定性高、尺寸大小可控、颗粒分布均匀的样品，我们一般会采用不同的制备方法作对比，并对实验设计进行不断的改进，以便找到最适合的合成方法。目前常用的合成方法主要分为以下几种：高温固相合成法、水热合成法、沉淀合成法、溶胶凝胶合成法、微波合成法、燃烧合成法等。另外，还有其他的合成方法，在此就不一一陈述了。在实际操作中，研究者及工业生产者会依据不同制备方法各自的特点用来满足目标产物的设计与合成。

1.4.1 高温固相反应法

高温固相合成法(High Temperature Solid State Reaction)是制备发光材料实验研究经常接触的方法,也是目前实现工业化生产的主要方法。固相反应是在反应物的颗粒界面进行的。正常情况下,颗粒越细的样品,反应效果越好,这主要是因为颗粒小的材料之间接触面积大,比表面积也大,促进了反应过程的进行。整个反应的推动力来自高温下物质内部的扩散作用,因此在反应前要对初始原料进行充分的研磨和混匀。固相反应一般分为四个步骤:

(1)固相界面的扩散;

(2)原子尺度的化学反应;

(3)新相成核;

(4)固相的运输及新相的长大。

高温固相制备方法分为以下几部分,首先将初始原料按照化学计量比在电子天平上进行称取,把所称的原料倒入玛瑙中进行充分的研磨和混匀,研磨时加入乙醇能促进原料内部分子间扩散速度更快,加速反应进行。然后将所制得的混合物倒入相应体积的坩埚中压实,最后放入马弗炉中按照调控的温度高温煅烧数小时,煅烧过程中最佳烧结温度、反应时间及反应气氛主要取决于组分的熔点、结晶能量和扩散能力。等到炉温降至室温后,将所得的样品进行粉碎研磨得到目标产物。在此过程中煅烧温度是关键环节,直接决定目标产物的发光性能,可以通过加入适量的助溶剂,如硼酸、碱金属或碱土金属氯化物等,来促进反应离子间的扩散,降低反应温度,从而改善产物的结晶性与形貌,提高发光性能。

高温固相法目前相对成熟,且此法操作简单,适合大规模生产,所制得的荧光粉缺陷少、纯度高、结晶度好,但由于固相法过程中煅烧温度高(1100～1400℃)、设备要求高、反应周期长(恒温 2 小时以上)、冷却时间长、能耗高,而且产物颗粒大小分布不够均匀、产物硬度大、易结块。这些都不利于所合成的发光材料在工业生产上的应用,通常需要后续的球磨、过筛、洗涤等工艺处理。

高温固相反应法的制备工艺流程图如图 1.7 所示。

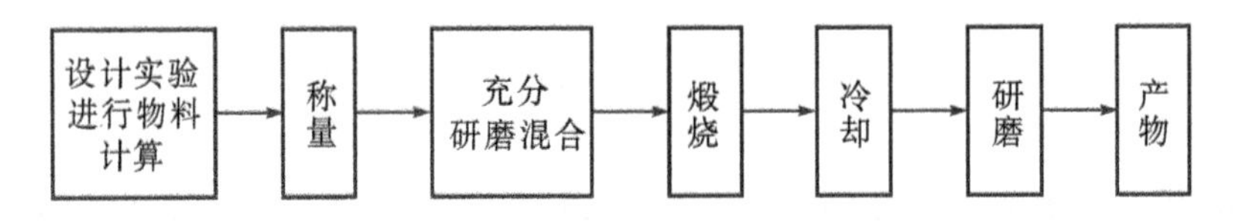

图 1.7 高温固相合成法工艺流程图

1.4.2 水热合成法

水热合成法(Hydrothermal Method)是在内衬聚四氟乙烯反应釜中进行,一般选取去离子水作为反应溶剂,加热前驱物至临界或近临界温度,同时将反应温度控制在中温 100～600℃和压强>9.81 MPa 的体系中,此过程中水作为溶剂或矿化剂参与反应,通过对原料 pH

值、温度、反应时间及矿化剂的调制调节，得到想要的样品。具体步骤是：首先按照化学计量比准确称一定量初始原料，加入一定量的水或配制溶剂，混合均匀后，转移至高压反应釜中，通过程序控制反应温度与反应时间，反应完全后，冷却、离心分离、洗涤、干燥便得到所需的目标产物。而通过有机溶剂替代水进行的反应，被称之为溶剂热法。

水热合成法制备过程如图1.8图所示。

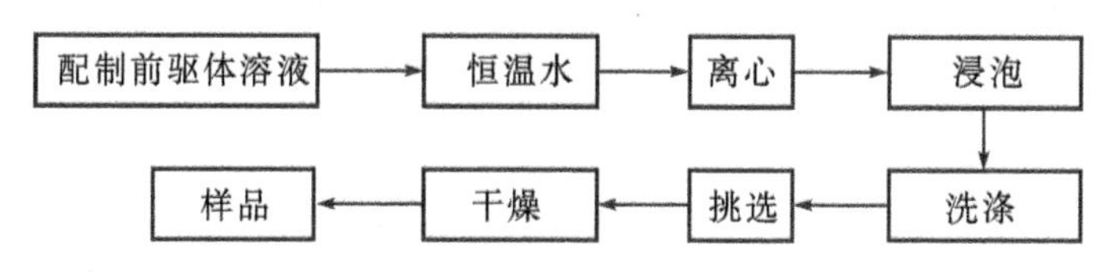

图1.8　水热合成法样品合成示意图

水热合成法及溶剂热法相对于高温固相法有非常明显的优点，如产物颗粒形貌与尺寸易于控制，结晶度好，晶相分布均匀，反应温度低，且通过水热法可能获得一些新物相，利于开发新材料。但是其缺点也不容忽视，如反应条件较为苛刻，对设备要求较高，反应过程不易观察，产量低，材料的发光亮度低，这些因素都会限制其工业化生产。

1.4.3　沉淀合成法

沉淀法(Precipitation Method)在湿化学方法最早使用，也是合成稀土发光材料的研究方法，其反应原理是将含有阴离子沉淀剂(OH^-、CO_3^-、$C_2O_4^-$、$H_2PO_4^-$)适当加进包含一种或多种离子的可溶性盐液，并在一定温度下充分搅拌使之发生水解，生成不溶于水的盐类、水合氧化物或氢氧化物沉淀并析出，将所得沉淀物用水或乙醇反复洗涤、过滤后，再经干燥、研磨、热处理而制得高纯度超细粉末。沉淀法有共沉淀法和均匀沉淀法。均匀沉淀法是将特定试剂加进含金属盐沉淀溶液中，是沉淀剂能够与溶液中的阳离子发生均匀的反应或改变溶液的pH值来得到均匀沉淀物的一种方法，这种方法的最大优点在于沉淀物能够在盐溶液中均匀地反应生成。单相与混合共沉淀是共沉淀法两类形式，由于共沉淀制备的样品纯度高、周期较短、粒径小、分散性好并成本低廉，因此相较于均匀沉淀法来说，共沉淀在实际应用上更胜一筹。它的反应机理是通过加入沉淀剂将溶液中的阳离子都沉淀出来，从而使产物得到分解。但是该法在制备过程中要求溶液中的各种组分有近似的水解或沉淀条件，从而限制了它的使用条件。

在沉淀法使用过程中，多种因素需要充分考虑，例如沉淀剂的选择，溶液浓度控制，沉淀温度使用，搅拌顺序以及搅拌速度等条件都会对目标产物晶型、发光性能等产生较大影响。

1.4.4　溶胶-凝胶合成法

溶胶-凝胶法(Sol-gel Method)也是制备荧光材料方法之一，其操作过程包含溶液的制备、溶胶的合成、溶胶的固化、凝胶干燥及受热处理。

溶胶-凝胶合成法的制备过程如图1.9所示。

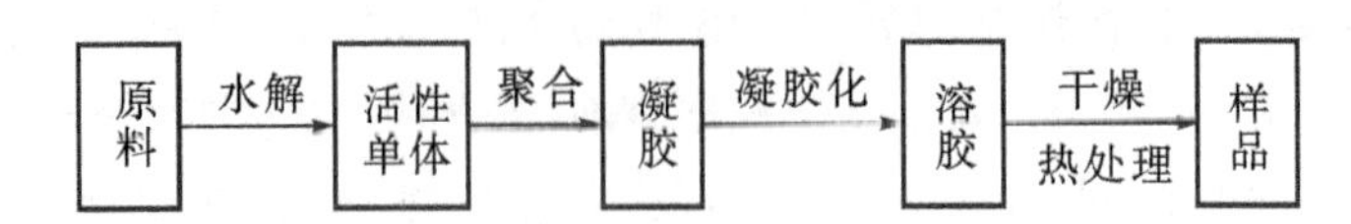

图 1.9 溶胶-凝胶法的制备流程图

Sol-gel 法制备方法有水溶液 Sol-gel 法、醇盐溶液 Sol-gel 法。其反应原理是将金属醇盐、无机盐或有机类溶于水溶液或有机溶剂中，经过水解或醇解或螯合反应陈化，积聚成溶胶，然后加热、蒸发变为凝胶，凝胶均匀烘干制得目标产物。与传统的高温固相法相比，此法制备的产品纯度高、均匀性优、一般无需研磨、形貌和粒径容易控制且煅烧温度低。在制备发光材料中可以通过有效掺杂稀土离子进行定量控制，从而提高其发光性能。不过这种方法也存在不足，如易引入杂质、反应时间长、反应过程不易控制等。

1.4.5 熔盐法

熔盐法是一种非常简易的制备方法。它的反应过程首先将初始原料按照一定的化学计量比混合均匀，通过加热、洗涤、过滤、干燥等处理，得到高纯度的目标产物。在此过程中，最为关键的是熔盐的选择，熔盐作为溶剂和反应介质参与其中，直接影响所制样品的纯度和发光性能。实验过程中一般采用可溶性低熔点的一种或几种盐类做熔盐，常用的盐类包括 MCl_x，$M(NO_3)_x$ 及 M_xSO_4（M 代表碱金属或碱土金属，$x=1,2$）。

熔盐法是传统的高温固相合成法的升级版，其适用性强，一般制备过程中都能找到合适的助溶剂；所需设备较为简单，材料制备技术较为先进；且反应温度低、周期性较短、粉体的颗粒形状和尺寸易于控制等，使它在电池、磁性纳米材料、催化载体、超导体等领域广泛应用。然而熔盐法仍存在一些不足，比如熔盐的掺杂和坩埚的材料对合成的产品有不同程度的污染；许多熔盐的挥发物质存在一定的毒性易污染环境以及腐蚀设备坩埚。

熔盐法的制备流程图如图 1.10 所示。

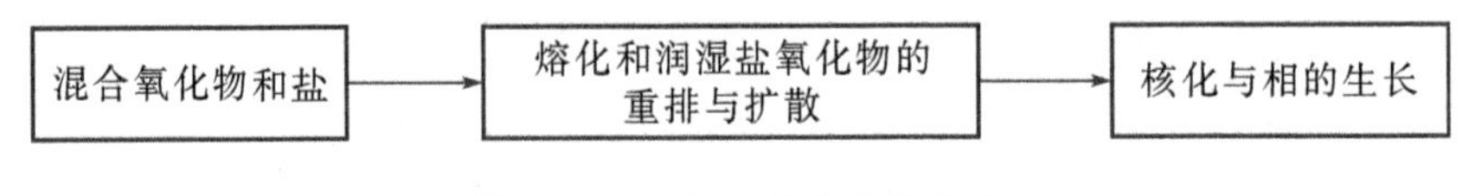

图 1.10 熔盐法的合成示意图

1.4.6 微波合成法

微波法（Microwave-assisted Method）在已有的制备方法中属于新型的合成方法。通过化学计量比，将反应物混合，通过微波炉加热反应完全，便可得到产物样品。该方法使反应物在高频率 300 MHz～300 GHz 的范围内迅速发生反应且受热均匀，使材料的发光性能显著提高。

微波法作为一种新的合成方法，它的突出特点是反应时间短，基体受热均匀，且副反应较少，同时合成出的产品具有粒径小、结晶度高、纯度好、颗粒分布均匀。其存在的不足就是初始原料需要加盖微波吸收物质，才能使反应充分。微波炉的体型小，缺少工业生产所需大容积的微波炉窑也是阻碍其发展的重要的原因。

1.4.7 燃烧合成法

燃烧法(Combustion Method)又称自蔓延高温燃烧法，在制备过程中表现比较特殊。它合成方式包括燃爆与自传播两种形式。自传播是在反应物自发地从一端向另一端地自发反应，直到原料耗尽。而燃爆的主要原理是将作为反应原料的硝酸盐溶于水中，加入适量的有机燃料作为氧化剂(尿素、乙二酰二胺、甘氨酸、碳酸肼等)，混合均匀后通过加热使水分蒸发，产生爆炸，释放大量热量。与传统的工艺相比较，燃烧法反应迅速、工序小、流程简单，一旦引燃后反应自发进行不需要外界提供任何能量直到反应结束，整个过程反应速度快，反应效率高。

燃烧法的特点是产物颗粒小、不易引入杂质、纯度高、反应时间迅速，即使在低温(600℃)情况下也能反应完全。在实际实验过程中，只要找出合适的原料配比与相关工艺参数，就能在不改变条件的情形下，实现批量生产。燃烧法是一种很有前景的制备发光材料的方法，但由于反应中温度变化幅度较大，使得产物颗粒不均匀，晶体结构存在部分缺陷，这直接影响发光材料的发光强度和发光亮度，且加入有机燃料会使成本提高。

1.5 发光材料的性能表征

稀土发光材料在灯用LED领域中具有广泛的应用，白光LED用的荧光粉的评价标准通常必须满足一定的色度、色温、发光效率及显色性能等工艺参数。发光材料在使用封装时，要充分考虑到相关的技术性能：一次特性(测试性能)，二次特性(使用性能)。一次特性含激发与发射光谱及吸收光谱、余辉等；二次特性的表征方法包含显色性、光衰性、分散性、稳定性等。而要想真正了解这些性能之间的关系，通常我们要对其微观结构进行详细的测定与分析，并结合相关的元素分析表征以设计最适合实验合成比例，对稀土元素进行优化掺杂，得到最佳发光使用效果。

1.5.1 X-射线衍射谱

X-射线衍射可用于鉴别晶态和非晶态、化合物和混合物，它包含单晶法和粉末X-射线衍射法两种。X-射线衍射仪与众不同的优势被大量应用于材料生产、石油、化工、冶金等领域。它运用特征X-射线在被测物质上产生衍射点，其强度数据显示于检测器上，并通过自动寻峰、测定晶胞参数，收集衍射强度数据，再经统计系统消光规律来确定空间群，从而测定出晶体结构。单晶法只对单晶体收集的数据才有效，对于粉末多晶不适用。本实验单晶衍射数据采用的是德国BRUKER公司生产的BRUKER SMART APEX Ⅱ CCD单晶衍射仪进行收集相关数据，石墨单色钼靶Kα线步长为0.71073 Å。单晶X-射线衍射仪的基本结构如图1.11所示。

X-射线粉末衍射(Powder X-ray Diffraction)研究粉末状态中随机取向的小晶体。根据衍

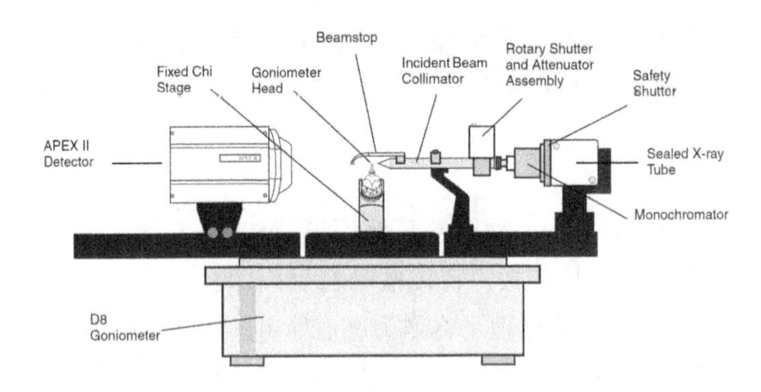

图 1.11　四圆衍射仪示意图

射条件要形成衍射必须满足公式 $2d\sin\theta=n\lambda$ 的布拉格定律，其中：d 代表晶面族的面间距；θ 为衍射角或布拉格衍射角；n 表示一个衍射级数的整数；λ 是入射 X-射线波长。通过一系列数据的显示，得出目标产物的结晶度、结晶状态、晶型是否变化或有无混晶等参数。本实验粉末 X-射线粉末衍射谱采用的是日本理学电机工业株式会的 DMax-2500/PC 仪器上测得的图谱。测试参数有管电压为 50 kV，管电流为 40 mA，扫描步长为 0.02°，扫描范围为 5°～75°。采用铜靶 Kα 线，波长为 0.154184 nm。X 射线粉末衍射仪组成结构如图 1.12 所示。

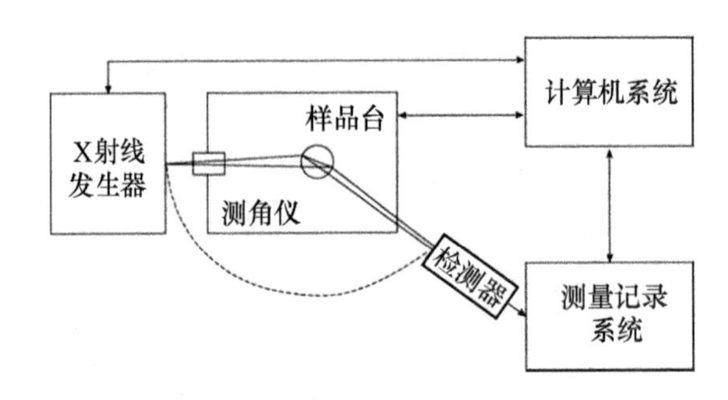

计数器(C)；放大器(A)；记录仪(R)；样品架(S)；测角圆台(P)

图 1.12　计数管衍射仪示意图

1.5.2　色度坐标

1931CIE 标准色度坐标图是目前灯用照明使用的标准参考。人类肉眼所能识别的可见光波长约在 350～750 nm。它是通过捕捉可见光生成颜色信号系统，这种系统是由红(R)、绿(G)、蓝(B)三种颜色按照一定的比例合成得到。首先色彩的标准是由色调、亮度和饱和度构成；其次，光的亮度(lightness)与强度相关性，发光强度是指光源在特定方向上的单位立体角内发出的光通量，光通量越大，发光强度就越大，相应的亮度越强。饱和度(chroma)与发射光谱所产生的形状相关，光谱峰型越尖锐，得到的色彩越纯、越鲜艳。为建立材料颜色的度量体系，国际照明委员会(Commission International deI'Eclairage)拟定标准颜色，在 1931 年 9 月规定了原色的色度坐标 X、Y、Z 值，这使得任何可见光的波长都可以通过 X、Y、Z 三个坐标进行表示。xyz 的坐标值用 XYZ 表色系统的三个值表示如下所示：

$$X=\frac{X}{X+Y+Z};\quad Y=\frac{Y}{X+Y+Z};\quad Z=\frac{Z}{X+Y+Z}$$

由于 $x+y+z=1$，只要确定 xyz 值中的其中两个便可得出第三个值，通过坐标值就可定位出色度值，从而得出 CIE 色度图，见图 1.13，自然界任何一种的颜色都可以通过计算推出相应的坐标位置，从而确定材料发射出的颜色。

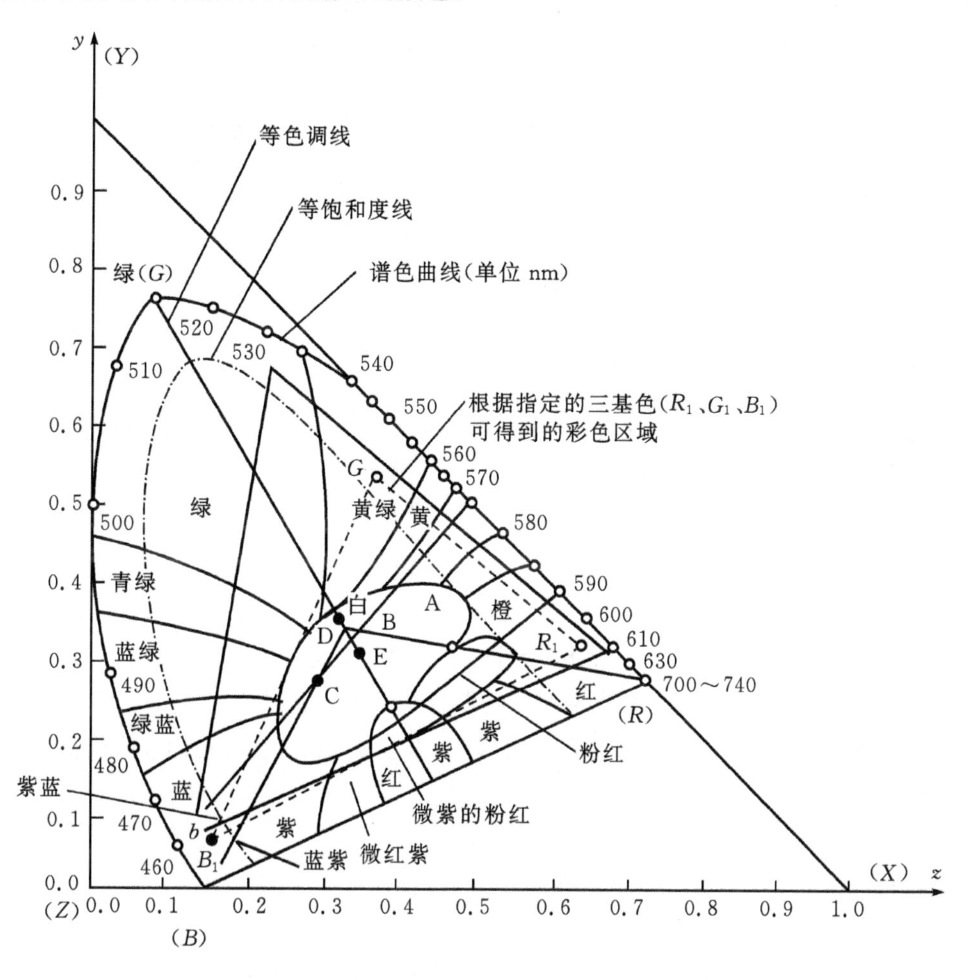

图 1.13　CIE 色度图

1.5.3　热重分析

热重分析(Thermogravimetric Analysis)是测试物质受热分解时的温度函数。在实际材料分析中它通常与差热分析或其他方法综合使用对材料进行全面分析。

1.5.4　荧光光谱分析

荧光光谱(Fluorescence Spectrum)涵盖激发与发射光谱。在荧光光谱图分析中，最直观的就是激发或发射波长与强度之间的联系，反映在发光材料的本身的特质便是材料发光颜色和发光强度,这是辨别材料的发光特性最常用的表征之一。激发光谱是在激发光源(氙灯)的照射下,激发波长随着荧光强度变化的存在状态。从激发图谱中通过分析不同激发波长下的发光强度确定最佳激发波长,通常认为激发光谱中发光强度最高的点对应激发波长。发射光谱则是用某一固定波长(或能量)的激发源激发发光材料,荧光强度在不同波长处的分布图。荧光材料的发射光谱可能呈现的是连续的宽带谱,或是较窄的锐线谱。从发射光谱中可以分析目标材料的发光颜色和发光强度等荧光性能,便于应用到实际的材料中。如图 1.14 所示。

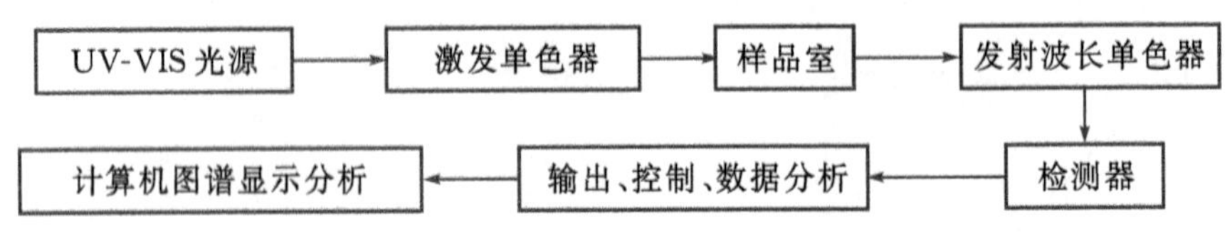

图 1.14　荧光光谱仪工作路线图

1.5.5　漫反射光谱分析

漫反射光谱(Diffuse Reflection Spectrum)是一种反射光谱,分析来自于物质的电子结构。所测的样品一般为固体、粉末、悬浊液等。

1.5.6　荧光寿命

荧光寿命(Fluorescence Lifetime)通俗来说就是分析物质的发光寿命,是物质内粒子在激发态的平均时间。样品收到激发后,跃迁至激发态,在返回基态时会发出荧光,当光源停止激发后,物质的亮度也会随之降低。荧光寿命是物质发光荧光强度减少到激发时最大强度 I_0 的 $1/e$ 所使用时间,用 τ 作为荧光寿命,用 I_t 作为时间 t 的荧光强度,就会得到荧光强度衰减符合指数衰减的规律:

$$I_o = I_t e^{-kt}$$

一般在拟合荧光衰减时间是通常采用单指数函数拟合,即:

$$I(t) = I_o \exp(-t/\iota)$$

对于不同的发光基质、激活剂、共激活剂以及敏化剂,荧光衰减的时间各不相同。

1.5.7　傅里叶变换红外光谱仪

傅里叶变换红外光谱(Fourier transform infrared spectroscopy)主要研究分子内部结构中官能团的组成,以便确定目标产物的分子组成成分。红外辐射分为近红外区、中红外区以及远红外区三种,其中中红外区最为常用。红外光谱是物质内分子化学键吸收,在分子振动时吸收特定的红外波长,这种形式的吸收一方面源于化学键动力常数和原子折合质量,一方面也取决于分子内部的结构。一般分析红外光谱图从峰的位置、形状和相对强度三个角度出发,从而确定物质的分子结构。

1.6 密度泛函理论在固体计算中的应用及CASTEP程序简介

1.6.1 密度泛函理论(DFT)在固体计算中的应用

近百年来,人们对固体中电子运动的规律以及它们与固体的力学、热学、电磁学和光学等宏观性质进行了大量的研究,发展了几个重要的物理模型,例如关于金属导电的自由电子理论,包括Drude与Lorentz的经典自由电子理论以及Pauli与Sommerfeld发展的基于Fermi统计的自由电子理论、固体能带理论等。而固体能带理论是目前研究固体中电子运动的最重要的基础理论。

布洛赫(Bloch)和布里渊(Brillourin)等建立了能带理论,他们将电子的运动与离子的运动分开描写,在绝热近似下将体系简化为多电子体系,再通过自洽场近似将多电子问题简化为单电子问题,最后认为离子规则排列成晶格,形成周期性势场——周期性近似。在上述三个基本近似下,将求解晶体中电子能态问题简化为确定单个电子在周期性势场运动的本征态问题。

由于能带理论是建立在单电子近似的基础上的,也就是说忽略了电子间的相互作用,但实际上这种相互作用总是存在,因而在能带的计算中需要引入相应的修正项,二十世纪五六十年代发展起来的电子密度泛函理论(Density Functional Theory,DFT)较好地处理了这一问题。

密度泛函理论中,固体电子运动的薛定谔方程可以表示为:

$$\left[-\frac{\nabla^2}{2}+\sum_q \frac{Z_q}{|\boldsymbol{r}-R_q|}+\int \frac{\rho(r)}{|\boldsymbol{r}-\boldsymbol{r}'|}\mathrm{d}\,\boldsymbol{r}'+V_{XC}\right]\psi_i(\boldsymbol{r})=\varepsilon_i\psi_i(\boldsymbol{r})$$

$$\rho(\boldsymbol{r})=\sum_i n_i\,|\psi_i(\boldsymbol{r})|^2$$

式中,$\psi_i(\boldsymbol{r})$表示单电子波函数;n_i表示本征态的电子占据数;$\rho(\boldsymbol{r})$表示多电子密度。式中第一项表示体系中有效电子动能,第二项表示体系中原子核对电子的吸引库仑势,第三项为电子与电子的排斥势,第四项为交换-相关项(包括自旋平行的电子之间的交换能以及被HF单电子近似所忽略的电子动态相关能项)。这四项均可表示为电子密度ρ的函数,其中前三项与电荷分布ρ的经典能量相对应,其解析表达式比较容易写出,而准确的交换-相关项的表达非常困难,它们是密度泛函方法中涉及泛函的基本问题,以后的泛函形式的发展都是围绕如何寻找一个尽可能逼近真实体系的近似。在广义梯度近似(General Gradient Approximation, GGA)之前,局域密度近似(Local Density Approximation,LDA)是密度泛函理论各种算法中的主力,在这种近似下,交换相关能E_{xc}可近似为

$$E_{xc}=\int \mathrm{d}x\rho(x)\varepsilon_{xc}(\rho(x))$$

式中,$\varepsilon_{xc}(\rho(x))$是密度$\rho(x)$的均匀相互作用电子气体每个电子的交换相关能。它对于分子构象、振动频率,以及单粒子性质方面计算较准确,但通常对分子键能有过高的估计。GGA的引入大大地提高了密度泛函理论算法的精度,它很好地克服了LDA在描述真实体系密度梯度变化剧烈的情况下的缺陷。与LDA相比较,GGA大大改进了原子的交换能和相关能的

计算结果。对于较轻的元素，GGA 的计算结果与实验符合得很好，不仅是共价键和金属键，氢键和范德华键键能的计算都得到了改善。

GGA 的发展最初从 Perdew 和 Mehl 的工作开始，他们提出了从动量空间截面得到梯度泛函，以它来加强对密度变化微弱时梯度扩充产生的交换-相关穴的约束。Perdew 后来进一步发展了交换相关能的更好的梯度泛函。Becke 则对 GGA 的交换能的密度梯度修正形式的发展做出了重要的贡献，提出了交换能的 GGA 一般表达式：

$$E_{xc} = \int dx \rho(x) \varepsilon_{xc}(\rho(x), \nabla\rho(x)) \tag{1-1}$$

1992—1993 年 Becke 又通过大量的计算经验的积累发现，将目前的交换相关能泛函表达式按一定的权重混和能更好地描述体系的性质，并通过与 Pople 等人 1990 年发表的 HF 的计算结果($G1$,$G2$)的拟合得出了混和表达式中的参数。目前，密度泛函理论能量泛函通常是 Perdew-Wang 的交换-相关能泛函或者是 Becke 的相关能泛函与 Perdew 或 Lee 的相关能泛函的混和式。它们在计算分子的键能和构象方面都很成功。

1985 年，Car 和 Parrinello 在传统的分子动力学中引入了电子的虚拟动力学，把电子和核的自由度作统一的考虑，首次把密度泛函理论与分子动力学有机地结合起来，提出了从头计算分子动力学方法(也称 CP 方法)，使基于局域密度泛函理论的第一原理计算直接用于统计力学模拟成为可能，极大地扩展了计算机模拟实验的广度和深度。近年来，这一方法已成为计算机模拟实验的最先进和最重要的方法之一。

最初，Car 和 parrinello 提出的从头计算分子动力学方法是在赝势和平面波的基础上具体实现的。至今，尽管也有文献介绍基于缀加平面波(augmented plane wave)算法的全电子 CP 的方法，但 CP 方法发展的主流还是基于赝势和平面波的，这主要是因为用平面波基来作计算有很多优点。首先平面波基能很方便地采用快速傅里叶变换(FFT)技术，使能量、力等的计算在实空间和倒空间快速转换，这样计算尽可能在方便的空间中进行，如前面讲到的哈密顿量中的动能项的矩阵元，在倒易空间中只有对角元非零，就比实空间减少了工作量。第二，平面波基函数的具体形式并不依赖于核的坐标。这样，一方面，价电子对离子的作用力可以直接应用 Hellman-Feymann 定理得到解析的表达式，计算显得非常方便，另一方面也使总能量的计算在不同的原子构型下有基本相同的精度，有利于进行分子动力学模拟。还有平面波计算的收敛性和精确性比较容易控制，因为通过截断能(Ec)的选择可以方便地改变平面波基的多少。当然平面波基也有缺点，一般电子轨道具有一定的局域性，而平面波是空间均匀的，因此电子轨道展开时，与原子轨道基相比，平面波基的个数要多得多。为了尽量减少平面波基的个数，一般在平面波的计算中都采用赝势来描述离子实与价电子之间的相互作用，使电子轨道波函数在离子实内部的分布尽量平缓些。由于赝势在平面波基的计算中有着重要的地位，我们将在稍后介绍。另外分子动力学模拟中需要一个满足周期性边界条件的原胞(MD Box)，对于理想晶体的计算，这是很自然的，因为其哈密顿量本身具有平移对称性，只要取它的一个单胞就行了。对于无序系统(如无定型结构的固体或液体)或表面、界面问题，只要把原胞取得足够大，以至于不影响系统的动力学性质，还是可以采用周期性边界条件的。因此，这种基于局域密度近似并利用平移对称性来计算电子结构的方法，对有序和无序系统都是适用的。

采用周期性边界条件后，单粒子轨道波函数满足 Bloch 定理，可以用平面波展开为：

$$\psi_i^k(\boldsymbol{r}) = \exp(i\boldsymbol{k} \cdot r)\sum_g C_i^k(\boldsymbol{g})\exp(i\boldsymbol{g} \cdot \boldsymbol{r})$$

上式中，g 是原胞的倒格矢，k 是第一 Brillouin 区内的波矢，$C_i{}^k(g)$ 是单粒子轨道波函数的 Fourier 系数，(1-1) 式中对 g 的求和可以截断成有限的，给定一个能量 Ec，对 g 的求和可限制在 $1/2(k+g)^2 \leqslant Ec$ 的范围内。当 $k=0$ 时，即在 Γ 点，有很大的计算优势，因为这时波函数的相因子是任意的，就可以取实的单粒子轨道波函数 $\psi(r)$。这样，对 Fourier 系数满足关系式 $c_i(-g) = c_i(g)$，利用这一点，就可以在模拟中节约不少计算时间。

用平面波基来作分子动力学从头算时，常常使用赝势来表示离子实与价电子之间的相互作用。目前计算时常用的赝势有范数不变赝势(norm-conserving)和 Vanderbilt 所提出來的超软赝势。

1982 年，Hamann 等人在局域密度近似的基础上给出了范数不变赝势，这是一种第一原理赝势。对大多数元素来说，一个完全局域的赝势不足以得到全电子波函数的精确性质，因此，Hamann 等人在范数不变赝势中采用了半局域的形式，即在原子实区域，对不同的角动量 l 取不同的赝势，在原子的芯域，由于波函数的高角动量分量都很小，可以认为 vl 与 l 无关，一般就取相同的形式。范数不变赝势除了与普通的赝势一样，具有赝本征值与实际本征值一致，赝波函数在芯半径 rc 外与实波函数相同的性质之外，还有两个特征。一是原子实内部(即 $r<rc$ 的区域)赝波函数无节点，而且总电荷数与全电子波函数在原子实内部的分布相同(即范数不变条件)。二是在 $r>rc$ 的区域赝波函数与实际波函数的径向微分和对能量 E 的微分都一致。这二条使得范数不变赝势对不同的化学环境具有很强的普适性。在此基础上，Lin 等人利用优化方法发展出了较软的范数不变赝势。

D. Vanderbilt 提出的超软赝势，是一种完全非局域的赝势，也是第一原理赝势。超软赝势的最大优点是去掉了原先的范数不变约束条件，能使赝波函数在芯域尽可能的平缓，而不致影响其对各种化学环境的适用性。正是由于这个特性，才被称为“超软”赝势。由于超软赝势的采用能使赝轨道波函数达到充分的平缓，特别是对于第一行元素和过渡金属元素，能够极大地减少了平面波的个数，但是与范数不变赝势相比，由于超软赝势中的赝波函数满足的是广义本征方程，难免会在计算中带来一些不便。

所有的赝势都是采用可分离的 Kleinman-Bylander 形式，范数不变赝势能够在实空间或是倒易空间的波函数中使用，而超软赝势目前只可以在倒易空间中使用。

1.6.2　CASTEP 程序简介

2000 年初，美国的 ACCELRYS 公司推出新一代的模拟软件 Materials Studio，将高质量的材料模拟带入了个人电脑(PC)的时代。Materials Studio 采用了大家非常熟悉的 Microsoft 标准用户界面，允许通过各种控制面板直接对计算参数和计算结构进行设置和分析，使化学及材料科学的研究者们能更方便地建立三维分子模型，深入分析有机、无机晶体、无定形材料以及聚合物，多种先进算法的综合运用使 Materials Studio 成为一个强有力的模拟工具。结合本课题，我们重点介绍该软件的 CASTEP 模块。

CASTEP(Cambridge Serial Total Energy Package)软件是基于 DFT 方法的一种从头算量子力学程序，运用原子数目和种类来预测包括晶格参数、分子对称性、结构性质、能带结构、态密度、电荷密度和波函数、光学性质，高效并行版本可以模拟包含数百原子的大系统。它最先由英国剑桥大学凝聚态理论小组开发，提供了界面友好的分子动力学从头算方法(即 CP 法)，可以模拟固体、界面和表面的性质，适用于多种材料体系，包括陶瓷、半导体和金属等。

CASTEP 程序使用的是总能量平面波赝势方法(PWPP)。在材料的数学模型中，离子势被赝势(即只作用于系统价电子的有效势)所代替，电子波函数通过一组平面波基扩展，电子-电子相互作用中的交换和相关效应通过局域密度近似(LDA)或广义梯度近似(GGA)得以包括。结合平面波基组和赝势的应用，使对体系中所有原子上的作用力的计算变得容易，这使得对分子、固体、表面及界面的离子构型的有效优化成为可能。它的功能与设置包括以下几个方面：

(1)任务类型。计算总能量、力和张量，包含或不包含内部/外部束缚的几何结构放松，NVE/NVT/Langevin 分子动力学，过渡态搜索，弹性系数，用线性响应理论计算声子频率。

(2)功能。智能选择关键参量(基组，FFT 网格，K -点，收敛阈值……)，选择局域和非局域交换-相关泛函，整个周期表的超软和常规赝势，显示能带结构、局域和部分态密度，计算含频介电函数和光学特性。

(3)任务控制与重新开始计算。选择并行化数据分配方案(K，G 或 K+G)，选择 CPU 数量，指定服务器，监视几何优化的能量和梯度，升级结构，关闭远程服务器的任务，重新开始 SCF，MD 和几何优化。

(4)特性。紫外/可见光谱，Mulliken 布居和电荷分析，键级分析，显示电荷、自旋以及形变密度，显示体特性的 3D 轮廓图和 2D 截面图，计算静态弹性常数，声子散射，总态密度和态的投影声子密度，热动力学特性(生成热，自由能，焓，熵，Debye 温度)，材料缺陷的特性，显示能带，用 3D 形式显示体系的电荷密度和波函，宏观缺陷的特性(如断裂，晶粒边界)。

(5)其他。多个 K -点，实空间或者倒易空间的赝势表示，完全使用对称性减少 K -点集合，多种自洽场(SCF)选项：DIIS、density mixing 和 smearing。

(6)可以容易地设置自旋态。

通过 CASTEP 程序可对固体材料进行光学性质的预测和计算，在本课题中，我们也对部分化合物的光学性质进行了理论计算。固体的光学性质可以描述为复介电函数 $\varepsilon(\omega)$ 的函数：

$$\varepsilon(\omega)=\varepsilon_1(\omega)+i\varepsilon_2(\omega)$$

在光学性质的计算过程中，CASTEP 软件将首先计算复介电函数上式的虚部 $\varepsilon_2(\omega)$，它具体 f 描述为电子的占据态与非占据态之间的转移跃迁，其表达式如下：

$$\varepsilon_2(\omega)=4(\pi e/m\omega)^2\sum_{v,c}\int_{BZ}2\mathrm{d}K/(2\pi)^3\ |e.M_{cv}(K)|^2\delta(E_c(K)-E_v(K)-\hbar\omega)$$

式中，v 代表价带；c 代表导带；$\int_{BZ}$ 表示在整个布里渊区积分，$e.M_{cv}(K)$ 表示在 K 点处导带和价带之间的电子转变矩阵；$\delta(E_c(K)-E_v(K)-\hbar\omega)$ 函数表示导带与价带之间在 K 点处的能量差再减去一个光子的能量时的函数值。

由于介电函数的实部 $\varepsilon_1(\omega)$ 与虚部 $\varepsilon_2(\omega)$ 之间存在着一定的关系，可以根据 Kramers-Kroning 规则来转变，如下式所示：

$$\varepsilon_1(\omega)-1=\frac{2}{\pi}P\int_0^{\infty}\frac{\omega'\varepsilon_2(\omega')\mathrm{d}\omega'}{\omega'^2-\omega^2} \text{ 和 } \varepsilon_2(\omega)=-\frac{2\omega}{\pi}P\int_0^{\infty}\frac{\varepsilon_1(\omega')\mathrm{d}\omega'}{\omega'^2-\omega^2}$$

因此 CASTEP 程序在计算固体的光学性质时，先计算虚部 $\varepsilon_2(\omega)$，然后再由虚部转换得到实部 $\varepsilon_1(\omega)$。从而最终计算出折射率等重要的光学性质。

第 2 章　稀土发光材料多磷酸钬 $Ho(PO_3)_3$

2.1　前言

2007 年，Hoppe 等人报道了聚磷酸盐 $Lu(PO_3)_3$ 为无心对称结构，空间群为单斜 Cc，具有二阶非线性光学响应（Inorg. Chem. 2007，46，3467－3474），所以我们认为同类化合物 $Ho(PO_3)_3$ 也可能具有 SHG 效应，于是通过高温熔盐法合成了该化合物的单晶，结果发现它是有心对称的，不具有 SHG 效应。因此，我们研究了该化合物荧光性能。

2.2　实验主要试剂和仪器设备

2.2.1　实验所使用的试剂

实验所使用的试剂见表 2.1。

表 2.1　实验试剂表

分子式	中文名	式量	含量	生产公司
Ho_2O_3	氧化钬	377.86	分析纯	国药化学试剂有限公司
Cs_2CO_3	碳酸铯	325.82	分析纯	国药化学试剂有限公司
$NH_4H_2PO_4$	磷酸二氢铵	115.03	分析纯	上海试剂厂

2.2.2　实验所使用的仪器

实验所使用的仪器如表 2.2。

表 2.2　实验仪器表

仪器名称	仪器型号	生产厂家
高温箱式电阻炉		洛阳西格玛仪器有限公司
单晶衍射仪	BRUKER SMART APEX II CCD	德国 BRUKER 公司
粉末衍射仪	Rigaku Dmax-2500/PC	日本理学株式会社理学公司

续表 2.2

仪器名称	仪器型号	生产厂家
荧光光谱仪	Hitachi F-4500	日本日立公司
连续变倍体视显微镜	ZOOM645	上海光学仪器厂
莱卡显微镜	Leica S6E	易维科技有限公司
玛瑙研钵	LN-CΦ100	辽宁省黑山县新立屯玛瑙工艺厂
电子称量平	BSM120.4	上海卓精科电子科技有限公司

实验中包括一些辅助设备坩埚钳、实验用手套、称量纸、刚玉坩埚等。

本实验最常用的设备箱式电阻炉，该仪器能非常方便地设定程序升降温，且温度控制灵敏度高，设定最高温度达 1300℃，能充分满足实验所需温度。

2.3　实验制备过程

$Ho(PO_3)_3$ 晶体通过 Cs_2CO_3、Ho_2O_3 和 $NH_4H_2PO_4$ 体系反应得到，按照 Cs/P/Ho＝20∶15∶1 的摩尔比例分别称取上述反应物，将反应物置入玛瑙研钵中混合均匀，充分研磨后将反应混合物倒入铂坩埚中，放入箱式反应炉中加热到 900℃，使反应混合物在高温中完全熔融，在此反应过程中 Cs_2O-P_2O_5 作为反应的助溶剂参与反应，同时每隔若干个小时观察坩埚中结晶状态，然后以每小时 3℃的速率降温到 600℃，最后使其自然冷却至室温，将坩埚取出在沸水浴中加热浸泡，洗去助溶剂，风干后即得到一种棱镜状的无色晶体，然后我们在显微镜的帮助下精心挑选出一颗合适尺寸为 0.20 mm×0.20 mm×0.20 mm 的无色晶体安装在玻璃丝上对其进行结构的分析测定。

$Ho(PO_3)_3$ 的单晶衍射数据是由 X 射线面探衍射仪（Bruker Smart APEX2CCD，Mo-Kαradiation，λ＝0.71073 Å）在室温下使用 $\omega/2\theta$ 的扫描方式收集完成，使用程序 SAINT 进行数据还原，采用最常使用的 Multi-scan 方法进行吸收校正，之后进行结构解析。使用 $Ho(PO_3)_3$的单晶衍射数据构建的复合和倒易空间显示出以较强衍射以及弱的卫星衍射如图 2.1。具有调制结构的晶体，其结构特征为衍射斑点带有卫星。但带有卫星的衍射斑点，不一定是调制结构的指示。带卫星的斑点，如果是表征调制结构的，则在衍射矢量的暗场象上显示出平行条带。采用程序包 JANA2006 在 PC 计算机上完成晶体结构解析。获得晶胞参数和衍射强度的数据后，选择正确的空间群，其中采用直接法确定重原子 Ho 位置，其余原子位置由差值傅里叶合成法获得，然后进行基于 F^2 的全矩阵最小二乘方平面精修原子位置、项性热参数和原子位移参数直至收敛。进而，对其结构采用 PLATON 程序进行检查，没有检测出 A 类和 B 类晶体学错误。$Ho(PO_3)_3$ 的晶体学数据见表 2.3。单晶 $Ho(PO_3)_3$ 结构中部分原子坐标和各向同性或各向同性位移参数（Å^2）参见表 2.4。$Ho(PO_3)_3$ 结构中各原子之间的键长见表 2.5。

表 2.3 $Ho(PO_3)_3$ 的单晶结构数据

Chemical formula	$Ho(PO_3)_3$
M_r	401.8
Crystal system, space group	Monoclinic, $C2/c(0\beta0)s0$
Temperature(K)	293(2)
Modulation wave vector	q=0.362 b *
a,b,c(Å)	14.127(4), 6.693(2), 10.068(3)
β(°)	127.612(3)
V(Å^3)	754.0(4)
Z	4
abs coeffμ(mm^{-1})	11.15
Crystal size(mm)	0.20×0.05×0.05
Diffractometer	BrukerAPEX II CCD
Absorption correction	Multi-scan
Radiation type	Mo$K\alpha$
Wavelength(Å)	0.71073
range of h,k,l and m	$-15\rightarrow h\rightarrow 18$
	$-9\rightarrow k\rightarrow 8$
	$-13\rightarrow l\rightarrow 7$
	$-2\rightarrow m\rightarrow 2$
No. of measured, independent and observed[$I>3\sigma(I)$]reflections	10186, 4546, 1817
R_{int}	0.08
$(\sin\theta/\lambda)_{max}$(Å^{-1})	0.667
$R[F^2>2\sigma(F^2)],\omega R(F^2),S$	0.048, 0.051, 0.96
No. of parameters	226
$\Delta\rho_{max},\Delta\rho_{min}$($e\cdot$Å^{-3})	1.59~1.87

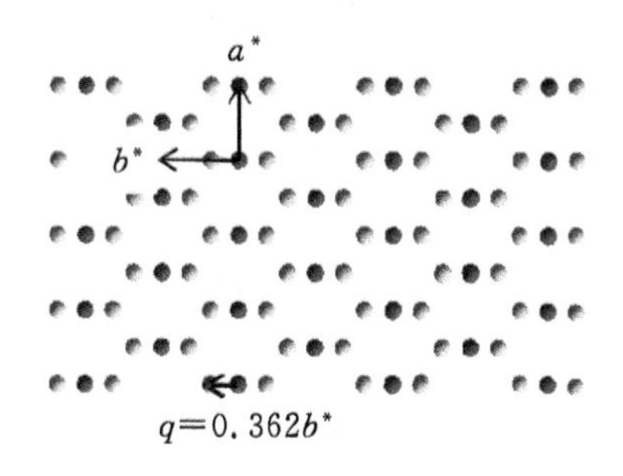

图 2.1　根据 $Ho(PO_3)_3$ 单晶衍射数据构建主反射（红色）和一阶卫星反射（黄色）沿着 C 轴方向的倒易点阵

表 2.4　样品 $Ho(PO_3)_3$ 结构中部分原子坐标和各向同性或各向异性位移参数（$Å^2$）

	X	y	Z	$U_{iso}*/U_{eq}$
Ho1	0.25	0.25	0	0.01724(19)
P1	0.09521(13)	0.3984(2)	0.15941(17)	0.0162(7)
P2	0.5	0.5826(3)	0.25	0.0205(11)
O1	0.1823(4)	0.3273(7)	0.1398(6)	0.038(3)
O2	0.3935(4)	0.4729(7)	0.1295(5)	0.037(3)
O3	0.4776(4)	0.7219(6)	0.3497(5)	0.028(3)
O4	0.3666(4)	0.0256(6)	0.1996(5)	0.038(3)
O5	0	0.5	0	0.070(5)

晶体结构确定之后，采用传统的高温固相合成法根据该化合物分子式的化学计量比制备其纯相粉末，以 Ho_2O_3/P_2O_5 的摩尔比 1∶3 分别称取化合物，倒入玛瑙研钵中混合研磨均匀，在转移到铂坩埚中，放入箱式反应炉中加热到 850 ℃并恒温 72 小时，在这个阶段内将原料取出多次进行研磨，然后将反应炉缓慢降到室温，获得产物为白色粉末。对所制备的粉末晶体使用 X-射线粉末衍射仪（Cu-$K\alpha$ 靶，λ=0.15456 nm）进行物相分析，扫描步长为 0.02°，扫描范围 2θ=5°～90°，得到其粉末衍射数据。

表 2.5　$Ho(PO_3)_3$ 结构中各原子之间的键长

	平均	最小	最大
Ho1—O^1	2.21(3)	2.19(3)	2.24(3)
Ho1—O^{1i}	2.21(3)	2.19(3)	2.24(3)
Ho1—O^2	2.218(18)	2.18(2)	2.27(2)
Ho1—O^{2i}	2.218(18)	2.18(2)	2.27(2)
Ho1—O^4	2.235(15)	2.212(16)	2.259(16)

续表 2.5

	平均	最小	最大
Ho1—O^{4i}	2.235(15)	2.212(16)	2.259(16)
P1—O^{1}	1.46(3)	1.44(3)	1.48(3)
P1—O^{3ii}	1.59(2)	1.49(2)	1.66(2)
P1—O^{4iii}	1.45(2)	1.44(2)	1.47(2)
P1—O^{5}	1.557(14)	1.42(2)	1.77(2)
P2—O^{2}	1.466(16)	1.407(18)	1.524(18)
P2—O^{2iv}	1.466(16)	1.407(18)	1.524(18)
P2—O^{3}	1.59(2)	1.55(2)	1.67(2)
P2—O^{3iv}	1.59(2)	1.55(2)	1.67(2)

Symmetry codes:(i)$-x_1+1/2, -x_2+1/2, -x_3, -x_4$;(ii)$-x_1+1/2, x_2-1/2, -x_3+1/2, x_4+1/2$;(iii)$-x_1+1/2, x_2+1/2, -x_3+1/2, x_4+1/2$;(iv)$-x_1+1, x_2, -x_3+1/2, x_4+1/2$.

2.4 结构分析与性能表征

2.4.1 粉末 X-射线分析

$Ho(PO_3)_3$ 多晶粉末是通过传统的高温固相合成法制备,粉末衍射如图 2.2 所示。从图中可以看出所有衍射峰的位置与由单晶 X-射线衍射分析结果数据模拟基本一致,尽管部分峰的强度有细微差别,可认为是晶体的择优取向所致。证明我们所制备的 $Ho(PO_3)_3$ 多晶粉末

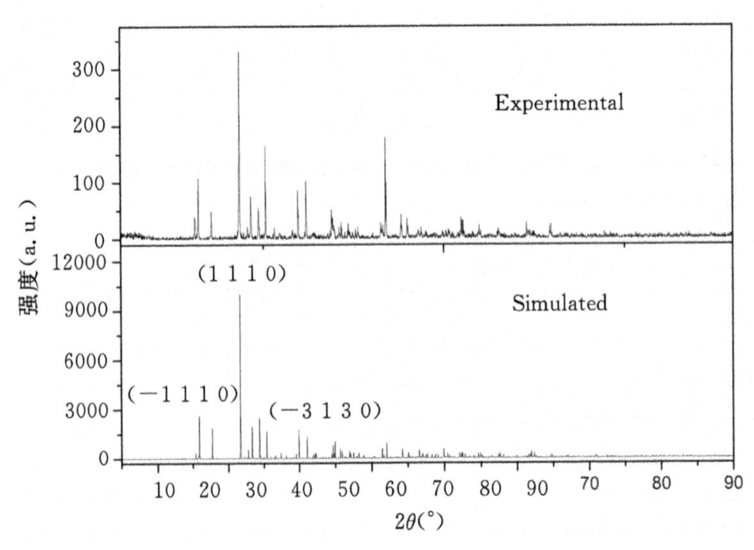

图 2.2 $Ho(PO_3)_3$ 粉末在 $2\theta=5°\sim90°$ 范围内的 X-射线衍射图与模拟图的比较

是纯相。

2.4.2　结构分析与描述

化合物 $Ho(PO_3)_3$ 隶属于单斜晶系 $C2/c(0\beta0)s0$ 空间群，晶胞参数为 $a=14.127(4)$，$b=6.693(2)$，$c=10.068(3)$ Å。$Ho(PO_3)_3$ 的三维网络结构是由 PO_4 四面体和 HoO_6 八面体交替连接构成，如图 2.3 所示。其中 PO_4 四面体中存在两种不同的原子 P(1)和 P(2)，它们分别连接四个氧原子形成扭曲的 $P(1)O_4$ 四面体和 $P(2)O_4$ 四面体。而这两种类型的 PO_4 四面体通过共顶点或共角的方式相互连接形成沿着 c 轴方向一维锯齿状$(PO_3)_\infty$阴离子链状。Ho 原子与六个氧连接形成六配位环境，它的六个氧原子分别来自四个 PO_4 四面体进而形成 HoO_6 扭曲的八面体。也可以说 $Ho(PO_3)_3$ 化合物的 3D 骨架结构是由 1D 锯齿状$(PO_3)_\infty$阴离子链通过 Ho^{3+} 阳离子衔接形成。

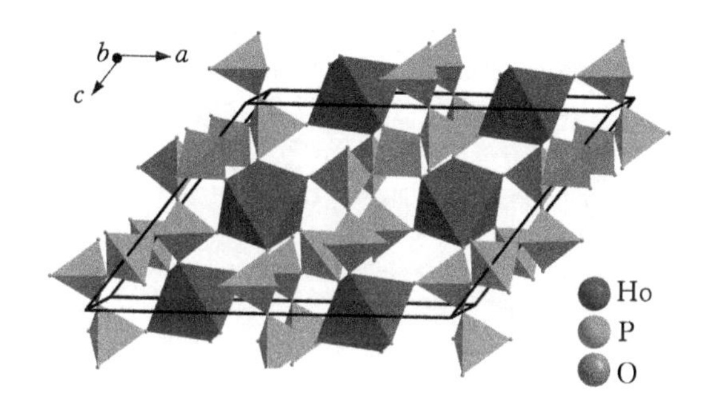

图 2.3　$Ho(PO_3)_3$ 晶体沿着 b 轴方向的结构图

通常情况下，晶体结构的非公度调制结构可以使用近似的超晶胞进行直观的描述，应用矢量因子 $q=0.362b*$，由于 $0.362\approx3/8$ 接近整数 8，构成 $Ho(PO_3)_3$ 晶体在 $8\times b$ 超晶胞中沿着 b 轴方向的超晶胞，如图 2.4 所示。从另一方面来说，整体结构中各原子的位置波动和和原子之间距离的变化可以使用一个附加的 t 函数进行描述，其各原子距离参数表可见图 2.4 和图 2.5 所示，从图表中可以看出，$Ho(PO_3)_3$ 结构中 P—O 键长与 Ho—O 键长在 PO_4 四面体与 HoO_6 八面体中变化较为稳定，这充分说明 $Ho(PO_3)_3$ 整体结构的稳定性。对应外部链接 P—O 键长的最短距离为 1.47 Å，最长距离为 1.57 Å，与其他相关报道的磷酸盐化合物基本一致，而 Ho-Ho 之间的距离变化是从 5.580(15) Å 到 5.722(15) Å，平均距离为 5.642(7) Å，这样较长的稀土离子距离能够阻止由于荧光浓度淬灭的发生。

2.4.3　荧光光谱分析

由上述晶体结构描述中，得知 Ho 原子之间较长距离范围能阻碍荧光浓度淬灭。图 2.6 显示的是在波长 417 nm 在激发下，550～650 nm 范围内的发射光谱。发射峰 566 nm(绿色)波长是由于 Ho^{3+} 离子内部 4f 电子层 $^5S_2\rightarrow{}^5I_8$ 跃迁形成，Ho^{3+} 离子相应的 $^5S_5\rightarrow{}^5I_8$ 跃迁在 650 nm 附近的红外波段并没有非常明显的荧光峰，因此我们可以认为 $Ho(PO_3)_3$ 粉末在照明和显示中可以作为绿色荧光粉使用。

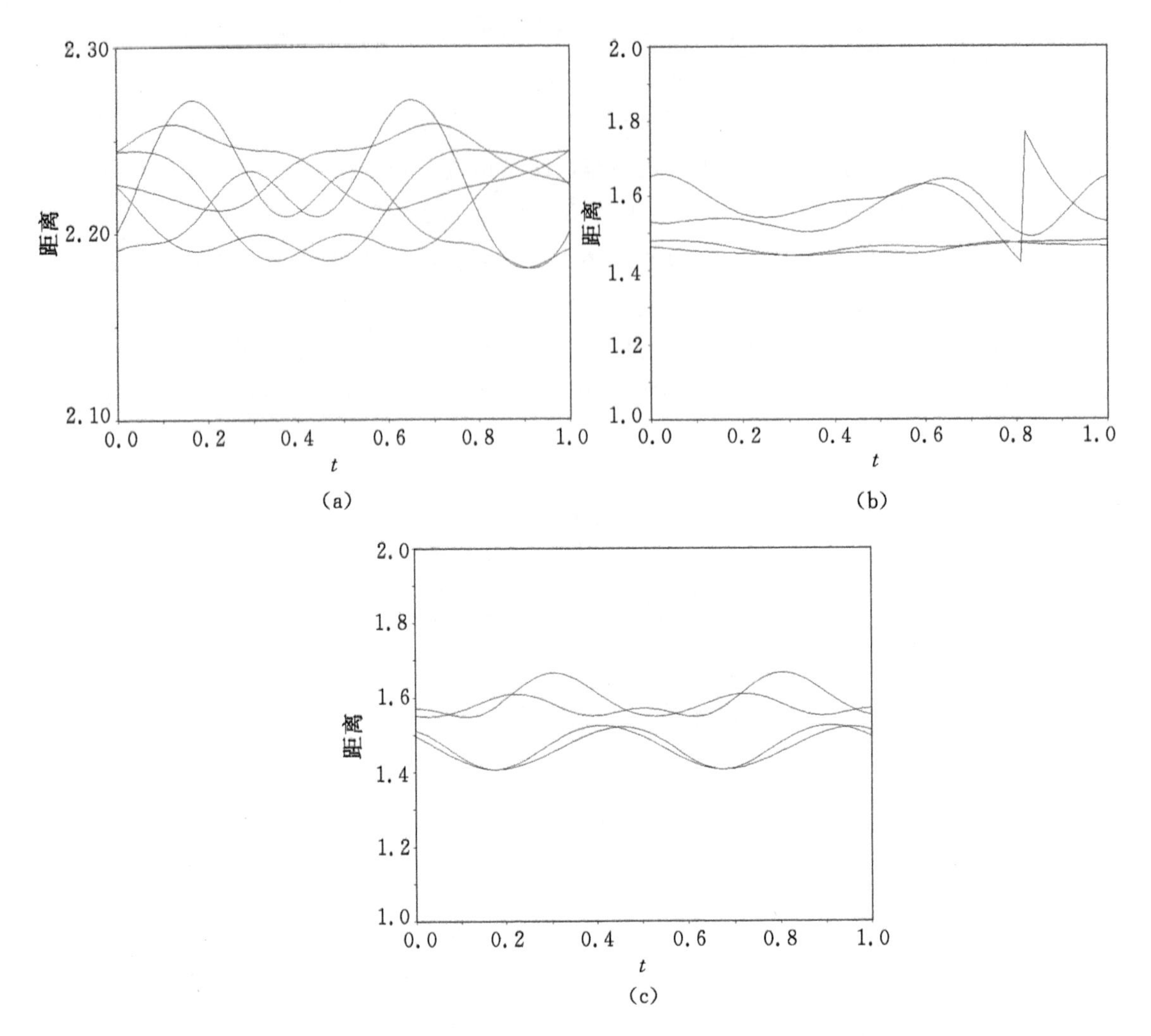

图 2.4 Ho^1-O(a)、P^1-O(b)和 P^2-O(c)键的位置调制

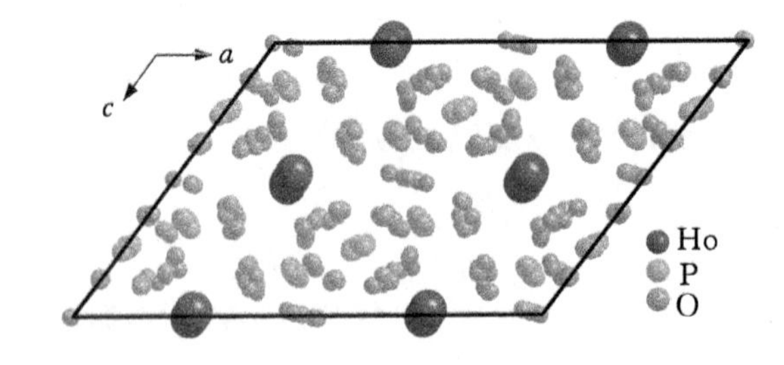

图 2.5 $Ho(PO_3)_3$ 晶体在 $8\times b$ 超晶胞中沿着 b 轴方向的超晶胞

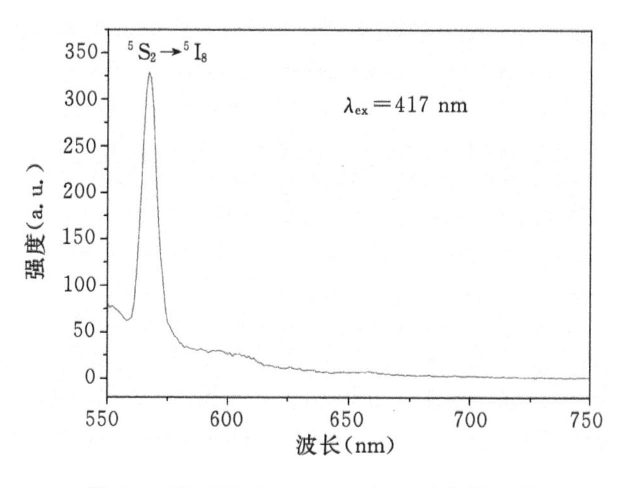

图 2.6　$Ho(PO_3)_3$(λ_{ex}=417nm)的发射光谱

2.4.4　色度坐标

对 $Ho(PO_3)_3$ 发光材料进行基于 CIE1931 色度计算，其色度坐标值为(0.2988，0.6500)，如图 2.7 所示，色度主要分布于绿色区域，这与分析的荧光光谱颜色峰很好地吻合。与此同时，此材料接近符合国家电视标准委员会规定的标准绿色坐标值(x=0.21，y=0.71)，进一步说明 $Ho(PO_3)_3$ 粉末可作为一种很有前景的绿色荧光粉使用。

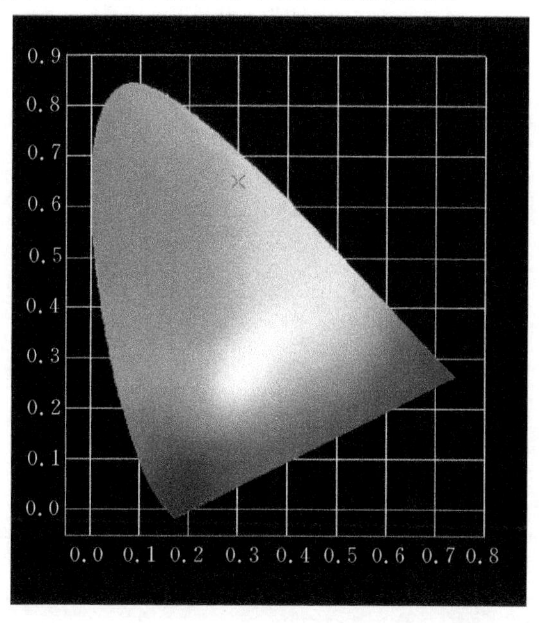

图 2.7　$Ho(PO_3)_3$ 发光化合物的 CIE 色度图

2.5 本章小结

本章主要是从 Ho^{3+} 离子自激活发光特性方面进行研究与表征，通过高温固相合成法制备出 $Ho(PO_3)_3$ 发光材料，选用X-射线单晶衍射仪测定其结构组成，分析得出单晶 $Ho(PO_3)_3$ 为单斜晶系空间群 $C2/c(0\beta0)s0$，晶胞参数 a、b、c 分别为 14.127(4)、6.693(2)、10.068(3)，并采用粉末衍射证明其结构的一致性且为纯相粉末。分析其结构表明 Ho 原子之间具有较远的距离，这使得材料在避免荧光猝灭方面有很大的优越性。在 417nm 激发波长的激发下，显示出很明显的特征发射峰，即为 466 nm 范围处的绿色发射峰，对应于 Ho^{3+} 离子 $^5S_2 \rightarrow {}^5I_8$ 跃迁，而在红外波段 650 nm 并没有出现 Ho^{3+} 特征峰。因此，可以认为 $Ho(PO_3)_3$ 粉末在照明和显示中可以作为绿色荧光粉应用在白光 LEDs 中。具体结果发表在了 Mater. Lett. 2015，157，219－221。

第3章 一种新型的荧光基质材料 $K_8Nb_7P_7O_{39}$

3.1 前言

本章报道了一种新颖的磷酸盐化合物，分子式为 $K_8Nb_7P_7O_{39}$，该化合物具有复杂的四维非公度调制结构，空间群为 $P\text{-}1(\alpha\beta\gamma)0$，具有一维调制向量 $\boldsymbol{q}=-0.35281\boldsymbol{a}*+0.17630\boldsymbol{b}*+0.25807\boldsymbol{c}*$。同时，用稀土离子 Eu^{3+} 测试了其作为发光基质材料的性能，结果表明，掺 Eu^{3+} 离子后，可以发射出明亮的红色荧光，证明该化合物可以作为基质材料制备荧光粉用于白光 LED 中。

3.2 实验主要试剂和仪器设备

3.2.1 试验所使用的试剂

试验所使用的试剂见表 3.1。

表 3.1 实验试剂表

分子式	中文名	式量	含量	生产公司
Eu_2O_3	氧化铕	351.9262	分析纯	国药化学试剂有限公司
$NH_4H_2PO_4$	磷酸二氢铵	115.0257	分析纯	国药化学试剂有限公司
K_2CO_3	碳酸钾	138.2055	分析纯	国药化学试剂有限公司
Nb_2O_5	五氧化二铌	265.8098	分析纯	国药化学试剂有限公司

3.2.2 实验所使用的仪器

实验所使用的仪器如表 3.2。

表 3.2 实验仪器表

仪器名称	仪器型号	生产厂家
高温箱式电阻炉		洛阳西格玛仪器有限公司
单晶衍射仪	BRUKER SMART APEX II CCD	德国 BRUKER 公司
粉末衍射仪	Rigaku Dmax-2500/PC	日本理学株式会社理学公司
荧光光谱仪	FLS920	爱丁堡仪器
连续变倍体视显微镜	ZOOM645	上海光学仪器厂
莱卡显微镜	Leica S6E	易维科技有限公司
玛瑙研钵	LN-CΦ100	辽宁省黑山县新立屯玛瑙工艺厂
电子称量平	BSM120.4	上海卓精科电子科技有限公司

实验中包括一些辅助设备坩埚钳、实验用手套、称量纸、刚玉坩埚等。

本实验最常用的设备箱式电阻炉，该仪器能非常方便设定程序升降温，且温度控制灵敏度高，设定最高温度达 1300℃，能充分满足实验所需温度。

3.3 实验制备过程

$K_8Nb_7P_7O_{39}$ 晶体通过 K_2CO_3、Nb_2O_5 和 $NH_4H_2PO_4$ 体系反应得到，将反应物 K_2CO_3(1.802 g,13.04 mmol),Nb_2O_5(0.693 g,2.609 mmol),$NH_4H_2PO_4$(3.000 g,26.09 mmol)置入玛瑙研钵中混合均匀，充分研磨后将反应混合物倒入铂坩埚中，放入箱式反应炉中加热到 1000℃，使反应混合物在高温中完全熔融，在此反应过程中 K_2O-P_2O_5 作为反应的助溶剂参与反应，同时每隔若干个小时观察坩埚中结晶状态，然后以每小时 2℃的速率降温到 700℃，最后使其自然冷却至室温，将坩埚取出在沸水浴中加热浸泡，洗去助溶剂，风干后即得到一种长条状的无色晶体，然后我们在显微镜的帮助下精心挑选出一颗合适尺寸为 0.20 mm×0.15 mm×0.05 mm的无色晶体安装在玻璃丝上对其进行结构的分析测定。

$K_8Nb_7P_7O_{39}$ 的单晶衍射数据是由 X 射线面探衍射仪(Bruker Smart APEX2 CCD, Mo-Kαradiation, λ=0.71073 Å)在室温下使用 $\omega/2\theta$ 的扫描方式收集完成，使用程序 SAINT 进行数据还原，采用最常使用的 Multi-scan 方法进行吸收校正，之后进行结构解析。使用 $K_8Nb_7P_7O_{39}$ 的单晶衍射数据构建的复合和倒易空间显示出以较强衍射以及弱的卫星衍射如图 3.1 所示。具有调制结构的晶体，其结构特征为衍射斑点带有卫星。但带有卫星的衍射斑点，不一定是调制结构的指示。带卫星的斑点，如果是表征调制结构的，则在衍射矢量的暗场像上显示出平行条带。采用程序包 JANA2006 在 PC 计算机上完成晶体结构解析。获得晶胞参数和衍射强度的数据后，选择正确的空间群，其中采用直接法确定重原子 Nb 位置，其余原子位置由差值傅里叶合成法获得，然后进行基于 F^2 的全矩阵最小二乘方平面精修原子位置、项性热参数和原子位移参数直至收敛。进而，对其结构采用 PLATON 程序进行检查，没有检测出 A 类和 B 类晶体学错误。$K_8Nb_7P_7O_{39}$ 的晶体学数据见表 3.3。单晶 $K_8Nb_7P_7O_{39}$ 结构中部分原子坐标和各向同性或各向同性位移参数(Å^2)参见表 3.4。$K_8Nb_7P_7O_{39}$ 结构中各原子之间的键长见表 3.5。

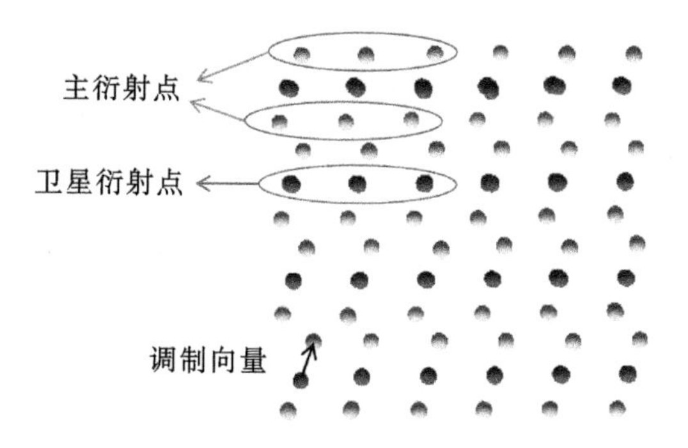

图 3.1　根据 $K_8Nb_7P_7O_{39}$ 单晶衍射数据构建主反射（红色）和一阶卫星反射（黄色）沿着 c 轴方向的倒易点阵

表 3.3　$K_8Nb_7P_7O_{39}$ 的单晶结构数据

晶体学数据	
Chemical formula	$K_8Nb_7P_7O_{39}$
M_r	1803.9
Crystal system, space group	Triclinic, P-1($\alpha\beta\gamma$)0
Temperature(K)	293(2)
Modulation wave vectors	q=−0.352850a*+0.176530b*+0.258490c*
a,b,c(Å)	8.5714(6), 11.9609(9), 18.5277(14)
α,β,γ(°)	106.1811(8), 99.8575(8), 90.4666(8)
V(Å^3)	1794.2(2)
Z	2
abs coeff ? (mm^{-1})	3.53
Crystal size(mm)	0.20 × 0.15 × 0.05
Data collection	
Diffractometer	Bruker CCDdiffractometer
Absorption correction	Multi-scan
Radiation type	Mo$K\alpha$
Wavelength(Å)	0.71073

续表 3.3

range of h,k,l and m	$-11 \to h \to +11$
	$-16 \to k \to +16$
	$-24 \to l \to +24$
	$-1 \to m \to +1$
No. of measured, independent and observed [$I > 3\sigma(I)$] reflections	51060,26432,16157
No. of main reflections and first order reflections	8011,8146
R_{int}	0.022
$(\sin\theta/\lambda)_{max}$ (Å^{-1})	0.667
Refinement	
R,Rw(all)	6.41,8.61
R,Rw(all main reflections)	3.13,6.52
R,Rw(all first order satellite reflections)	16.21,11.47
R,Rw(obs)	3.65,7.60
R,Rw(obs main reflections)	2.78,6.15
R,Rw(obs first order satellite reflections)	6.89,9.79
GOF(obs) and GOF(all)	1.07,1.22
No. of reflections and parameters	26432,1603
$\Delta\rho_{max}$, $\Delta\rho_{min}$ ($e \cdot$ Å^{-3})	1.32,−1.12

表 3.4 $K_8Nb_7P_7O_{39}$ 平均结构中部分原子坐标和各向同性或各向异性位移参数(Å^2)

	x	y	z	U_{iso} * /U_{eq}	Occ. (<1)
Nb^1	0.77440(4)	0.11937(3)	0.070615(19)	0.00819(11)	
Nb^2	0.98212(4)	0.73136(3)	0.30766(2)	0.00864(12)	
Nb^3	0.88437(4)	0.23012(3)	0.30595(2)	0.00898(12)	
Nb^4	0.47911(4)	1.10697(3)	0.31043(2)	0.00854(12)	
Nb^5	1.38231(4)	0.60709(3)	0.30969(2)	0.01040(12)	
Nb^6	1.16398(4)	0.19558(3)	0.01483(2)	0.00897(12)	
Nb^7	1.29228(4)	0.50993(3)	0.07820(2)	0.01189(12)	
K^1	0.50693(11)	0.32371(8)	0.18916(6)	0.0198(3)	
K^2	0.24869(15)	0.24917(9)	0.49368(6)	0.0306(4)	

续表 3.4

	x	y	z	U_{iso} * / U_{eq}	Occ. (<1)
K^3	0.74701(13)	0.91212(11)	0.18076(6)	0.0295(4)	
K^4	0.97960(15)	0.41130(9)	0.17534(7)	0.0298(4)	
K^5	0.26232(15)	0.82295(9)	0.17160(8)	0.0366(4)	
P^1	0.62053(12)	0.84906(9)	0.33361(7)	0.0132(3)	
P^2	1.10802(12)	0.00474(9)	0.32137(7)	0.0152(3)	
P^3	0.59834(11)	−0.04022(8)	−0.10333(6)	0.0083(3)	
P^4	0.76412(12)	0.50742(9)	0.33212(7)	0.0138(3)	
P^5	1.07298(13)	0.36514(9)	−0.09748(6)	0.0122(3)	
P^6	1.25752(12)	0.34431(9)	0.32084(7)	0.0123(3)	
P^7	0.53895(11)	0.31438(8)	0.00688(6)	0.0079(3)	
O^1	1.3727(3)	0.2491(2)	0.29307(18)	0.0160(10)	
O^2	1.0906(4)	0.5899(3)	0.08726(19)	0.0225(11)	
O^3	0.4910(3)	0.4305(2)	0.05789(16)	0.0117(9)	
O^4	0.2596(4)	1.0267(3)	0.2919(3)	0.0357(15)	
O^5	0.8347(3)	0.1780(2)	0.17016(17)	0.0132(9)	
O^6	1.2814(4)	0.3884(3)	0.4053(2)	0.0254(12)	
O^7	0.6857(3)	0.0705(2)	−0.04996(16)	0.0115(9)	
O^8	0.9749(3)	0.0717(3)	0.28697(18)	0.0175(10)	
O^9	0.5608(3)	0.0639(3)	0.08201(18)	0.0171(10)	
O^{10}	0.7866(3)	0.3791(2)	0.29006(17)	0.0145(9)	
O^{11}	1.2889(3)	0.4415(2)	0.28266(17)	0.0144(9)	
O^{12}	1.0918(4)	0.3426(3)	−0.17959(18)	0.0239(11)	
O^{13}	0.6090(3)	0.3413(2)	−0.05798(16)	0.0120(9)	
O^{14}	1.1750(3)	0.6595(3)	0.2873(2)	0.0199(11)	
O^{15}	0.6744(3)	0.1640(2)	0.29107(19)	0.0172(10)	
O^{16}	0.9346(4)	0.2730(3)	0.40406(19)	0.0240(11)	
O^{17}	1.3588(4)	0.5573(3)	0.17793(17)	0.0164(9)	
O^{18}	1.0736(3)	0.2463(2)	−0.07838(16)	0.0143(9)	
O^{19}	0.5673(3)	0.9460(2)	0.29647(18)	0.0160(9)	
O^{20}	0.8818(4)	0.5772(3)	0.3039(2)	0.0243(12)	
O^{21}	0.9745(3)	0.1785(2)	0.04426(17)	0.0138(9)	

续表 3.4

	x	y	z	$U_{iso}*/U_{eq}$	Occ. (<1)
O^{22}	0.7919(4)	0.5336(3)	0.4167(2)	0.0259(11)	
O^{23}	0.5106(4)	1.1501(3)	0.40988(19)	0.0298(13)	
O^{24}	1.2025(3)	0.3583(2)	0.07441(16)	0.0108(8)	
O^{25}	0.8366(3)	−0.0378(2)	0.05439(15)	0.0112(8)	
O^{26}	0.7599(3)	0.7960(3)	0.29660(19)	0.0191(10)	
O^{27}	0.5949(3)	0.5331(3)	0.2975(2)	0.0228(11)	
O^{28}	0.5706(4)	−0.0328(3)	−0.18420(17)	0.0175(10)	
O^{29}	0.6695(3)	0.2711(2)	0.05942(16)	0.0130(9)	
O^{30}	0.3950(3)	0.2286(2)	−0.02315(17)	0.0132(9)	
O^{31}	1.4800(4)	0.7565(3)	0.3034(2)	0.0316(14)	
O^{32}	1.1990(4)	0.4529(2)	−0.04390(17)	0.0158(9)	
O^{33}	1.1331(5)	0.0339(3)	0.4053(2)	0.0328(13)	
O^{34}	1.3025(3)	0.1473(2)	0.09709(16)	0.0122(9)	
O^{35}	0.6560(4)	0.8896(3)	0.4181(2)	0.0282(12)	
O^{36}	1.4092(5)	0.6416(3)	0.4087(2)	0.0318(13)	
O^{37}	1.0871(3)	0.2950(3)	0.2837(2)	0.0210(11)	
O^{38}	1.0546(3)	0.8737(2)	0.28033(18)	0.0167(10)	
O^{39}	1.0291(4)	0.7810(3)	0.40641(19)	0.0270(12)	
K^{6}	0	0	0.5	0.0785(16)	0.7312
K^{7}	0.1802(4)	−0.0795(3)	0.52932(18)	0.0165(10)	0.2688
K^{8}	0.6377(2)	0.0977(2)	0.53762(11)	0.0530(8)	0.7312
K^{9}	0.5	0.5	0.5	0.139(3)	0.7609
K^{10}	0.6646(9)	0.3950(4)	0.4741(3)	0.055(2)	0.2391
K^{11}	0.8820(2)	0.4220(2)	0.53503(11)	0.0553(8)	0.7609
K^{12}	−0.3652(3)	−0.3851(3)	0.16563(17)	0.0078(9)	0.254

表 3.5 $K_8Nb_7P_7O_{39}$ 平均结构中各原子之间的键长

$Nb^{1}—O^{5}$	1.767(3)	$P^{6}—O^{37}$	1.544(3)
$Nb^{1}—O^{7}$	2.144(3)	$P^{7}—O^{3}$	1.555(3)
$Nb^{1}—O^{9}$	2.005(3)	$P^{7}—O^{13}$	1.542(3)
$Nb^{1}—O^{21}$	2.031(3)	$P^{7}—O^{29}$	1.549(3)

续表 3.5

Nb^{1}—O^{25}	1.917(3)	P^{7}—O^{30}	1.519(3)
Nb^{1}—O^{29}	2.076(3)	K^{1}—O^{1ix}	2.737(4)
Nb^{2}—O^{12ii}	2.267(3)	K^{1}—O^{3}	3.028(3)
Nb^{2}—O^{14}	1.914(3)	K^{1}—O^{5}	3.340(3)
Nb^{2}—O^{20}	2.002(3)	K^{1}—O^{9}	3.276(3)
Nb^{2}—O^{26}	2.056(3)	K^{1}—O^{10}	2.727(3)
Nb^{2}—O^{38}	2.028(3)	K^{1}—O^{11ix}	2.873(3)
Nb^{2}—O^{39}	1.728(3)	K^{1}—O^{15}	3.224(3)
Nb^{3}—O^{5}	2.374(3)	K^{1}—O^{17ix}	3.118(3)
Nb^{3}—O^{8}	2.010(3)	K^{1}—O^{24ix}	3.180(3)
Nb^{3}—O^{10}	2.044(3)	K^{1}—O^{27}	2.742(3)
Nb^{3}—O^{15}	1.900(3)	K^{1}—O^{29}	2.898(3)
Nb^{3}—O^{16}	1.720(3)	K^{1}—O^{34ix}	2.710(2)
Nb^{3}—O^{37}	2.047(3)	K^{2}—O^{6ix}	2.684(4)
Nb^{4}—O^{1iii}	2.010(3)	K^{2}—O^{16ix}	2.975(3)
Nb^{4}—O^{4}	2.040(3)	K^{2}—O^{22x}	2.726(3)
Nb^{4}—O^{15i}	1.932(3)	K^{2}—O^{23xi}	3.017(4)
Nb^{4}—O^{19}	2.035(3)	K^{2}—O^{33ix}	2.704(3)
Nb^{4}—O^{23}	1.733(3)	K^{2}—O^{35x}	2.680(4)
Nb^{4}—O^{28iv}	2.223(3)	K^{2}—O^{36xii}	3.224(4)
Nb^{5}—O^{11}	2.028(3)	K^{2}—O^{39x}	3.335(4)
Nb^{5}—O^{14}	1.909(3)	K^{3}—O^{5i}	3.326(3)
Nb^{5}—O^{17}	2.314(3)	K^{3}—O^{8i}	2.803(3)
Nb^{5}—O^{27v}	2.057(3)	K^{3}—O^{9i}	3.177(3)
Nb^{5}—O^{31}	2.014(3)	K^{3}—O^{12ii}	3.344(3)
Nb^{5}—O^{36}	1.729(3)	K^{3}—O^{15i}	3.274(3)
Nb^{6}—O^{18}	2.018(3)	K^{3}—O^{18ii}	2.932(3)
Nb^{6}—O^{21}	1.829(3)	K^{3}—O^{19}	2.786(3)
Nb^{6}—O^{24}	1.944(2)	K^{3}—O^{25i}	2.796(3)
Nb^{6}—O^{25vi}	1.960(2)	K^{3}—O^{26}	2.853(4)
Nb^{6}—O^{30v}	2.281(3)	K^{3}—O^{28iv}	3.099(3)
Nb^{6}—O^{34}	1.990(3)	K^{3}—O^{30iv}	2.975(3)

续表 3.5

$Nb^7—O^2$	1.991(3)	$K^3—O^{38}$	3.064(3)
$Nb^7—O^{3v}$	1.995(3)	$K^4—O^2$	3.248(4)
$Nb^7—O^{13ii}$	2.111(3)	$K^4—O^5$	3.018(3)
$Nb^7—O^{17}$	1.769(3)	$K^4—O^{10}$	3.007(3)
$Nb^7—O^{24}$	1.943(3)	$K^4—O^{11}$	2.983(3)
$Nb^7—O^{32}$	2.176(3)	$K^4—O^{12ii}$	2.996(3)
$P^1—O^{19}$	1.547(3)	$K^4—O^{14}$	3.342(3)
$P^1—O^{26}$	1.536(3)	$K^4—O^{20}$	2.893(3)
$P^1—O^{31ix}$	1.537(3)	$K^4—O^{21}$	3.137(3)
$P^1—O^{35}$	1.479(3)	$K^4—O^{24}$	2.853(3)
$P^2—O^{4xiii}$	1.537(4)	$K^4—O^{29}$	3.228(3)
$P^2—O^8$	1.556(3)	$K^4—O^{37}$	2.782(4)
$P^2—O^{33}$	1.480(4)	$K^5—O^{2ix}$	3.014(3)
$P^2—O^{38xi}$	1.561(3)	$K^5—O^4$	2.805(4)
$P^3—O^7$	1.518(2)	$K^5—O^{7iv}$	2.972(3)
$P^3—O^{9viii}$	1.531(3)	$K^5—O^{13iv}$	2.838(3)
$P^3—O^{28}$	1.505(3)	$K^5—O^{17ix}$	3.320(3)
$P^3—O^{34vi}$	1.560(3)	$K^5—O^{18iv}$	3.077(3)
$P^4—O^{10}$	1.551(3)	$K^5—O^{19}$	3.210(3)
$P^4—O^{20}$	1.554(4)	$K^5—O^{28iv}$	2.808(3)
$P^4—O^{22}$	1.481(4)	$K^5—O^{31ix}$	3.101(4)
$P^4—O^{27}$	1.549(3)	$K^5—O^{38ix}$	2.860(3)
$P^5—O^{2ii}$	1.530(3)	$K^6—K^7$	1.900(3)
$P^5—O^{12}$	1.506(3)	$K^6—K^{7xi}$	1.900(3)
$P^5—O^{18}$	1.557(3)	$K^7—K^{8xii}$	2.131(4)
$P^5—O^{32}$	1.517(3)	$K^9—K^{10}$	1.929(7)
$P^6—O^1$	1.561(3)	$K^9—K^{10xiii}$	1.929(7)
$P^6—O^6$	1.479(3)	$K^{10}—K^{11}$	1.979(7)
$P^6—O^{11}$	1.560(3)		

Symmetry codes: (i) $-x+2, -y+1, -z$; (ii) $x-1, y+1, z$; (iii) $x, y+1, z$; (iv) $-x+1, -y+1, -z$; (v) $x+1, y, z$; (vi) $-x+2, -y, -z$; (vii) $x-1, y, z$; (viii) $x+1, y-1, z$; (ix) $x, y-1, z$; (x) $-x+1, -y, -z$; (xi) $-x, -y, -z+1$; (xii) $-x+1, -y, -z+1$; (xiii) $-x+1, -y+1, -z+1$; (xiv) $-x+2, -y+1, -z+1$.

晶体结构确定之后，采用传统的高温固相合成法根据该化合物分子式的化学计量比制备其纯相粉末，先在玛瑙研钵中充分研磨(研磨时加入少量的乙醇)，然后转移到铂坩埚中，再放在高温箱式炉中加热。加热过程如下：先缓慢升温到 400℃，恒温 3 小时。然后缓慢升温到 800 ℃，恒温 48 个小时。最后迅速降到室温。在整个加热过程中，多次把样品取出研磨。不同浓度 Eu^{3+} 激活的荧光粉 $K_8Nb_7P_7O_{39}$：$x$mol%(x=0.02，0.05，0.10，0.15，0.25，0.35，0.45，0.55，0.65，0.75)的制备方法与之类似，反应温度也为 800℃，恒温 48 个小时烧结而成。对所制备的粉末晶体使用 X-射线粉末衍射仪(Cu-$K\alpha$ 靶，λ=0.15456 nm)进行物相分析，扫描步长为 0.02°，扫描范围 2θ=5°～70°，得到其粉末衍射数据。

3.4　结构分析

3.4.1　粉末 X-射线分析

$K_8Nb_7P_7O_{39}$：$x Eu^{3+}$(x=0～0.75)多晶粉末是通过传统的高温固相合成法制备，粉末衍射如图 3.2 所示。从图中可以看出所有衍射峰的位置与由单晶 X-射线衍射分析结果数据模拟基本一致，尽管部分峰的强度有细微差别，可认为是晶体的择优取向所致。证明我们所制备的多晶粉末是纯相。

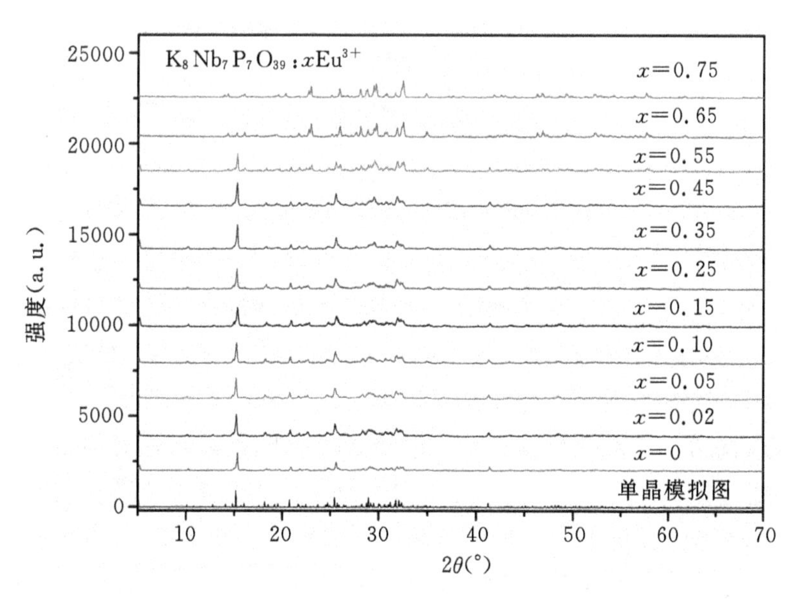

图 3.2　$K_8Nb_7P_7O_{39}$：$x$mol%(x=0～0.75)粉末在 2θ=5°～70°范围内的 X-射线衍射图与模拟图的比较

3.4.2　结构分析与描述

通过单晶 X-射线衍射分析确定其晶体结构为四维非公度调制结构，超空间群为三斜晶系

P-1(α β γ)0，调制波矢为 $\boldsymbol{Q}=-0.35281\boldsymbol{a}*+0.17630\boldsymbol{b}*+0.25807\boldsymbol{c}*$，晶胞参数为 a=8.5721(8)Å，b=11.962(1)Å，c=18.5285(16)Å，α=106.1872(9)°，β=99.8608(9)°，γ=90.4689(10)°。在该化合物中，每个 Nb 原子与 6 个氧原子配位，形成 NbO_6 八面体，每个 P 原子与 4 个氧原子配位，形成 PO_4 四面体，两种多面体通过共用顶点的方式相互连接，形成二维层状结构，如图 3.3 所示，这个二维结构代表了一种新型的未见报道过的拓扑结构，符号为{$3.4^2.5.6.7$}{$3.4^2.5^3$}{$3.4^2.6.7^2$}{$3.4^3.5^4.6.7$}{$3^2.4^4.5^3.6^4.7^2$}{$3^3.4^3.5^4.6^3.7^2$}{4.5^2}4{$4.5^3.6.7^5$}{$4.5^3.7^2$}{$4^2.5^3.6.7^4$}{$4^2.5^3.7^5$}。K^+ 离子分布于层间和层中，共 12 个不同的钾离子，层中为(K^1,K^3,K^4,K^5,K^{12})，层间为(K^2,K^6,K^7,K^8,K^9,K^{10},K^{11})。(K^6,K^7,K^8,K^9,K^{10},K^{11},K^{12})离子的占有率是不完全的，也就是说在 K^+ 离子位置存在空位，而 K^+ 离子和空位的有序排布，导致了强烈的占有率调制，进行带动整个结构具有一定的位置调制，形成了复杂的四维非公度调制结构。根据高维结晶学理论，我们可以画出沿虚拟四维轴 t 轴方向 K 离子位移的图示，如图 3.4，图 3.5 所示。

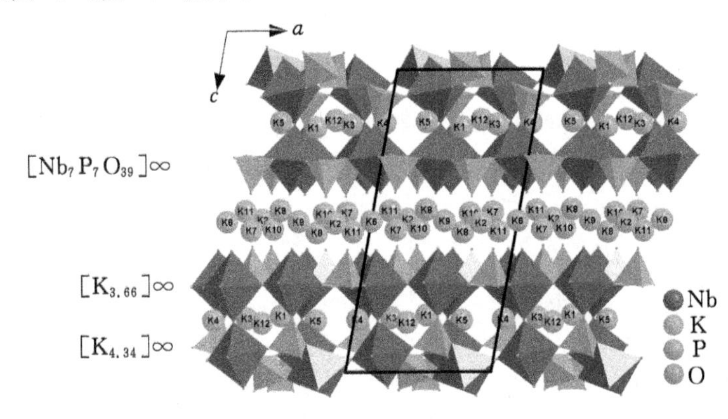

图 3.3　$K_8Nb_7P_7O_{39}$ 的晶体结构示意图

从图中可以看出，$K^1\sim K^5$ 原子的位置调制都可以用一个连续型正弦函数来描述。而原子 $K^6\sim K^{12}$ 的调制由于存在占有率调制形成了间断，需要使用勒让德型指纹函数来描述。受位置调制影响，K—O 键键长在虚轴 t 方向都有弥散，而较长键长的 K—O 键则弥散较为严重，这种现象在其他调制结构化合物中也较为常见，如图 3.6 和表 3.6 所示。另一方面，调制对于较短的键键长影响较小，如 Nb—O 键。为了验证结构的正确性，可以对键长进行 BVS 计算，看其是否合理，通过计算发现，K^6,K^7,K^8,K^9,K^{10},K^{11},K^{12} 原子的价键分别为 1.13964(5)，0.83083(4)，0.880015(1)，1.03316(3)，0.87423(19)，0.88912(2)，1.43803(7)，均在误差允许范围内，证明了该化合物的结构是合理的，如表 3.7 所列。我们对于 $K_8Nb_7P_7O_{39}$ 调制结构模型的描述可以通过精修结果来证明，最终精修结果的晶体学参数都达到合理值，如 R 值精修至 6.41%，$\Delta\rho_{max}$ 和 $\Delta\rho_{min}$ 精修至 1.32 和 −1.12 e·Å^{-3}。

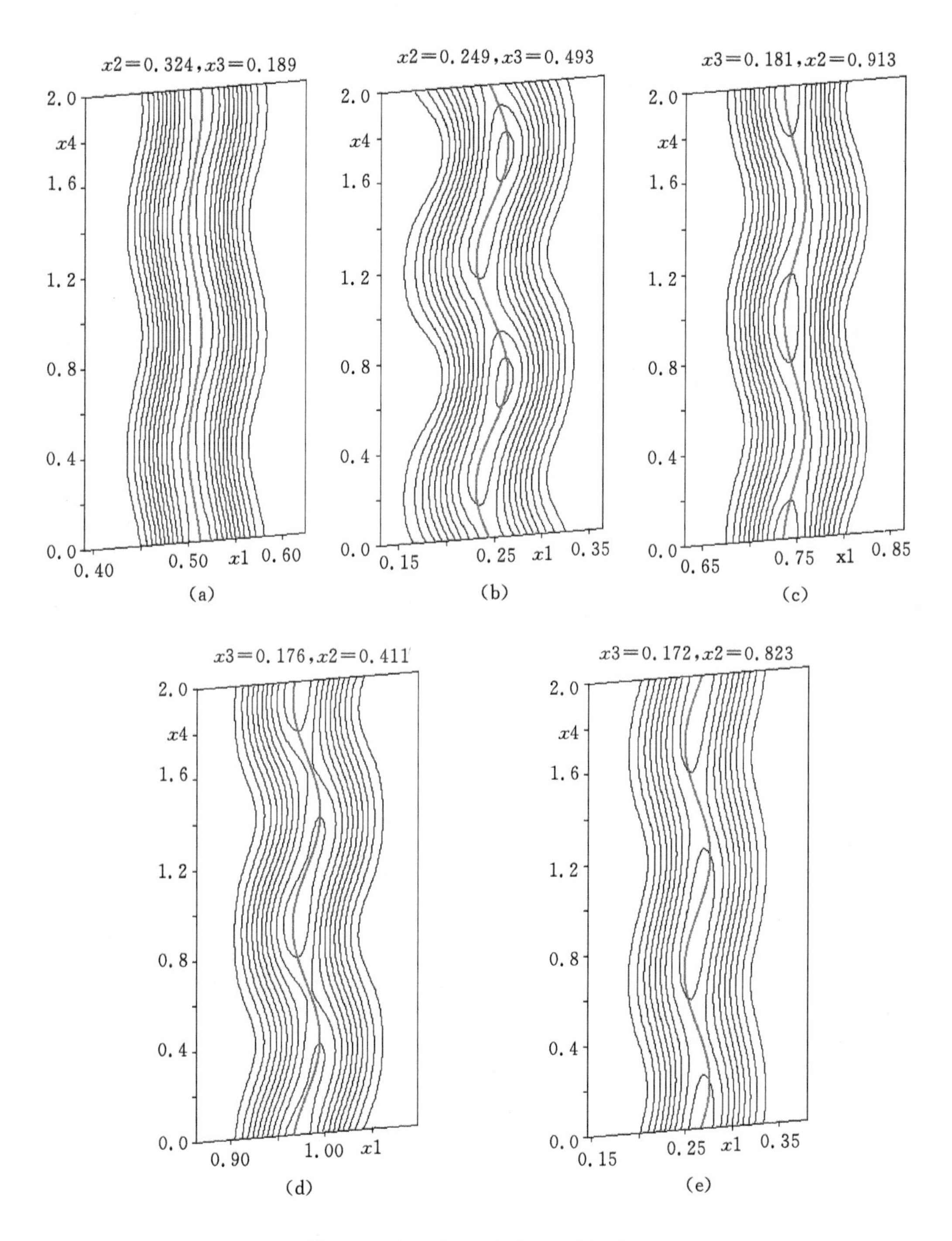

图 3.4　$K^1 \sim K^5$ 原子的位置调制示意图

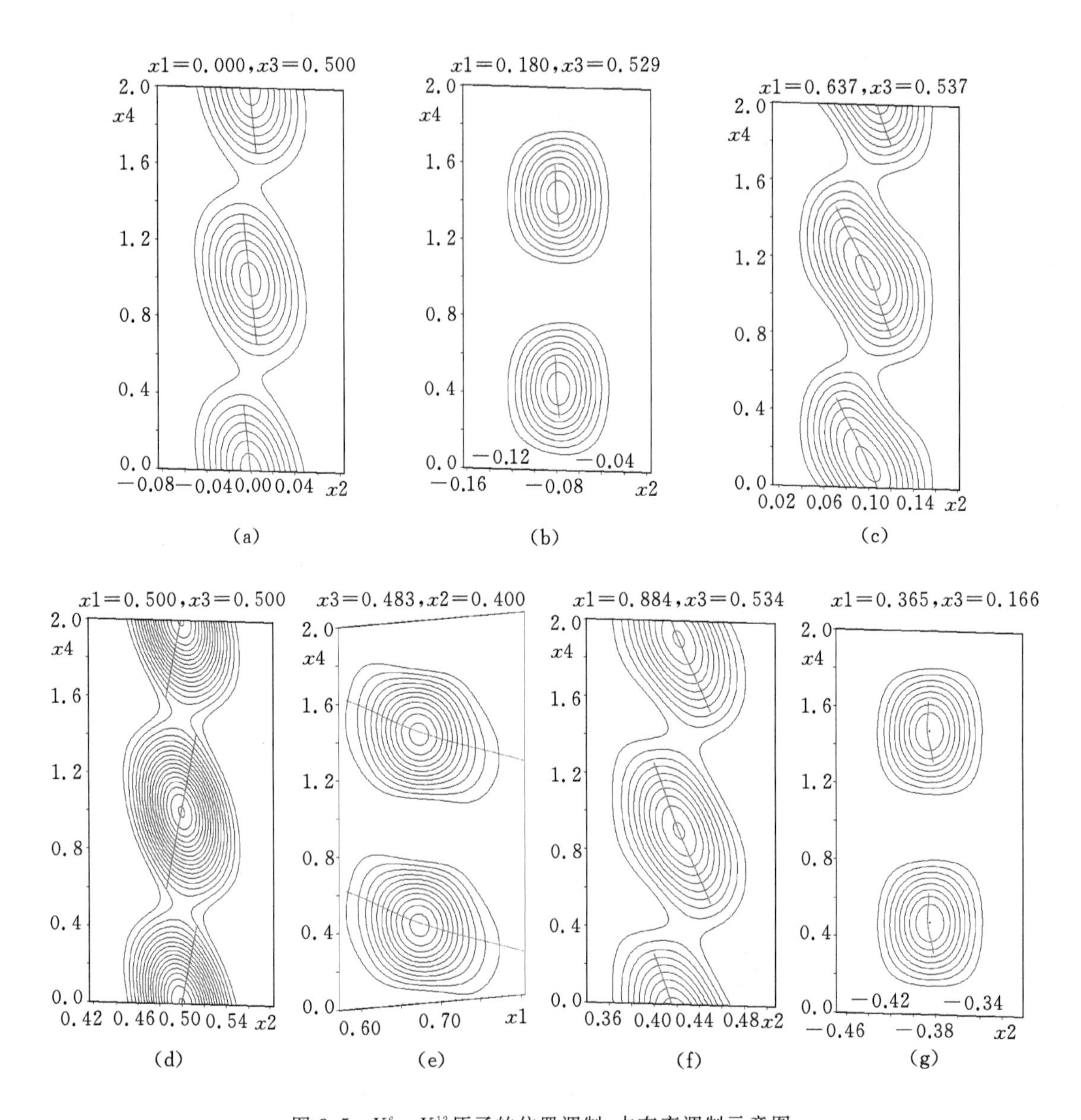

图 3.5　K^{6}～K^{12}原子的位置调制、占有率调制示意图

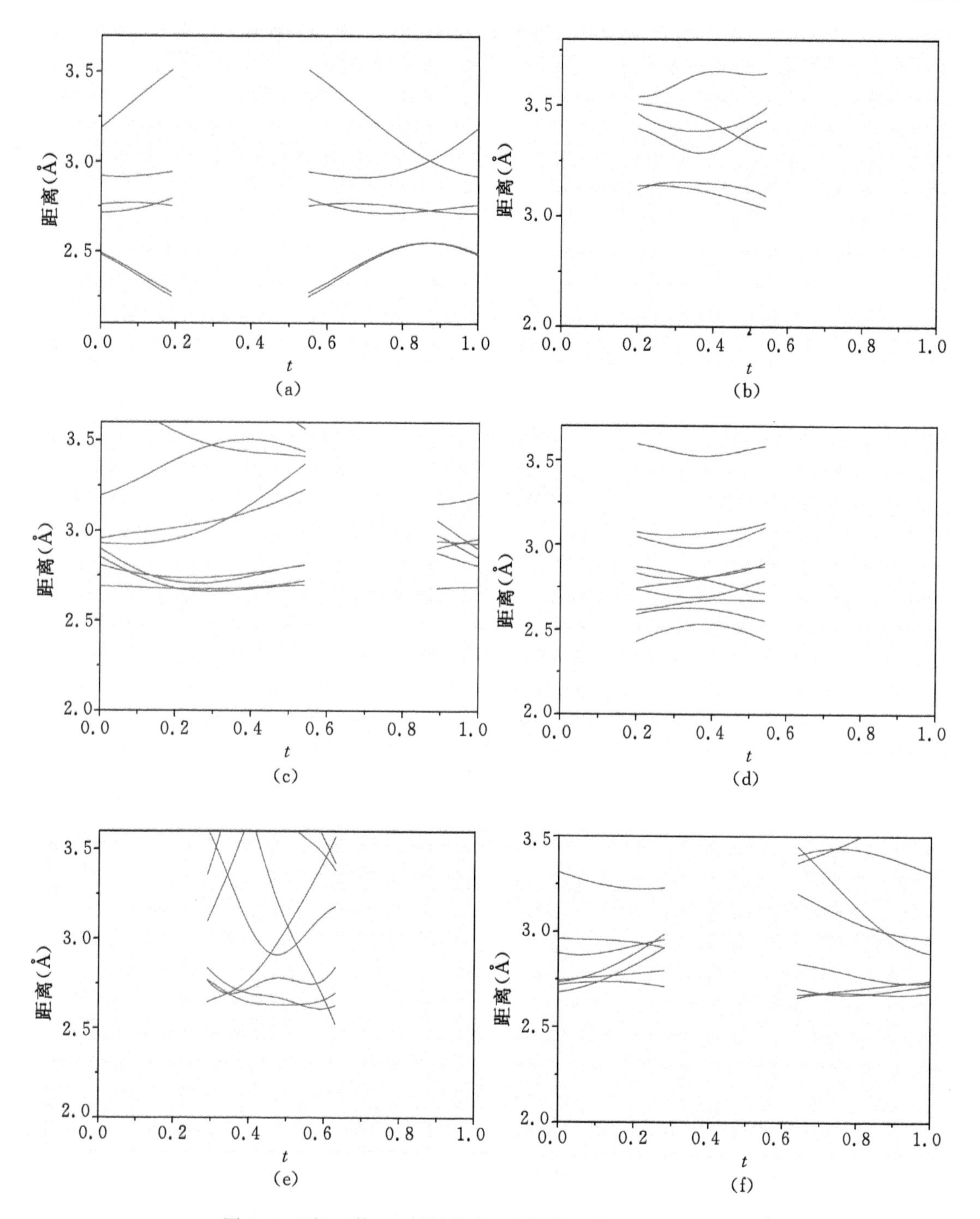

图 3.6　$K^6 \sim K^{12}$—O 键键长由于调制影响产生的弥散示意图

表 3.6　$K_8Nb_7P_7O_{39}$ 调制结构中调制对 K—O 键键长影响

键间距	平均值	最小值	最大值
K^6-O^{33}(i)	2.437(5)	2.552(6)	2.557(7)
K^6-O^{33}(v)	2.437(5)	2.250(6)	2.552(6)
K^6-O^{35}(vi)	3.093(5)	2.916(5)	3.511(5)
K^6-O^{35}(ii)	3.096(5)	2.916(5)	3.509(5)
K^6-O^{39}(vi)	2.747(4)	2.715(5)	2.794(5)
K^6-O^{39}(ii)	2.746(4)	2.715(5)	2.793(5)
K^7-O^{16}(v)	3.118(9)	3.041(10)	3.157(10)
K^7-O^{23}(ii)	2.927(8)	2.807(9)	3.010(9)
K^7-O^{33}(i)	2.846(9)	2.788(10)	2.935(10)
K^7-O^{33}(v)	2.917(8)	2.886(10)	2.993(10)
K^7-O^{35}(ii)	2.640(7)	2.591(8)	2.656(8)
K^7-O^{39}(vi)	2.605(6)	2.536(8)	2.641(8)
K^8-O^{23}(iii)	2.686(5)	2.675(6)	2.721(6)
K^8-O^{31}(iv)	3.361(5)	3.152(5)	3.506(5)
K^8-O^{33}(vii)	2.777(5)	2.736(5)	2.878(5)
K^8-O^{35}(iii)	2.801(4)	2.706(5)	3.059(5)
K^8-O^{35}(ii)	2.744(5)	2.662(6)	2.978(6)
K^8-O^{36}(iv)	3.036(5)	2.904(5)	3.230(5)
K^8-O^{39}(iv)	3.033(5)	2.922(5)	3.369(5)
K^9-O^6(i)	2.489(4)	2.367(5)	2.564(5)
K^9-O^6(iv)	2.489(4)	2.368(5)	2.564(5)
K^9-O^{22}	3.206(6)	2.953(7)	3.599(7)
K^9-O^{22}(ii)	3.202(6)	2.952(7)	3.596(7)
K^9-O^{36}(i)	2.734(6)	2.678(7)	2.826(7)
K^9-O^{36}(iv)	2.734(6)	2.678(7)	2.823(7)
$K^{10}-O^6$(i)	3.425(18)	2.521(19)	4.609(19)
$K^{10}-O^6$(iv)	2.751(12)	2.693(13)	2.842(13)
$K^{10}-O^{16}$	2.993(17)	2.646(19)	3.571(19)
$K^{10}-O^{22}$	2.683(17)	2.607(19)	2.837(19)

续表 3.6

键间距	平均值	最小值	最大值
$K^{10}-O^{23}$ (iii)	3.128(14)	2.910(15)	3.616(15)
$K^{10}-O^{36}$ (iv)	2.663(18)	2.631(19)	2.771(19)
$K^{11}-O^{6}$ (iv)	2.734(5)	2.671(6)	2.797(6)
$K^{11}-O^{16}$	2.707(5)	2.671(5)	2.738(5)
$K^{11}-O^{20}$ (iv)	3.335(5)	3.224(6)	3.438(6)
$K^{11}-O^{22}$	2.798(6)	2.731(6)	2.988(6)
$K^{11}-O^{22}$ (iv)	2.720(5)	2.657(6)	2.916(6)
$K^{11}-O^{36}$ (iv)	3.027(6)	2.877(7)	3.447(7)
$K^{11}-O^{39}$ (iv)	3.007(6)	2.915(6)	3.202(6)
$K^{12}-O^{3}$ (vi)	2.658(6)	2.616(7)	2.677(7)
$K^{12}-O^{12}$ (viii)	2.498(7)	2.432(8)	2.533(8)
$K^{12}-O^{13}$ (ix)	2.807(7)	2.745(8)	2.872(8)
$K^{12}-O^{17}$ (x)	2.606(7)	2.554(8)	2.628(8)
$K^{12}-O^{20}$ (vi)	3.079(7)	3.059(8)	3.130(8)
$K^{12}-O^{26}$ (vi)	2.721(6)	2.690(7)	2.789(7)
$K^{12}-O^{27}$ (vi)	2.825(8)	2.801(9)	2.891(9)
$K^{12}-O^{31}$ (x)	3.020(7)	2.982(8)	3.103(8)
$K^{12}-O^{32}$ (viii)	2.797(7)	2.716(8)	2.871(8)
Symmetry codes: (i) $x-1, y, z$; (ii) $-x+1, -y+1, -z+1$; (iii) $x, y-1, z$; (iv) $-x+2, -y+1, -z+1$; (v) $-x+1, -y, -z+1$; (vi) $x-1, y-1, z$; (vii) $-x+2, -y, -z+1$; (viii) $-x+1, -y, -z$; (ix) $-x, -y, -z$; (x) $x-2, y-1, z$. x, y			

表 3.7　$K_8Nb_7P_7O_{39}$ 调制结构中 BVS 计算结果

原子	平均值	最小值	最大值
Nb^{1}	5.1218(4)	5.075(7)	5.163(7)
Nb^{2}	5.1965(7)	5.081(7)	5.269(7)
Nb^{3}	5.1406(7)	5.119(7)	5.161(7)
Nb^{4}	5.1156(7)	5.090(7)	5.142(7)
Nb^{5}	5.0977(7)	5.033(7)	5.152(7)
Nb^{6}	4.9558(4)	4.905(7)	5.012(7)

续表 3.7

原子	平均值	最小值	最大值
Nb^7	5.0595(4)	5.032(7)	5.101(7)
K^1	1.37368(2)	1.325(7)	1.423(7)
K^2	1.10501(3)	1.076(7)	1.130(7)
K^3	1.139674(1)	1.083(7)	1.191(7)
K^4	1.024644(1)	0.983(7)	1.071(7)
K^5	1.040286(1)	1.007(7)	1.081(7)
K^6	1.38105(11)	1.163(7)	1.807(7)
K^7	0.96013(7)	0.910(7)	1.031(7)
K^8	0.99011(3)	0.848(7)	1.090(7)
K^9	1.23032(6)	1.124(7)	1.422(7)
K^{10}	0.9688(3)	0.884(7)	1.106(7)
K^{11}	1.00621(3)	0.858(7)	1.079(7)
K^{12}	1.68253(13)	1.650(7)	1.762(7)
P^1	5.0870(7)	5.015(7)	5.176(7)
P^2	4.9886(9)	4.927(7)	5.043(7)
P^3	5.1019(7)	5.046(7)	5.166(7)
P^4	5.0418(9)	4.990(7)	5.092(7)
P^5	5.0870(7)	5.015(7)	5.176(7)
P^6	5.0079(9)	4.988(7)	5.027(7)
P^7	4.9077(6)	4.877(7)	4.934(7)

3.4.3 SEM 形貌分析

图 3.7 所示为 $K_8Nb_7P_7O_{39}$的 SEM 图。从图(a)、(b)中可以看出，$K_8Nb_7P_7O_{39}$单晶为片状，大约为 0.5mm 长，0.3mm 宽，厚度大约为 0.1mm。这是因为该化合物的晶体结构为二维层状结构，在层内，主要是 P、Nb 原子和 O 原子大量的共价键，作用力较强，而层间是 K^+ 离子和 O^{2-} 离子少数的离子键相互作用，作用力较弱，因此该晶体在生长时形成了比较明显的晶面取向效应，形成了片状外形。

图 3.7(c)放大倍数为 500X，从图中可以看出，$K_8Nb_7P_7O_{39}$的颗粒尺寸不均匀，小的颗粒直径约为 5μm，大的颗粒直径约为 400μm。图 3.7(d)放大倍数为 4000X，从图中可以看出，大的颗粒也是由直径约为 5μm 小颗粒堆积而成，而小的颗粒也为片状形貌，与单晶类似。同时

从图 3.7(b)和图 3.7(c)对比来看，单晶中也存在粉末状物体，和粉末中大的颗粒形貌基本类似，可以认为，大的单晶都是由小颗粒逐层生长而成，而大颗粒可以看做没有生长成大块单晶的粉末物体。

(a)　(b)

(c)　(d)

图 3.7　(a)和(b)$K_8Nb_7P_7O_{39}$单晶的 SEM 图；
(c)和(d)$K_8Nb_7P_7O_{39}$粉末的 SEM 图

3.5　性能研究

3.5.1　UV-Vis 光谱

紫外-可见漫反射(UV-Vis)吸收光谱在日本 JASCO 公司生产的 JASCO-V550 型紫外可见漫反射光谱仪上进行，配备固体样品表征的积分球装置。采集波长范围为 200～800 nm，采集速度为 100 nm/min，采集步长为 5nm，如图 3.8 所示。从图中可以看出，$K_8Nb_7P_7O_{39}$在 350～800nm 范围内基本没有吸收，也就是说该化合物对可见光全反射或透过。吸收截止边为 340nm 左右。

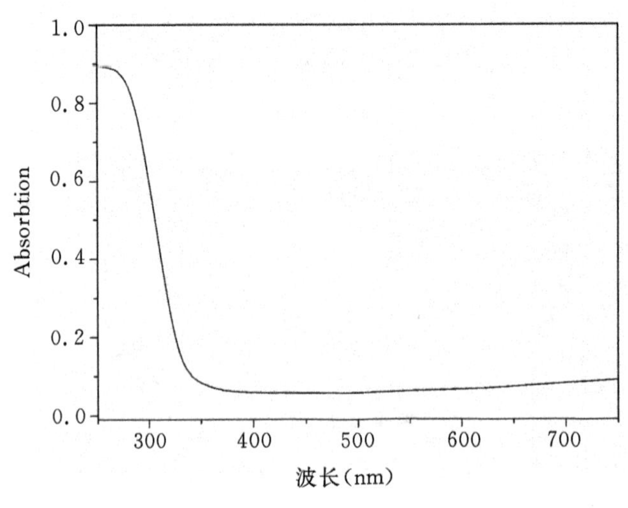

图 3.8 $K_8Nb_7P_7O_{39}$的紫外可见吸收光谱图

3.5.2 Eu^{3+}激活荧光光谱研究

图 3.9(a)所示为 $K_8Nb_7P_7O_{39}:xEu^{3+}$ ($x=0.45$)的激发光谱图，监测波长为 613 nm，扫描范围为 200～550 nm。从图中可以看出，位于 240 nm 附近有一较宽的带状激发峰，这是由 $O^{2-}\rightarrow Eu^{3+}$ 的电荷迁移跃迁所形成的，即配位 O^{2-} (2p)将一个电子转移给处于配位中心的 $Eu^{3+}(4f^6)$，形成 $Eu^{3+}-O^{2-}$ 配位体，相当于 Eu—O 复合体系的一个激发态。由于电荷迁移带是 Eu 与配位场作用与晶格强耦合的结果，因此会使激发光谱具有较宽的谱型。在长波段区域有一系列窄带尖锐激发峰，这是 Eu^{3+} 的 $f\rightarrow f$ 的电子吸收跃迁峰，$F_0\rightarrow{}^5H_5$(317 nm)，${}^7D_0\rightarrow{}^5D_4$(362 nm)，${}^7F_0\rightarrow{}^5G_4$(382 nm)，${}^7F_0\rightarrow{}^5L_6$(393 nm)，${}^7F_0\rightarrow{}^5D_3$(415 nm)，${}^7F_0\rightarrow{}^5D_2$(465 nm)，${}^7F_0\rightarrow{}^5D_1$(526 nm)。其中 393 nm 和 465nm 是两条最强的激发(吸收)谱线。这种现象到现在没有合理解释，有待今后深入研究。对这一物理现象及其变化规律深入研究不仅具有理论意义，而且具有实际应用意义，因为它们正好对应实现白光 LED 照明两种热门方案。从激发谱中可以看出，荧光粉 $K_8Nb_7P_7O_{39}:xEu^{3+}$ 能很好地被基质中 Eu^{3+} 的 $f\rightarrow f$ 跃迁吸收的 393nm 的紫外光和 465 nm 的蓝光有效地激发，从而很好地与紫外 LED 和蓝光 LED 芯片相匹配，因此，对 Eu^{3+} 激活的 $K_8Nb_7P_7O_{39}$ 研究对于白光 LED 的开发和应用具有一定的意义。

图 3.9(b)所示为 $K_8Nb_7P_7O_{39}:xEu^{3+}$ ($x=0.02,0.05,0.10,0.15,0.25,0.35,0.45,0.55,0.65,0.75$)的发射光谱图。激发波发为 393nm，扫描范围为 560～800 nm。从图 3.9 中可以看到，在此范围存在五个的发射峰，分别位于 579 nm，588 nm，613 nm，652 nm，699 nm，并分别对应 Eu^{3+} 的 5 个 $f\rightarrow f$ 跃迁，即 ${}^5D_0\rightarrow{}^7F_0$，${}^5D_0\rightarrow{}^7F_1$，${}^5D_0\rightarrow{}^7F_2$，${}^5D_0\rightarrow{}^7F_3$，${}^5D_0\rightarrow{}^7F_4$。其中 588 nm 和 613 nm 处两个发射峰相对强度较大。一般认为：当三价稀土离子 Eu^{3+} 在基质晶体中占据对称性较高的反演对称中心格位时，Eu^{3+} 的发射以 ${}^5D_0\rightarrow{}^7F_1$ 磁偶极的允许跃迁为主，发射波长为 588 nm 的橙红色光；如果 Eu^{3+} 在晶体中占据非对称中心的格位时，宇称选择定则可能发生松动，结果 ${}^5D_0\rightarrow{}^7F_2$ 电偶极跃迁占主导地位，发射红色光。从图 3.9 中可以看

出 $K_8Nb_7P_7O_{39}:xEu^{3+}$ 中 Eu^{3+} 的发射主峰位于 588 nm，说明 Eu^{3+} 占据了反演对称中心的位置。在基质 $K_8Nb_7P_7O_{39}$ 晶格中，Nb^{5+} 和 P^{5+} 阳离子半径都非常小，而只有 K^+ 离子的半径和 Eu^{3+} 比较接近，而所有的 K^+ 离子位置中 K^6 和 K^9 离子占据对称中心位置，可以认为 Eu^{3+} 激活离子主要占据了这两个位置。

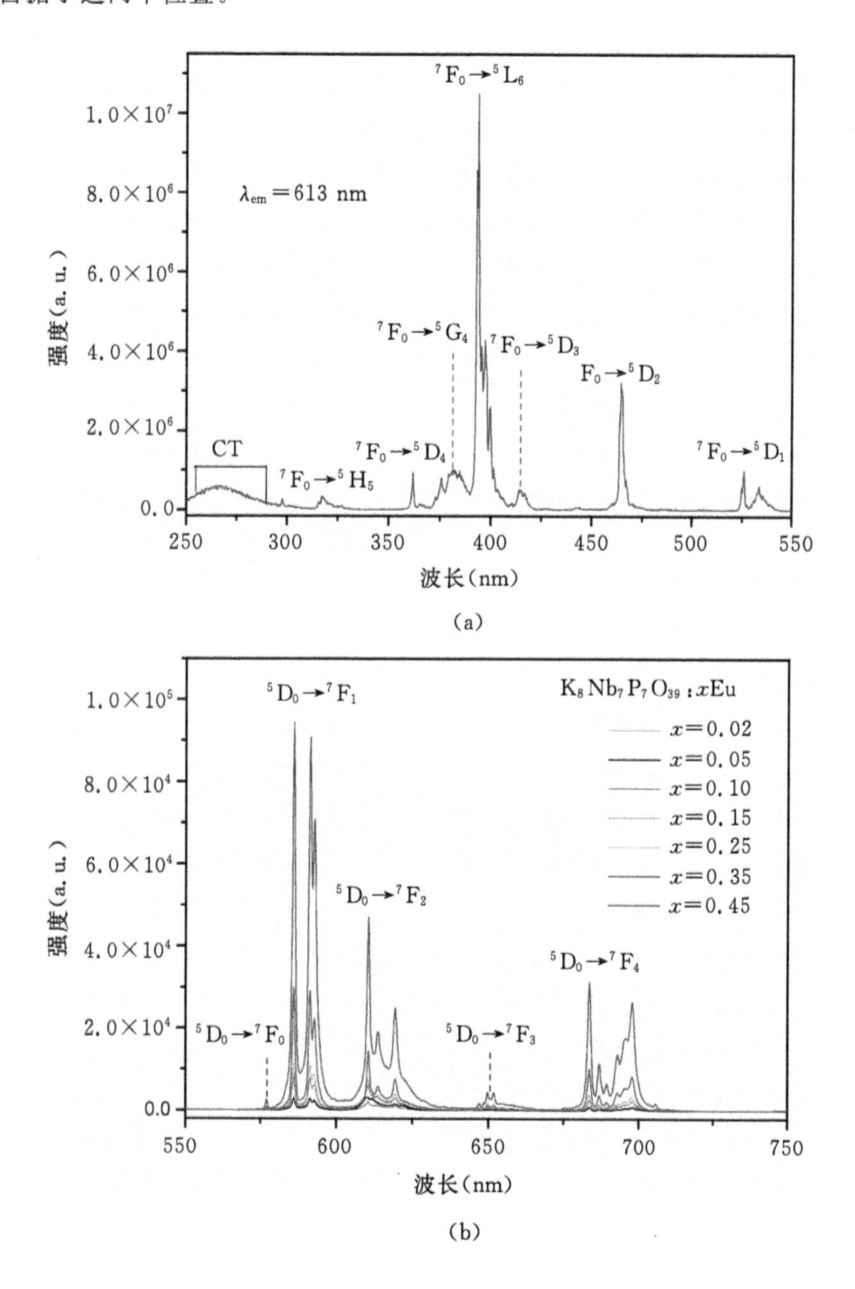

图 3.9　(a) $K_8Nb_7P_7O_{39}:xEu^{3+}$ ($x=0.45$) 的激发光谱图；

(b) $K_8Nb_7P_7O_{39}:xEu^{3+}$ ($x=0.02\sim0.45$) 的发射光谱图

图 3.9(b)同时显示了 $K_8Nb_7P_7O_{39}:xEu^{3+}$($x$=0.02,0.05,0.10,0.15,0.25,0.35,0.45,0.55,0.65,0.75)的 Eu^{3+} 的发射强度随 Eu^{3+} 掺杂量变化的趋势图。从图 3.9 中我们可以看出,荧光粉的发光强度随 Eu^{3+} 的掺杂量总体呈波浪形上升的趋势。结合 XRD 图进行分析,可以知道,这是由于当 Eu^{3+} 的掺杂量较低时,Eu^{3+} 掺杂进入 $K_8Nb_7P_7O_{39}$ 晶体中,占据 K^+ 的格位形成发光中心,发出荧光。当 Eu^{3+} 掺杂量达到 x=0.45 时,发光强度达到最大值,继续增加 Eu^{3+} 掺杂量生成了一些其他未知的物相,本书对该新物相的结构和性能不再叙述。

如图 3.10 所示,我们分别测定了 5 mol%Eu^{3+} 掺杂摩尔分数样品的发射(613nm)衰减曲线。该曲线偏离了单指数形式,可以采用双指数衰减函数拟合。

$$I(t) = A_1\exp(-t/\tau_1) + A_2\exp(-t/\tau_2) + I(0)$$

公式中 $I(t)$ 为样品在 t 时刻的发光强度,A_1、A_2 为拟合参数,τ_1、τ_2 为 Eu^{3+} 激发态到基态跃迁的寿命时间。根据这些拟合数据,Eu^{3+} 发光的平均寿命可通过公式计算:

$$\tau = \frac{A_1\iota_1^2 + A_2\iota_2^2}{A_1\iota_1 + A_2\iota_2}$$

计算的结果为 τ=1.217 ms,代表了 $K_8Nb_7P_7O_{39}:0.05Eu^{3+}$ 荧光粉 393nm 激发,613nm 红光发射的荧光寿命。

任何色光都可以用(x,y)坐标形式表现在 CIE 色度图上,为了计算样品的色度坐标,根据样品的发射光谱,利用 CIE1931xy 程序计算了 $K_8Nb_7P_7O_{39}:0.05Eu^{3+}$ 荧光粉的色度坐标,其色坐标分别为(0.628,0.356),将其表现在 CIE 色度图上,如图 3.11 所示。从图中可以看出,其坐标位置位于红光区域,由此表明,$K_8Nb_7P_7O_{39}:xEu^{3+}$ 荧光粉是一种可以被近紫外光激发的红色荧光粉,在白光 LED 领域有潜在的应用价值。

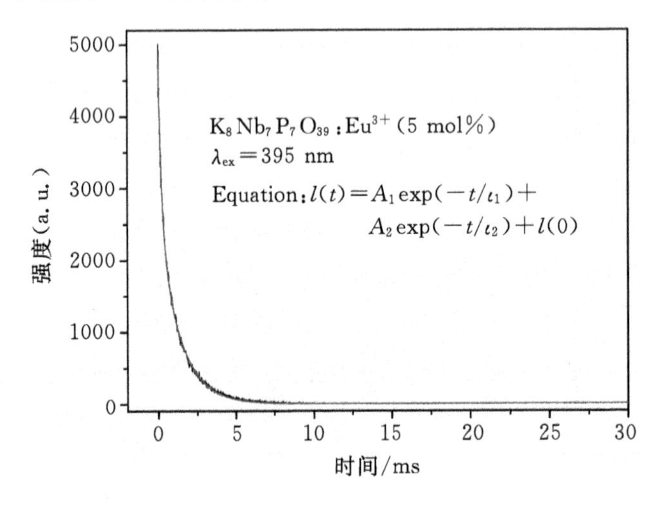

图 3.10 5mol%Eu^{3+} 掺杂 $K_8Nb_7P_7O_{39}$ 的衰减曲线

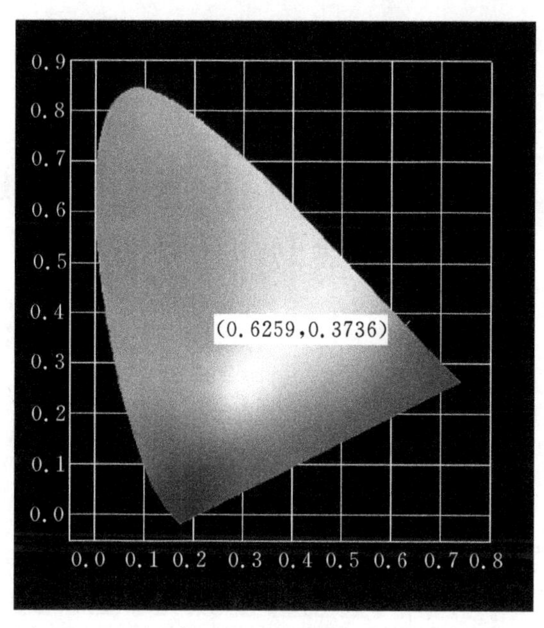

图 3.11　5mol% Eu^{3+} 掺杂 $K_8Nb_7P_7O_{39}$ 的色坐标图

3.6　本章小结

本章描述了一种新型磷酸盐化合物 $K_8Nb_7P_7O_{39}$，以及其单晶合成、粉末合成，通过 X 射线单晶衍射法，根据高维对称性理论，确定了该化合物的非公度调制结构。根据高维对称性理论，该结构具有四维超空间群 $P-1(\alpha\quad\beta\quad\gamma)0$，调制向量为 q=−0.35281a*+0.17630b*+0.25807c*。同时，我们用稀土离子 Eu^{3+} 测试了其作为发光基质材料的性能，结果表明，掺 Eu^{3+} 离子后，可以发射出明亮的红色荧光，对应于 Eu^{3+} 的 5 个 f→f 跃迁，即 $^5D_0\rightarrow{}^7F_0$，$^5D_0\rightarrow{}^7F_1$，$^5D_0\rightarrow{}^7F_2$，$^5D_0\rightarrow{}^7F_3$，$^5D_0\rightarrow{}^7F_4$。其中 588 nm 和 613 nm 处两个发射峰相对强度较大。根据样品的发射光谱，利用 CIE1931xy 程序计算了 $K_8Nb_7P_7O_{39}$:0.05Eu^{3+} 荧光粉的色度坐标为 (0.628,0.356)，其坐标位置位于红光区域，由此表明，$K_8Nb_7P_7O_{39}$:$x$$Eu^{3+}$ 荧光粉是一种可以被近紫外光激发的红色荧光粉，在白光 LED 领域有潜在的应用价值。具体结果发表在了 SCI 期刊 J. Mater. Chem. C,2016,4,11436－11448。

第 4 章　荧光基质材料 $Na_3La(PO_4)_2$ 的结构和性能

4.1　前言

稀土正磷酸盐 $Na_3Ln(PO_4)_2$(Ln=稀土元素)是一类被广泛研究的发光材料，但是该系列化合物的晶体结构一直没有被详细地报道。通过各种稀土离子掺杂，如 $Na_3La(PO_4)_2$:Sm^{3+}，Pr^{3+}，Ce^{3+}，以及 $Na_3Gd(PO_4)_2$:Eu^{3+}，Tb^{3+}，Dy^{3+} 等荧光粉，已经被国内外研究者广泛关注，这类荧光粉由于化学稳定性好、造价低廉、制备工艺简单，被认为是很有前途的用于照明 NU-VLED 或白光 LED 中的发光材料。我们采用高温熔盐法生长了化合物 $Na_3La(PO_4)_2$ 的单晶并确定了其晶体结构，发现了该化合物具有四维非公度调制结构。空间群为 $Pca2_1(0\beta0)000$，具有一维调制向量 $\boldsymbol{q}=0.386580\boldsymbol{b}*$。同时，我们用稀土离子 Eu^{3+}，Tb^{3+}，Dy^{3+} 测试了其作为发光基质材料的性能，结果表明，掺 Eu^{3+}、Tb^{3+}、Dy^{3+} 离子后，可以分别发射出明亮的红色、绿色、白色荧光，证明该化合物可以作为基质材料制备荧光粉用于白光 LED 中。

4.2　实验主要试剂和仪器设备

4.2.1　试验所使用的试剂

试验所使用的试剂见表 4.1。

表 4.1　实验试剂表

分子式	中文名	式量	含量	生产公司
La_2O_3	氧化镧	325.8091	分析纯	国药化学试剂有限公司
Eu_2O_3	氧化铕	351.9262	分析纯	国药化学试剂有限公司
Tb_4O_7	氧化铽	747.6972	分析纯	国药化学试剂有限公司
Dy_2O_3	氧化镝	372.9982	分析纯	国药化学试剂有限公司
$NH_4H_2PO_4$	磷酸二氢铵	115.0257	分析纯	国药化学试剂有限公司
Na_2CO_3	碳酸钠	105.9884	分析纯	国药化学试剂有限公司

4.2.2　实验所使用的仪器

实验所使用的仪器如表 4.2。

表 4.2　实验仪器表

仪器名称	仪器型号	生产厂家
高温箱式电阻炉		洛阳西格玛仪器有限公司
单晶衍射仪	BRUKER SMART APEX 2 CCD	德国 BRUKER 公司
粉末衍射仪	Rigaku Dmax-2500/PC	日本理学株式会社理学公司
荧光光谱仪	FLS920	爱丁堡仪器
连续变倍体视显微镜	ZOOM645	上海光学仪器厂
莱卡显微镜	Leica S6E	易维科技有限公司
玛瑙研钵	LN-CΦ100	辽宁省黑山县新立屯玛瑙工艺厂
电子称量平	BSM120.4	上海卓精科电子科技有限公司

实验中包括一些辅助设备，如坩埚钳、实验用手套、称量纸、刚玉坩埚等。

本实验最常用的设备箱式电阻炉，该仪器能非常方面设定程序升降温，且温度控制灵敏度高，设定最高温度达至 1300℃，能充分满足实验所需温度。

4.3　实验制备过程

$Na_3La(PO_4)_2$ 晶体通过 Na_2CO_3、La_2O_3 和 $NH_4H_2PO_4$ 体系反应得到，将反应物 Na_2CO_3 (2.212 g，20.87 mmol)，La_2O_3 (0.5666 g，1.739 mmol)，$NH_4H_2PO_4$ (3.000 g，26.09 mmol) 置入玛瑙研钵中混合均匀，充分研磨后将反应混合物倒入铂坩埚中，放入箱式反应炉中加热到 1100℃，使反应混合物在高温中完全熔融，在此反应过程中 $Na_2O-P_2O_5$ 作为反应的助溶剂参与反应，同时每隔若干个小时观察坩埚中结晶状态，然后以每小时 4℃的速率降温到 700℃，最后使其自然冷却至室温，将坩埚取出在沸水浴中加热浸泡，洗去助溶剂，风干后即得到一种长条状的无色晶体，然后我们在显微镜的帮助下精心挑选出一颗合适尺寸为 0.20 mm×0.150 mm×0.10 mm 的无色晶体安装在玻璃丝上对其进行结构的分析测定。

$Na_3La(PO_4)_2$ 的单晶衍射数据是由 X 射线面探衍射仪(Bruker Smart APEX2 CCD，Mo-Kαradiation，λ=0.71073 Å)在室温下使用 $\omega/2\theta$ 的扫描方式收集完成，使用程序 SAINT 进行数据还原，采用最常使用的 Multi-scan 方法进行吸收校正，之后进行结构解析。使用 $Na_3La(PO_4)_2$ 的单晶衍射数据构建的复合和倒易空间显示出以较强衍射以及弱的卫星衍射如图 4.1 所示。具有调制结构的晶体，其结构特征为衍射斑点带有卫星。但带有卫星的衍射斑点，不一定是调制结构的指示。带卫星的斑点，如果是表征调制结构的，则在衍射矢量的暗场象上显示出平行条带。采用程序包 JANA2006 在 PC 计算机上完成晶体结构解析。获得晶胞参数和衍射强度的数据后，选择正确的空间群，其中采用直接法确定重原子 La 位置，其余原子位置由差值傅里叶合成法获得，然后进行基于 F^2 的全矩阵最小二乘方平面精修原子位置、项性热参数和原子位移参数直至收敛。进而，对其结构采用 PLATON 程序进行检查，没有检测出 A 类和 B 类晶体学错误。$Na_3La(PO_4)_2$ 的晶体学数据见表 4.3。单晶 $Na_3La(PO_4)_2$ 结构中部分原子坐标和各向同性或各向同性位移参数(Å^2)参表 4.4。$Na_3La(PO_4)_2$ 结构中各原子之间的键长见表 4.5。

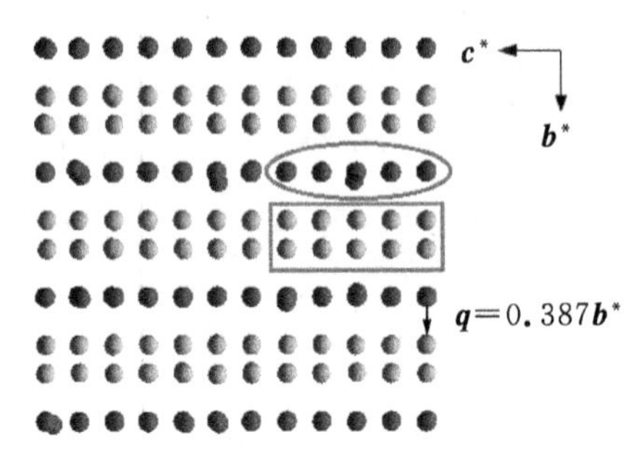

图 4.1　根据 $Na_3La(PO_4)_2$ 单晶衍射数据构建主反射(红色)和一阶卫星反射(淡蓝色)沿着 a 轴方向的倒易点阵

表 4.3　$Na_3La(PO_4)_2$ 的单晶结构数据

Chemical formula	$Na_3La(PO_4)_2$
M_r	397.8
Crystal system, space group	Orthorhombic; $Pca2_1(0\beta0)000$
Temperature/K	293
Modulation wave vector	q=0.386580b*
a,b,c/Å	14.0830(4), 5.3517(11), 18.7291(14)
V/Å^3	1411.6(3)
Z	8
Abs coeffμ/mm^{-1}	6.70
Crystal size(mm)	0.20 × 0.10 × 0.10
Diffractometer	Bruker Apex2 CCD
Absorption correction	Multi-scan
Radiation type	Mo$K\alpha$
Wavelength/Å	0.71073
Range of $h,k,l,(m)$	$-18 \rightarrow h \rightarrow +18$ $-7 \rightarrow k \rightarrow +7$ $-24 \rightarrow l \rightarrow +24$ $-2 \rightarrow m \rightarrow +2$

续表 4.3

No. of measured and unique reflns	65382,17514,
No. of obsd reflns	7925
No. of obsd main reflns	3026
No. of obsd first order satellites	4577
No. of obsd second order satellites	322
Criterion for obs reflns	$I > 3\sigma(I)$
R_{int}	0.080
$(\sin\theta/\lambda)_{max}$ (Å^{-1})	0.667
R,$R\omega$(obs reflns)	0.0391,0.0403
R,$R\omega$(main reflns)	0.0304,0.0358
R,$R\omega$(first order satellite reflns)	0.0492,0.0457
R,$R\omega$(second order satellite reflns)	0.1200,0.1561
GOF(obs)	1.36
No. of reflections/parameters	17514/532
$\Delta\rho_{max}$,$\Delta\rho_{min}$ (e · Å^{-3})	1.35,−1.57
Computer programs	*Jana*2006

表 4.4 $Na_3La(PO_4)_2$ **平均结构中部分原子坐标和各向同性或各向异性位移参数**　单位:Å

	x	y	z	$U_{iso}*/U_{eq}$
La1	0.38329(3)	0.04942(7)	0.44615(2)	0.01176(11)
La2	0.63352(3)	0.53793(7)	0.72005(2)	0.01197(11)
P1	0.26741(17)	0.9881(2)	0.29710(16)	0.0083(6)
P2	0.77188(15)	0.4707(3)	0.54107(14)	0.0082(5)
P3	0.98245(17)	0.4809(2)	0.36875(15)	0.0078(6)
P4	0.52057(15)	0.0227(2)	0.62511(14)	0.0074(5)
Na1	0.3836(3)	0.5000(4)	0.69346(19)	0.0128(11)
Na2	0.0498(2)	0.9997(3)	0.2926(2)	0.0156(11)
Na3	0.5316(2)	0.5305(4)	0.5335(2)	0.0164(9)
Na4	0.7018(3)	0.4950(4)	0.3739(3)	0.0267(14)
Na5	1.1337(3)	1.0020(4)	0.4722(2)	0.0211(14)
Na6	0.7774(3)	0.0013(3)	0.6340(2)	0.0187(10)
O1	0.8747(3)	0.5132(7)	0.3690(4)	0.0118(16)
O2	0.6160(2)	−0.0984(7)	0.6400(2)	0.0119(12)

续表 4.4

	x	y	z	U_{iso} * /U_{eq}
O3	0.6980(3)	0.5976(6)	0.4961(2)	0.0178(12)
O4	0.4987(4)	−0.0119(6)	0.5452(3)	0.0121(10)
O5	0.5292(2)	0.2984(6)	0.64281(18)	0.0153(10)
O6	1.0166(4)	0.4781(6)	0.2910(4)	0.0195(12) *
O7	1.0116(3)	0.2352(6)	0.4058(2)	0.0126(11)
O8	0.2388(3)	0.7503(6)	0.2613(2)	0.0173(12)
O9	1.0277(3)	0.7072(6)	0.4080(2)	0.0153(11)
O10	0.2333(4)	0.9919(5)	0.3746(3)	0.0102(10)
O11	0.2241(3)	1.2040(5)	0.2560(2)	0.0109(10)
O12	0.7497(5)	0.4863(5)	0.6208(4)	0.0156(12) *
O13	0.7775(2)	0.1928(6)	0.52037(18)	0.0166(10)
O14	0.4463(3)	−0.0922(7)	0.6703(2)	0.0200(13)
O15	0.3755(4)	1.0143(7)	0.2982(4)	0.0177(18)
O16	0.8635(2)	0.6038(7)	0.5267(3)	0.0266(14)

表 4.5 $Na_3La(PO_4)_2$ 平均结构中各原子之间的键长

键	平均值	最小值	最大值
La1—O1^{ii}	2.757(8)	2.626(8)	2.941(8)
La1—O4	2.492(9)	2.438(10)	2.561(10)
La1—O7^{i}	2.490(6)	2.445(6)	2.525(6)
La1—O9^{ii}	2.523(6)	2.483(6)	2.554(6)
La1—O10^{iii}	2.537(8)	2.483(9)	2.587(9)
La1—O13^{i}	2.425(6)	2.369(6)	2.465(6)
La1—O15^{iii}	2.782(11)	2.656(12)	2.893(12)
La1—O16^{ii}	2.414(11)	2.346(11)	2.664(11)
La2—O1^{iv}	2.799(10)	2.678(11)	2.881(11)
La2—O2^{v}	2.485(7)	2.355(7)	2.605(7)
La2—O5	2.438(6)	2.376(6)	2.469(6)
La2—O6^{iv}	2.534(12)	2.481(12)	2.659(12)
La2—O8^{vi}	2.502(7)	2.439(7)	2.552(7)
La2—O11^{vii}	2.532(6)	2.505(6)	2.578(6)
La2—O12	2.495(12)	2.445(13)	2.525(13)

续表 4.5

键	平均值	最小值	最大值
La2—O15^{vii}	2.813(8)	2.635(9)	3.051(9)
P1—O8	1.504(8)	1.481(8)	1.526(8)
P1—O10	1.536(10)	1.516(12)	1.562(12)
P1—O11	1.519(8)	1.489(8)	1.552(8)
P1—O15	1.541(10)	1.505(12)	1.592(12)
P2—O3	1.530(8)	1.446(9)	1.610(9)
P2—O12	1.531(14)	1.509(15)	1.604(15)
P2—O13	1.552(7)	1.527(7)	1.601(7)
P2—O16	1.511(8)	1.490(10)	1.578(10)
P3—O1	1.538(10)	1.522(11)	1.557(11)
P3—O6	1.540(14)	1.526(14)	1.580(14)
P3—O7	1.550(8)	1.530(8)	1.573(8)
P3—O9	1.555(8)	1.530(8)	1.574(8)
P4—O2	1.548(8)	1.492(9)	1.611(9)
P4—O4	1.541(11)	1.483(12)	1.576(12)
P4—O5	1.536(7)	1.501(7)	1.564(7)
P4—O14	1.505(9)	1.458(10)	1.567(10)
Na1—O5	2.512(9)	2.430(9)	2.620(9)
Na1—O6^{iv}	2.310(14)	2.296(14)	2.350(14)
Na1—O8^{viii}	2.537(9)	2.439(10)	2.587(10)
Na1—O11^{ix}	2.493(8)	2.395(9)	2.717(9)
Na1—O12^{ii}	2.337(14)	2.297(14)	2.366(14)
Na1—O14^{v}	2.407(9)	2.222(9)	2.507(9)
Na2—O6^{x}	2.831(9)	2.659(10)	3.144(10)
Na2—O6^{xi}	2.603(9)	2.361(10)	2.713(10)
Na2—O7^{xi}	2.529(8)	2.393(9)	2.668(9)
Na2—O8	3.035(8)	2.775(9)	3.302(9)
Na2—O9^{x}	2.689(8)	2.619(9)	2.758(9)
Na2—O11	2.774(8)	2.602(8)	2.946(8)
Na2—O14^{xii}	2.371(9)	2.317(10)	2.404(10)
Na2—O15^{xiii}	2.465(10)	2.336(11)	2.606(11)
Na3—O2^{v}	3.077(8)	2.723(9)	3.461(9)
Na3—O3	2.480(8)	2.348(9)	2.622(9)

续表 4.5

键	平均值	最小值	最大值
Na3—O4^{v}	2.510(7)	2.462(7)	2.569(7)
Na3—O5	2.404(8)	2.359(8)	2.456(8)
Na3—O7^{ii}	2.717(8)	2.593(8)	2.839(8)
Na3—O9^{ii}	2.676(8)	2.543(8)	2.804(8)
Na3—O16^{ii}	2.486(8)	2.269(9)	2.617(9)
Na4—O1	2.443(9)	2.366(11)	2.530(11)
Na4—O3	2.380(9)	2.339(10)	2.431(10)
Na4—O8^{xiv}	2.544(9)	2.428(10)	2.665(10)
Na4—O9^{ii}	2.757(8)	2.618(9)	2.895(9)
Na4—O10^{xiv}	2.644(7)	2.491(7)	2.798(7)
Na4—O10^{xv}	2.783(7)	2.587(7)	2.978(7)
Na4—O11^{xv}	2.752(8)	2.698(9)	2.810(9)
Na5—O3^{xv}	2.382(8)	2.362(8)	2.406(8)
Na5—O4^{xiv}	2.349(10)	2.330(12)	2.362(12)
Na5—O7^{v}	2.470(8)	2.405(9)	2.523(9)
Na5—O9	2.491(8)	2.368(8)	2.604(8)
Na5—O10^{xvi}	2.306(10)	2.263(11)	2.349(11)
Na5—O13^{xiv}	2.456(8)	2.404(8)	2.505(8)
Na6—O2	2.353(8)	2.226(8)	2.499(8)
Na6—O8^{vi}	2.741(8)	2.529(9)	2.957(9)
Na6—O11^{vi}	2.539(8)	2.496(8)	2.576(8)
Na6—O12^{iii}	2.799(9)	2.717(9)	2.939(9)
Na6—O12	2.645(9)	2.559(10)	2.819(10)
Na6—O13	2.368(8)	2.339(8)	2.403(8)
Na6—O14^{xvii}	2.529(9)	2.362(9)	2.706(9)

Symmetry codes:(i)$x_1-1/2,-x_2,x_3,-x_4$;(ii)$x_1-1/2,-x_2+1,x_3,-x_4$;(iii)x_1,x_2-1,x_3,x_4;(iv)$-x_1+3/2,x_2,x_3+1/2,x_4$;(v)x_1,x_2+1,x_3,x_4;(vi)$-x_1+1,-x_2+1,x_3+1/2,-x_4$;(vii)$-x_1+1,-x_2+2,x_3+1/2,-x_4$;(viii)$-x_1+1/2,x_2,x_3+1/2,x_4$;(ix)$-x_1+1/2,x_2-1,x_3+1/2,x_4$;(x)$x_1-1,x_2,x_3,x_4$;(xi)$x_1-1,x_2+1,x_3,x_4$;(xii)$-x_1+1/2,x_2+1,x_3-1/2,x_4$;(xiii)$x_1-1/2,-x_2+2,x_3,-x_4$;(xiv)$x_1+1/2,-x_2+1,x_3,-x_4$;(xv)$x_1+1/2,-x_2+2,x_3,-x_4$;(xvi)$x_1+1,x_2,x_3,x_4$;(xvii)$x_1+1/2,-x_2,x_3,-x_4$.

晶体结构确定之后，采用传统的高温固相合成法根据该化合物分子式的化学计量比制备其纯相粉末，先在玛瑙研钵中充分研磨（研磨时加入少量的乙醇），然后转移到铂坩埚中，再放在高温箱式炉中加热。加热过程如下：先缓慢升温到 400℃，恒温 5 小时。然后缓慢升温到 1100 ℃，恒温 50 个小时。最后迅速降到室温。在整个加热过程中，多次把样品取出研磨。5 mol% Ln^{3+}-掺杂（Ln＝Eu，Tb，Tb）$Na_3La(PO_4)_2$ 的制备方法与之类似，反应温度也为 1100℃，恒温 58 个小时烧结而成。对所制备的粉末晶体使用 X-射线粉末衍射仪（Cu-Kα 靶，λ＝0.15456 nm）进行物相分析，扫描步长为 0.02°，扫描范围 $2\theta=5°\sim60°$，得到其粉末衍射数据。

4.4　结构分析

4.4.1　粉末 X-射线分析

$Na_3La(PO_4)_2$，$Na_3La_{0.95}Eu_{0.05}(PO_4)_2$，$Na_3La_{0.95}Tb_{0.05}(PO_4)_2$ 和 $Na_3La_{0.95}Dy_{0.05}(PO_4)_2$ 多晶粉末是通过传统的高温固相合成法制备，粉末衍射如图 4.2 所示。从图中可以看出所有衍射峰的位置与由单晶 X-射线衍射分析结果数据模拟基本一致，尽管部分峰的强度有细微差别，可认为是晶体的择优取向所致。证明我们所制备的多晶粉末是纯相。

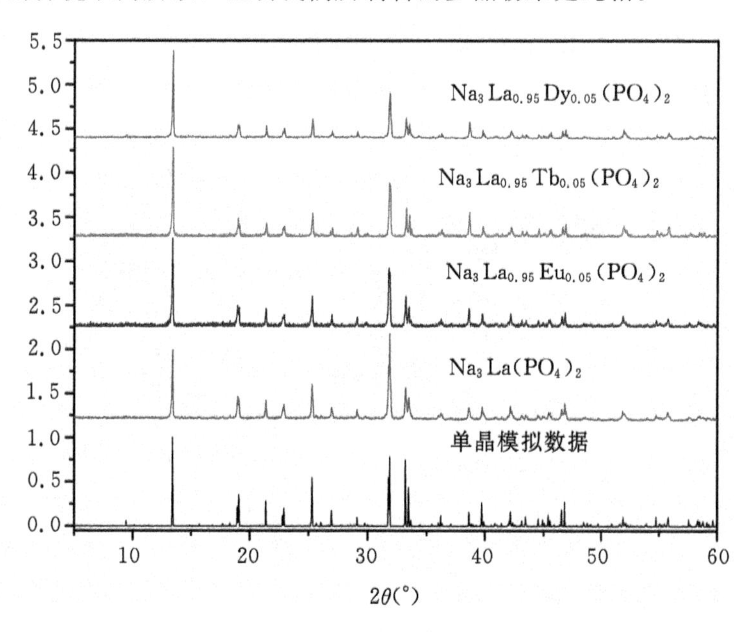

图 4.2　$Na_3La(PO_4)_2$，$Na_3La_{0.95}Eu_{0.05}(PO_4)_2$，$Na_3La_{0.95}Tb_{0.05}(PO_4)_2$ 和 $Na_3La_{0.95}Dy_{0.05}(PO_4)_2$ 多晶粉末在 $2\theta=5°\sim60°$ 范围内的 X-射线衍射图与模拟图的比较

4.4.2 结构分析与描述

通过单晶 X-射线衍射分析确定其晶体结构为四维非公度调制结构，超空间群为正交晶系 $Pca2_1(0\beta0)000$，调制波矢为 $q=0.386580b*$，晶胞参数为 $a=14.0830(4)$ Å，$b=18.7291(14)$ Å，$c=8.5721(8)$ Å。在该化合物中，每个不对称单元包含 2 个晶体学独立的 La 原子、4 个 P 原子、6 个 Na 原子、16 个 O 原子。每个 P 原子连接 4 个氧原子，形成 PO_4 四面体结构；每个 Na 原子连接 6～8 个氧原子，形成 NaO_x 多面体结构；每个 La 原子连接 8 个氧原子，形成 LaO_8 多面体结构。PO_4 基团孤立分布于结构中，不相互连接，被 NaO_x 和 LaO_8 多面体分离开。沿着 a 轴来看，PO_4、NaO_x、LaO_8 多面体呈链状排列。其中 NaO_x 可分为两类，一类 Na 原子形成 — Na — La —无限长链，另一类 Na 原子形成— Na — P —无限长链。从另一个角度看，$Na_3La(PO_4)_2$ 的结构可以看作是变形的 α-K_2SO_4 结构，或者是变形的 $K_3Na(SO_4)_2$ 结构，其中的 K、S 原子被 Na、La、P 原子取代。化合物 α-K_2SO_4 具有六方对称结构，由两种链构成，一种链— K — S —无限长链位于六次轴上，另一种链— K —链位于三次轴上，如图 4.3(a)所示。在化合物 α-K_2SO_4 结构中，K^+ 与 12 个 O 原子配位，而在 $Na_3La(PO_4)_2$ 中(图 4.3(b))，La^{3+} 和 Na^+ 离子由于半径较小，采取了比较低的配位数 $NaO_{6\sim8}$ 和 LaO_8，为了适应晶体结构，PO_4 四面体也被迫扭曲，从而导致— Na — La —和— Na — P —无限长链均发生扭曲，不再位于高对称性的六次或三次轴上，使整体结构的对称性降低为正交。进一步说，这种扭曲具有非常特殊的对称性，整体上在很小的程度上破坏了结构的三维平移对称性，表现为四维空间的对称性，既导致了结构的调制，化合物 $Na_3La(PO_4)_2$ 便具有了复杂的四维非公度调制结构。

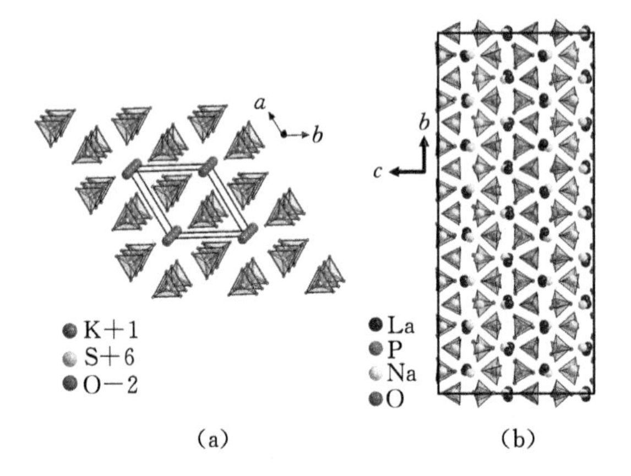

图 4.3 (a)α-K_2SO_4 结构结构示意图；(b)$Na_3La(PO_4)_2$ 8 倍超晶胞示意图

各个原子位置调制如图 4.4 所示，其中 Na^1、O^6、O^{12}、O^{16} 原子可以用间断性勒让德函数描述，而 La^1、La^2、P^1、P^2、P^3、P^4 原子需要引入二阶位置调制函数来描述，虽然二阶卫星衍射点很少，只有 322 个，其余原子只需一阶位置调制函数即可。此外，各向异性参数(ADP)也受到调制的影响，根据每个原子具体情况，可以赋予其一阶或二阶调制函数。

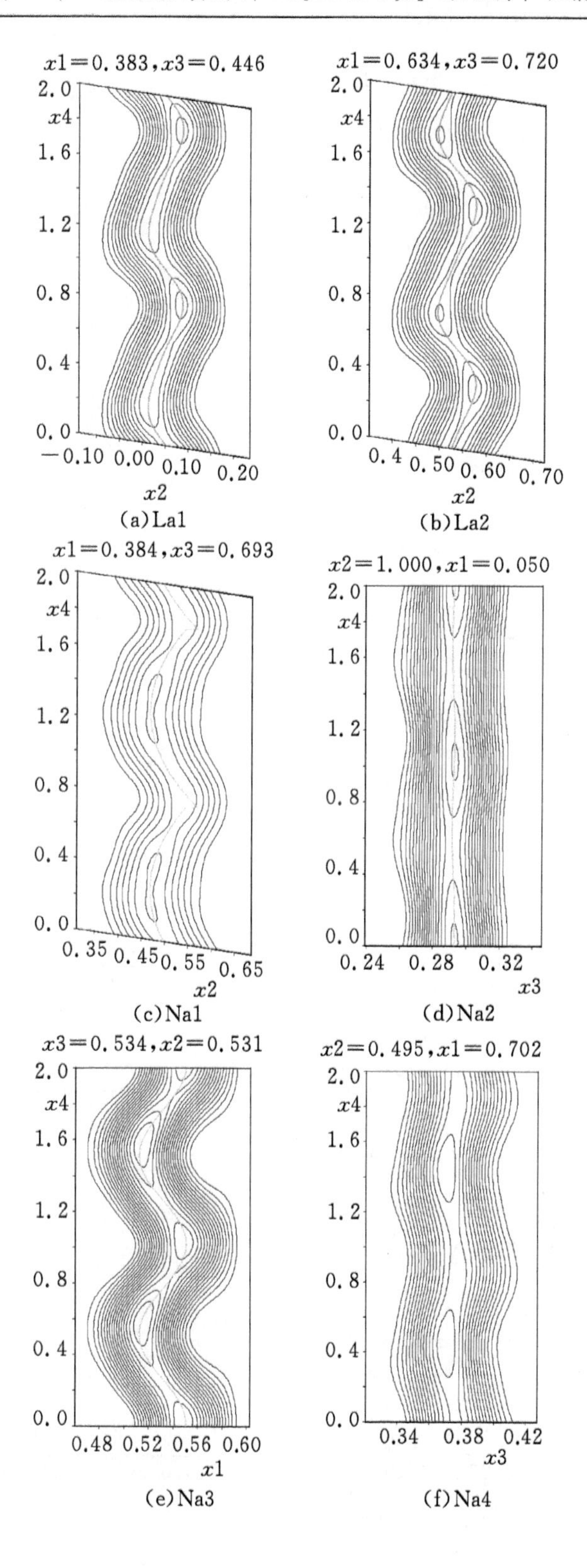
x1=0.383,x3=0.446
2.0
x4
1.6
1.2
0.8
0.4
0.0
−0.10 0.00 0.10 0.20
x2
(a)La1
x1=0.634,x3=0.720
2.0
x4
1.6
1.2
0.8
0.4
0.0
0.4 0.50 0.60 0.70
x2
(b)La2
x1=0.384,x3=0.693
2.0
x4
1.6
1.2
0.8
0.4
0.0
0.35 0.45 0.55 0.65
x2
(c)Na1
x2=1.000,x1=0.050
2.0
x4
1.6
1.2
0.8
0.4
0.0
0.24 0.28 0.32
x3
(d)Na2
x3=0.534,x2=0.531
2.0
x4
1.6
1.2
0.8
0.4
0.0
0.48 0.52 0.56 0.60
x1
(e)Na3
x2=0.495,x1=0.702
2.0
x4
1.6
1.2
0.8
0.4
0.0
0.34 0.38 0.42
x3
(f)Na4

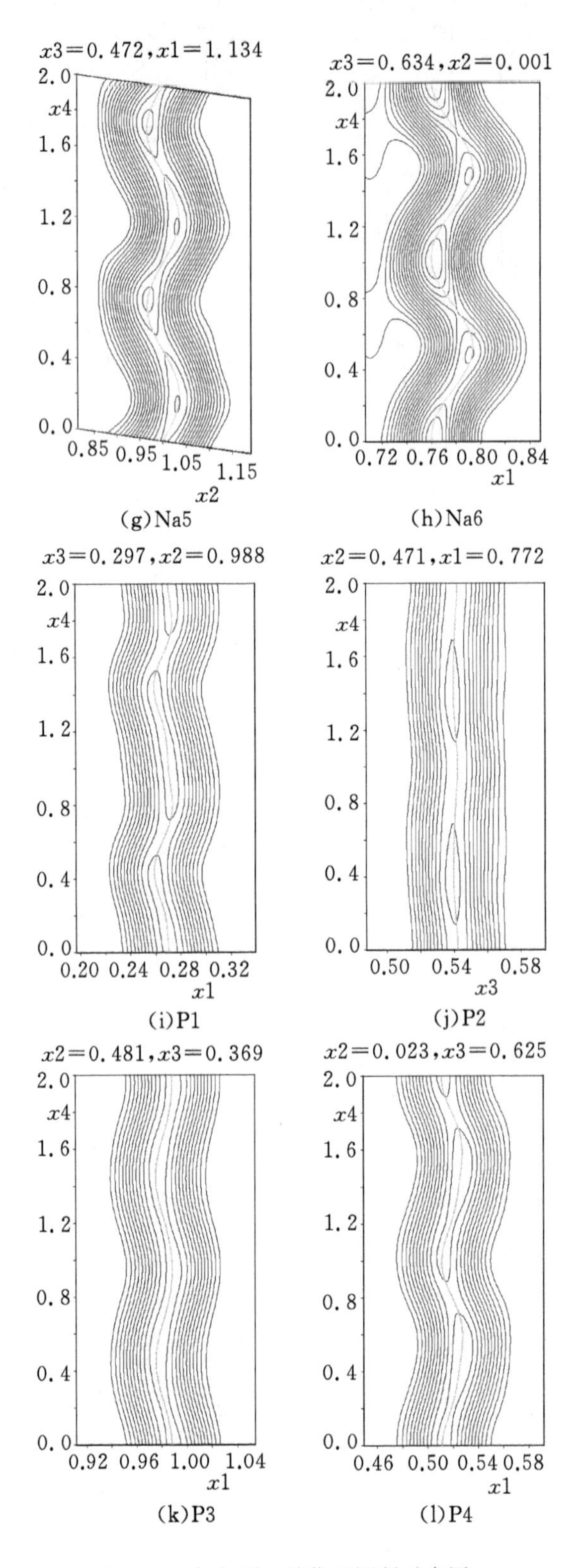

图 4.4 各个原子的位置调制示意图

由于各个原子位置调制的影响，Na—O、P—O、La—O 键键长有比较大的波动，相对于平均结构来说，更加趋于合理值。如图 4.5 所示，P—O 键范围为 $d_{min}=1.468(10)$ Å，$d_{max}=1.577(7)$ Å；参考其他磷酸盐化合物，是合理值。而 Na—O 和 La—O 键由于键长较长，柔性较高，与 P—O 键相比受调制的影响更大。这一点同时存在于同一种键内部，如 La1—O15[iii] 比 La1—O16[ii] 键更长，所以调制的影响更大，即键长波动范围更大。此外，可以用价键计算法评

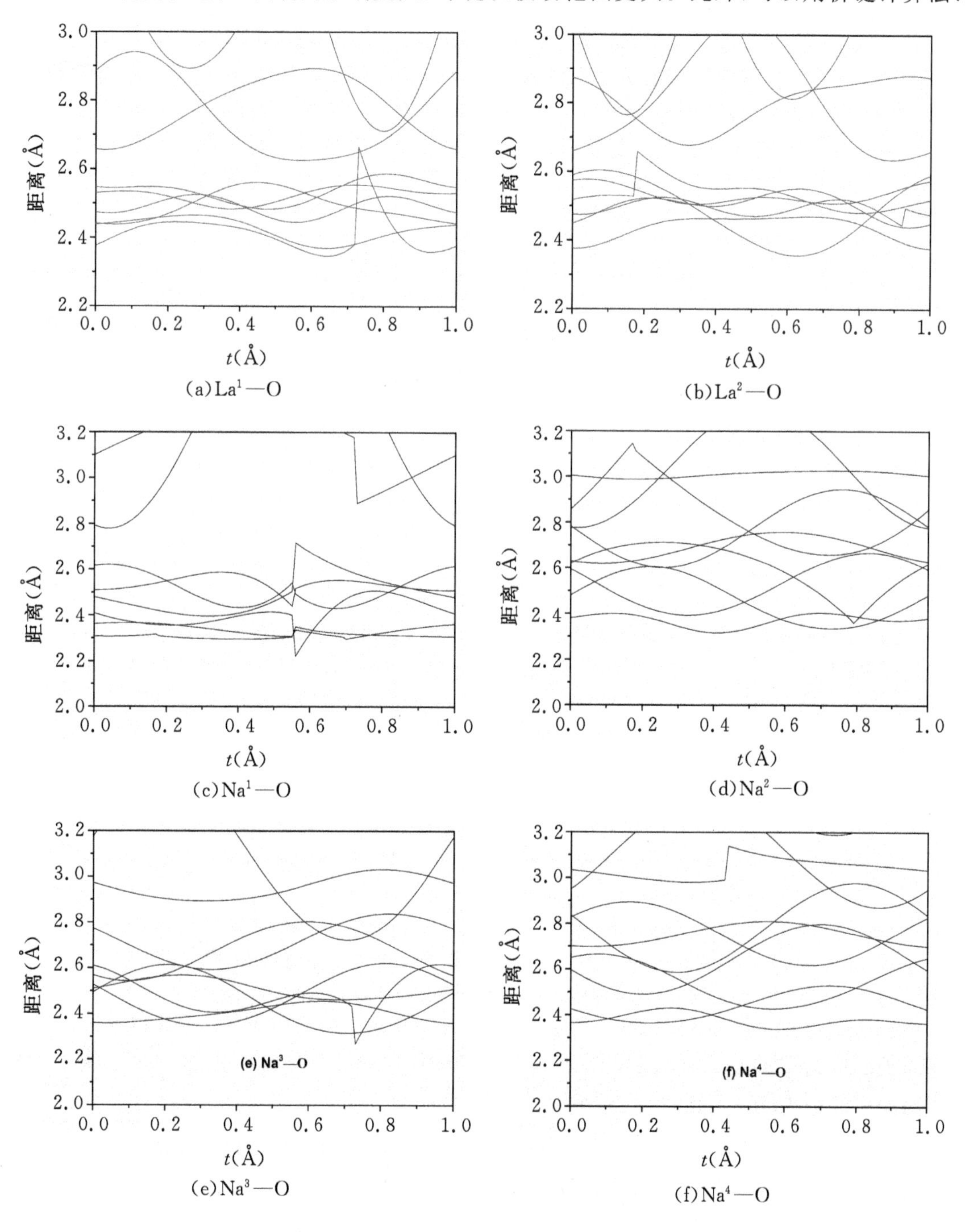

(a) La^1—O　(b) La^2—O

(c) Na^1—O　(d) Na^2—O

(e) Na^3—O　(f) Na^4—O

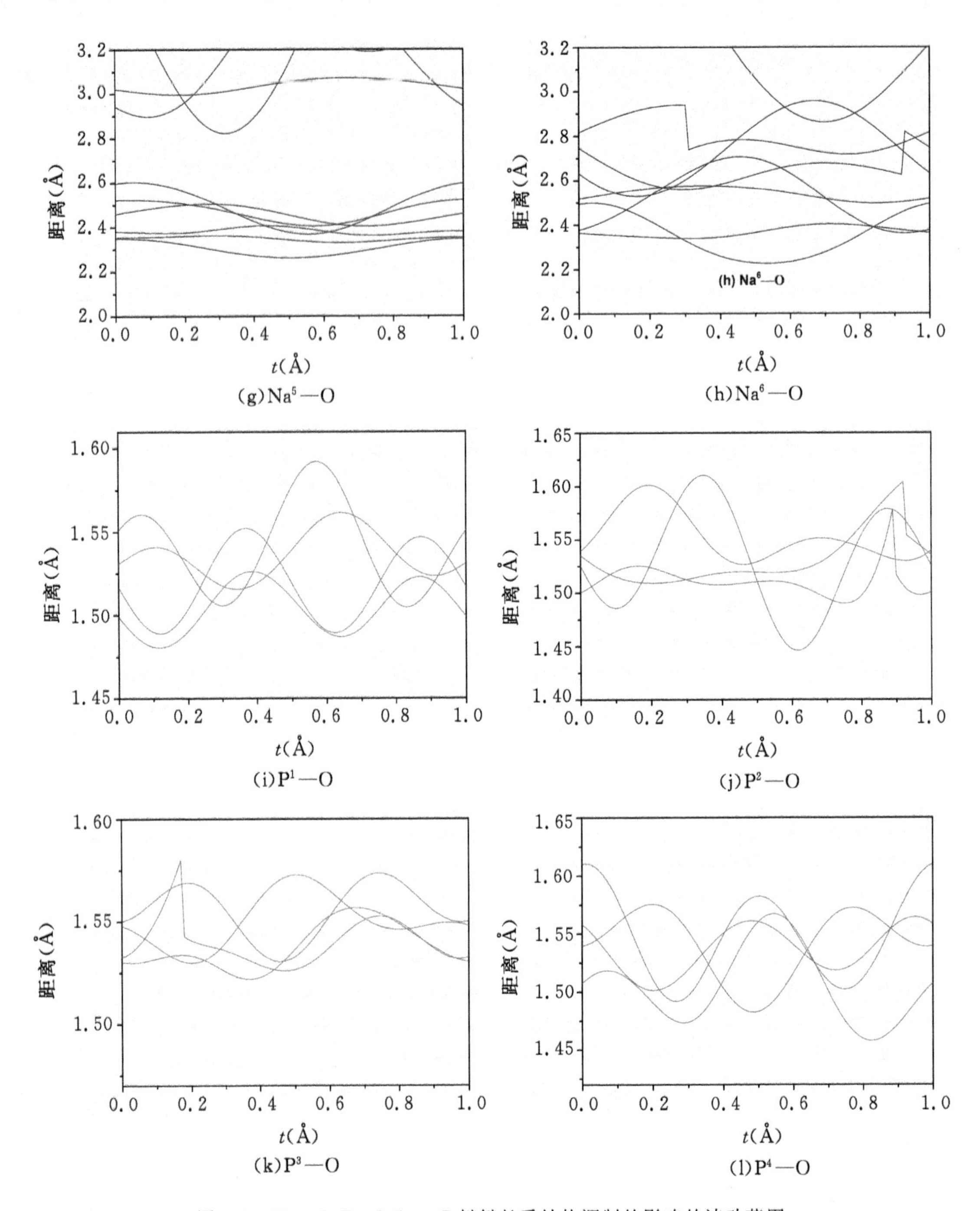

图 4.5 Na—O、P—O、La—O 键键长受结构调制的影响的波动范围

估各原子配位情况的合理性，通过计算 La1、La2、P1、P2、P3、P4、Na1、Na2、Na3、Na4、Na5、Na6 的计算值分别为 3.1467(9)、3.0456(8)、4.958(4)、5.154(5)、4.853(4)、5.094(5)、1.1969(6)、0.9761(4)、0.9692(1)、1.2559(17)、0.9328(1)、1.0119(4)，对应 La、P、Na 的化合价分别为+3、+5、+1 价，均为正常化合价。这一点也更加证明了我们对于 $Na_3La(PO_4)_2$ 四维

非公度调制结构描述的合理性。

4.5　性能研究

4.5.1　UV-Vis 光谱

紫外-可见漫反射(UV-Vis)吸收光谱在日本 JASCO 公司生产的 JASCO-V550 型紫外可见漫反射光谱仪上进行,配备固体样品表征的积分球装置。采集波长范围为 200～1200 nm,采集速度为 100 nm/min.,采集步长为 2 nm,如图 4.6 所示。从图中可以看出,$Na_3La(PO_4)_2$ 在 420～1200nm 范围内基本没有吸收,也就是说该化合物对可见光全反射或透过。吸收截止边为 340nm 左右,通过 Kubelka-Munk 方程:$\alpha/S=K/S=F(R)=(1-R)^2/2R$($\alpha$ 为吸收系数,S 为散射系数,R 为散射系数)。以(K/S)对 E 作图,可以更精确地估算出化合物的带隙值,如图 4.6 所示,通过斜率作图,可以看出化合物 $Na_3La(PO_4)_2$ 的带宽为 3.50 eV,为半导体。

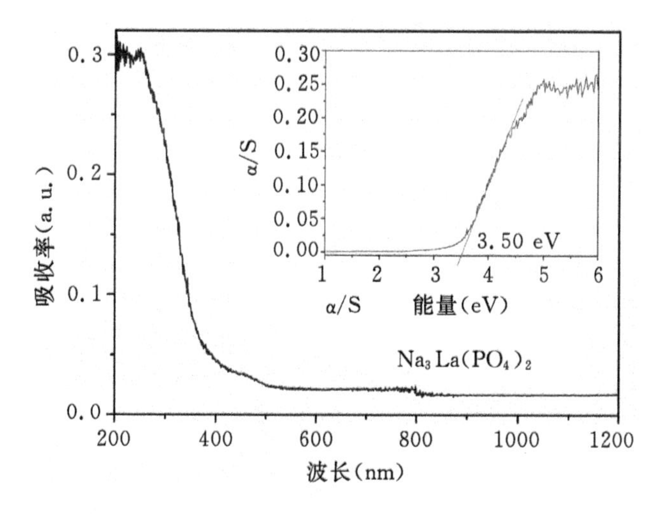

图 4.6　$Na_3La(PO_4)_2$ 的紫外可见吸收光谱图

4.5.2　Eu^{3+} 激活荧光光谱研究

图 4.7(a)所示为 $Na_3La_{0.95}(PO_4)_2$:$0.05Eu^{3+}$ 的激发光谱图,监测波长为 590 nm,扫描范围为 200～550 nm。从图中可以看出,位于 275 nm 附近有一较宽的带状激发峰,这是由 $O^{2-}\rightarrow Eu^{3+}$ 的电荷迁移跃迁所形成的,即配位 O^{2-}(2p)将一个电子转移给处于配位中心的 Eu^{3+}($4f^6$),形成 $Eu^{3+}-O^{2-}$ 配位体,相当于 Eu－O 复合体系的一个激发态。由于电荷迁移带是 Eu 与配位场作用与晶格强耦合的结果,因此会使激发光谱具有较宽的谱型。在长波段区域有一系列窄带尖锐激发峰,这是 Eu^{3+} 的 $f\rightarrow f$ 的电子吸收跃迁峰,$F_0\rightarrow{}^5H_5$(317 nm),${}^7D_0\rightarrow{}^5D_4$(360 nm),${}^7F_0\rightarrow{}^5G_4$(378 nm),${}^7F_0\rightarrow{}^5L_6$(392 nm),${}^7F_0\rightarrow{}^5D_3$(414 nm),${}^7F_0\rightarrow{}^5D_2$(464 nm),^{7}

$F_0 \to {}^5D_1$(525 nm)。其中392nm是最强的激发(吸收)谱线。这种现象到现在没有合理解释,有待今后深入研究。对这一物理现象及其变化规律深入研究不仅具有理论意义,而且具有实际应用意义,因为它们正好对应实现白光LED照明两种热门方案。从激发谱中可以看出,荧光粉$Na_3La_{0.95}(PO_4)_2$:0.05Eu^{3+}能很好地被基质中Eu^{3+}的$f \to f$跃迁吸收的392nm的近紫外光有效地激发,从而很好地与近紫外LED芯片相匹配,因此,对Eu^{3+}激活的$Na_3La(PO_4)_2$研究对于白光LED的开发和应用具有一定的意义。

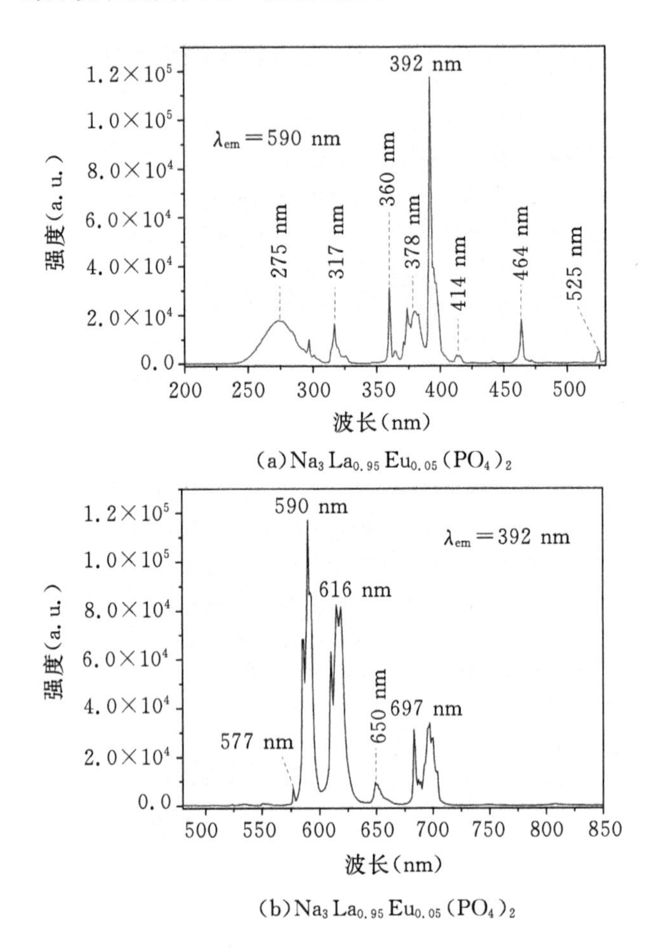

(a)$Na_3La_{0.95}Eu_{0.05}(PO_4)_2$

(b)$Na_3La_{0.95}Eu_{0.05}(PO_4)_2$

图4.7 (a)$Na_3La_{0.95}(PO_4)_2$:0.05Eu^{3+}的激发光谱图;

(b)$Na_3La_{0.95}(PO_4)_2$:0.05Eu^{3+}的发射光谱图

图4.7(b)所示为$Na_3La_{0.95}(PO_4)_2$:0.05Eu^{3+}的发射光谱图。激发波发为392 nm,扫描范围为480 nm~850 nm。从图4.7中可以看到,在此范围存在一系列发射峰,对应于Eu^{3+}离子${}^5D_0 \to {}^7F_j$(j=0,1,2,3)的跃迁。其中590 nm和616 nm处两个发射峰相对强度较大。一般认为当三价稀土离子Eu^{3+}在基质晶体中占据对称性较高的反演对称中心格位时,Eu^{3+}的发射以${}^5D_0 \to {}^7F_1$磁偶极的允许跃迁为主,发射波长为590 nm的橙红色光;如果Eu^{3+}在晶体中占据非对称中心的格位时,宇称选择定则可能发生松动,结果${}^5D_0 \to {}^7F_2$电偶极跃迁占主导地位,

发射 616 nm 红色光。在样品中三价 Eu^{3+} 的 $^5D_0 \rightarrow {}^7F_2/{}^5D_0 \rightarrow {}^7F_1$ 积分的比值反应了 Eu^{3+} 在晶格中所占据位置的对称性。比值越大，则 Eu^{3+} 所占据格位的对称性越低。在 392 nm 激发下的电偶极跃迁与磁偶极跃迁的比值为 1.2，所以 Eu^{3+} 占据了非对称中心位置。由于 Eu^{3+} 将占据 $Na_3La(PO_4)_2$ 晶格中 La 位置，根据上面的晶体结构研究，La 位于非对称中心位置，与此处的结论相一致。

4.5.3　Tb^{3+} 激活荧光光谱研究

图 4.8(a)所示为 $Na_3La_{0.95}(PO_4)_2$:0.05Tb^{3+} 的激发光谱图，监测波长为 546nm，扫描范围为 320～420 nm。从图中可以看出，在 330～390 波段区域有一系列窄带尖锐激发峰，这是

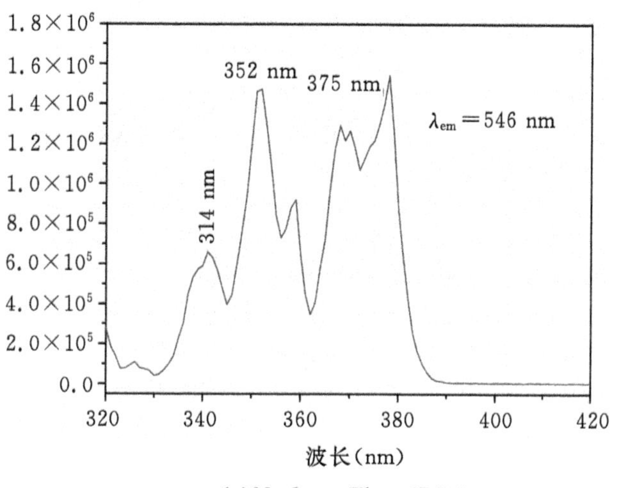

(a)$Na_3La_{0.95}Tb_{0.05}(PO_4)_2$

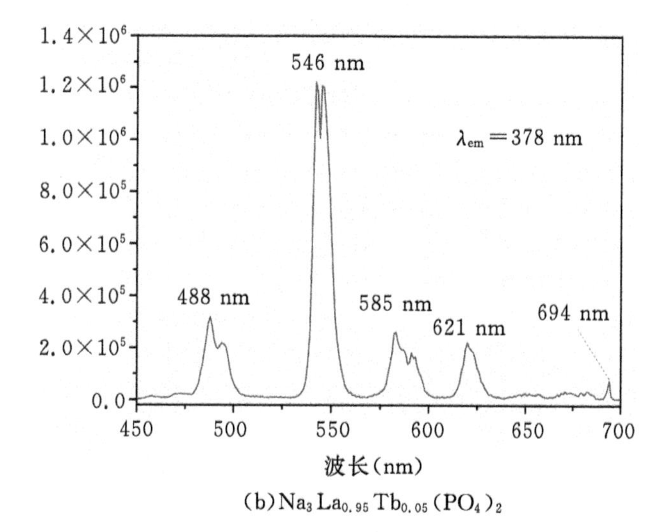

(b)$Na_3La_{0.95}Tb_{0.05}(PO_4)_2$

图 4.8　(a)$Na_3La_{0.95}(PO_4)_2$:0.05Tb^{3+} 的激发光谱图；
(b)$Na_3La_{0.95}(PO_4)_2$:0.05Tb^{3+} 的发射光谱图

Tb^{3+}的 $f\to f$ 的电子吸收跃迁峰，其中375nm是最强的激发(吸收)谱线，对应于Tb^{3+}离子$^7F_6\to{}^5G_6(^5D_3)$的跃迁。从激发谱中可以看出，荧光粉$Na_3La_{0.95}(PO_4)_2$：0.05Tb^{3+}能很好地被基质中Tb^{3+}的f→f跃迁吸收的330～390的近紫外光有效地激发，从而很好地与近紫外LED芯片相匹配，因此，对Tb^{3+}激活的$Na_3La(PO_4)_2$研究对于白光LED的开发和应用具有一定的意义。

图4.8(b)所示为$Na_3La_{0.95}(PO_4)_2$：0.05Tb^{3+}的发射光谱图。激发波发为375 nm，扫描范围为480 nm～850 nm。从图中可以看到，在此范围存在一系列发射峰，对应于Tb^{3+}离子$^5D_4\to{}^7F_J$的跃迁：$^5D_4\to{}^7F_6$(488 nm)，$^5D_4\to{}^7F_5$(546 nm)，$^5D_4\to{}^7F_3$(621 nm)。其中546 nm绿色发射峰最强，而位于488 nm和621 nm处的发射峰对强度很弱，说明$Na_3La_{0.95}(PO_4)_2$：0.05Tb^{3+}样品在375 nm的紫外光激发下可发射出色纯度较高的绿色光。

4.5.4 Dy^{3+}激活荧光光谱研究

图4.9(a)所示为$Na_3La_{0.95}(PO_4)_2$：0.05Eu^{3+}的激发光谱图，监测波长为573 nm，扫描范

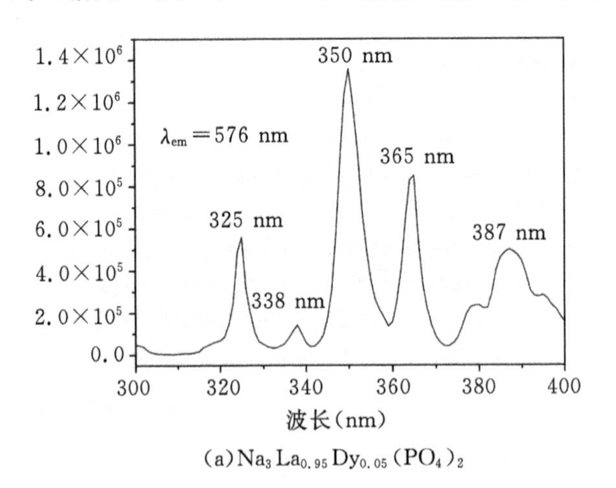

(a) $Na_3La_{0.95}Dy_{0.05}(PO_4)_2$

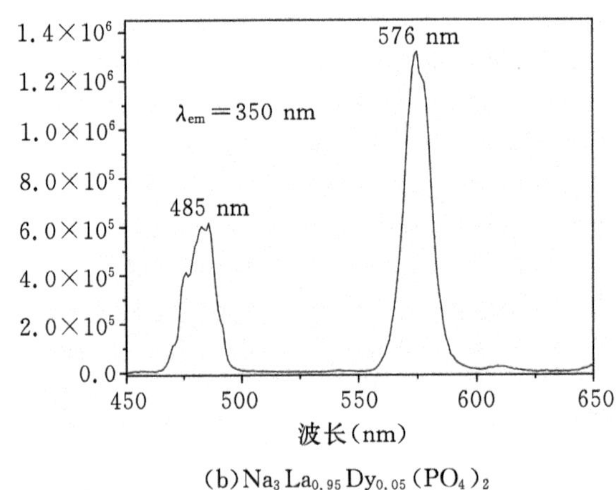

(b) $Na_3La_{0.95}Dy_{0.05}(PO_4)_2$

图4.9 (a)$Na_3La_{0.95}(PO_4)_2$：0.05Dy^{3+}的激发光谱图；
(b)$Na_3La_{0.95}(PO_4)_2$：0.05Dy^{3+}的发射光谱图

围为 300～400 nm。从图中可以看出，有一系列窄带尖锐激发峰，这是 Dy^{3+} 的 $f \rightarrow f$ 的电子吸收跃迁峰，即从 $^6H_{15/2}$ 跃迁至 $^4L_{19/2}$(325 nm)，$^6P_{7/2}$(350 nm)，$^6P_{5/2}$(365 nm)，$^4I_{13/2}$(387 nm)。其中 350 nm 是最强的激发(吸收)谱线。从激发谱中可以看出，荧光粉 $Na_3La_{0.95}(PO_4)_2$：0.05Dy^{3+} 能很好地被基质中 Dy^{3+} 的 f→f 跃迁吸收的近紫外光有效地激发，从而很好地与近紫外 LED 芯片相匹配，因此，对 Dy^{3+} 激活的 $Na_3La(PO_4)_2$ 研究对于白光 LED 的开发和应用具有一定的意义。

图 4.9(b)所示为 $Na_3La_{0.95}(PO_4)_2$：0.05Dy^{3+} 的发射光谱图。激发波发为 350 nm，扫描范围为 450 nm～650 nm。从图中可以看到，在此范围存在一系列发射峰，对应于 Dy^{3+} 离子 f→f 的跃迁。其中 485 nm($^4F_{9/2} \rightarrow {}^6H_{15/2}$)蓝光和 576 nm($^4F_{9/2} \rightarrow {}^6H_{13/2}$)红光处两个发射峰相对强度较大。一般认为当三价稀土离子 Dy^{3+} 在基质晶体中占据对称性较高的反演对称中心格位时，Dy^{3+} 的发射以 $^4F_{9/2} \rightarrow {}^6H_{15/2}$ 磁偶极的允许跃迁为主，发射波长为 485nm 的蓝色光；如果 Dy^{3+} 在晶体中占据非对称中心的格位时，宇称选择定则可能发生松动，结果 $^4F_{9/2} \rightarrow {}^6H_{13/2}$ 电偶极跃迁占主导地位，发射 576 nm 红色光。从图中可以看出，576 nm 的较强，证明 Dy^{3+} 占据了非对称中心位置，这个结论与上面讨论过的晶体结构相一致，即 Dy^{3+} 将占据 $Na_3La(PO_4)_2$ 晶格中 La 位置，根据晶体结构研究，La 位于非对称中心位置。

4.5.5　瞬态荧光光谱和色度研究

我们分别测定了 5 mol％Eu^{3+} 和 Dy^{3+} 掺杂摩尔分数样品的瞬态光谱性能，以验证激活离子在基质中的占位情况。图 4.10(a)为 $Na_3La_{0.95}(PO_4)_2$：0.05Eu^{3+} 样品的时间分辨光谱，监测波长为 590 nm，激发波长为 392 nm，即对应 $^5D_0 \rightarrow {}^7F_1$ 的跃迁。用激光脉冲作为激发源的单一体系中，衰减曲线公式为 $I(t)=A_1\exp(-t/\tau)+I(0)$，其中 τ 表示荧光寿命，$I(t)$ 表示 t 时刻的荧光强度，$I(0)$ 表示初始时刻的荧光强度。经单指数拟合得到 Eu^{3+} 在 $^5D_0$ 能级上的荧光寿命 $\tau=3.245$ ms。结果表明，Eu^{3+} 处于激发态的时间相对较短，发光效率相对较高。

图 4.10(b)为 $Na_3La_{0.95}(PO_4)_2$：0.05Dy^{3+} 样品的时间分辨光谱，监测波长为 576 nm，激发波长为 350 nm，即对应 $^4F_{9/2} \rightarrow {}^6H_{13/2}$ 的跃迁。用激光脉冲作为激发源的单一体系中，衰减曲线偏离了单指数形式，可以采用双指数衰减函数拟合：$I(t)=A_1\exp(-t/\tau_1)+A_2\exp(-t/\tau_2)+I(0)$。公式中 $I(t)$ 为样品在 t 时刻的发光强度，A_1、A_2 为拟合参数，τ_1、τ_2 为 Eu^{3+} 激发态到基态跃迁的寿命时间。根据这些拟合数据，Eu^{3+} 发光的平均寿命可通过公式计算：

$$\tau = \frac{A_1\tau_1^2 + A_2\tau_2^2}{A_1\tau_1 + A_2\tau_2}$$

计算的结果为 $\tau=1.067$ ms，代表了 $Na_3La_{0.95}(PO_4)_2$：0.05Dy^{3+} 荧光粉 350 nm 激发，576 nm 红光发射的荧光寿命。

$Na_3La_{0.95}(PO_4)_2$：0.05Eu^{3+} 与 $Na_3La_{0.95}(PO_4)_2$：0.05Dy^{3+} 相比，前者更适合单指数拟合，后者更适合双指数拟合，原因为基质材料 $Na_3La(PO_4)_2$ 的结构基本是扭曲的 K_2SO_4 母结构。虽然有两个 La 原子位置可供激活离子取代，但是两个 La 位置配位情况基本相近，因为它们都是取代了 K_2SO_4 母结构中同一个 K^+ 离子，由于 Eu^{3+} 离子半径大于 Dy^{3+} 离子，这些微小的

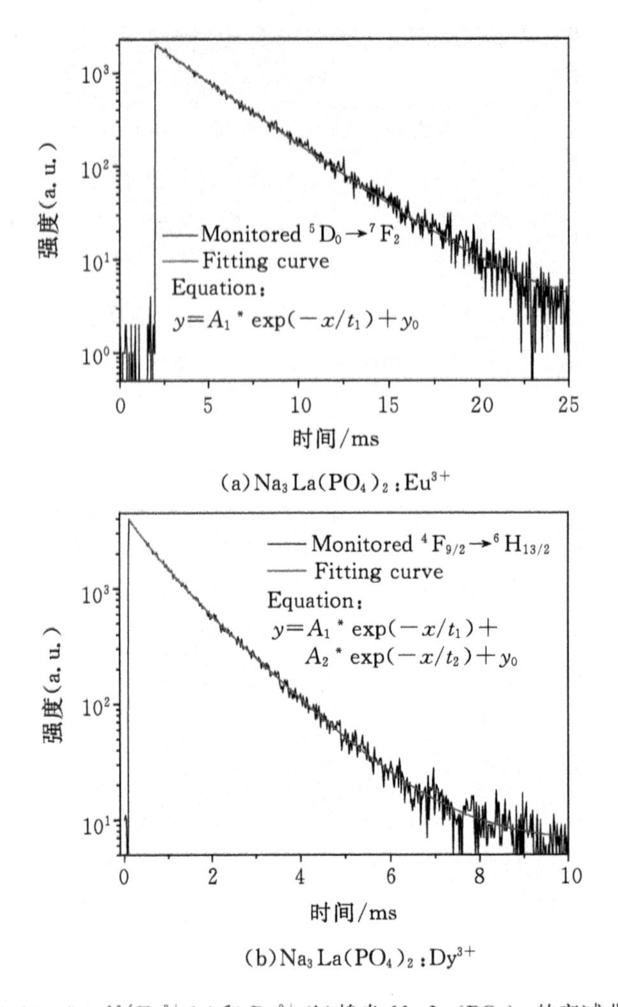

图 4.10 5mol% Eu^{3+} (a)和 Dy^{3+} (b)掺杂 $Na_3La(PO_4)_2$ 的衰减曲线

不同导致了两种激活离子占据的两个晶格位置的配位情况稍微不同，从而导致荧光驰豫现象有所不同。

任何色光都可以用(x,y)坐标形式表现在 CIE 色度图上，为了计算样品的色度坐标，根据样品的发射光谱，利用 CIE1931xy 程序计算了 $Na_3La_{0.95}Eu_{0.05}(PO_4)_2$，$Na_3La_{0.95}Tb_{0.05}(PO_4)_2$ 和 $Na_3La_{0.95}Dy_{0.05}(PO_4)_2$ 荧光粉的色度坐标。分别通过，392 nm、378 nm、350 nm 光激发，其色坐标分别为$(x_1=0.620, y_1=0.378)$，$(x_2=0.345, y_2=0.573)$，$(x_3=0.394, y_3=0.345)$。将其表现在 CIE 色度图上，如图 4.11 所示。从图中可以看出，其坐标位置分别位于红光、绿光、黄光区域，由此表明，$Na_3La_{0.95}Eu_{0.05}(PO_4)_2$，$Na_3La_{0.95}Tb_{0.05}(PO_4)_2$ 和 $Na_3La_{0.95}Dy_{0.05}(PO_4)_2$ 荧光粉都是可以被近紫外光激发的荧光粉，在白光 LED 领域有潜在的应用价值。

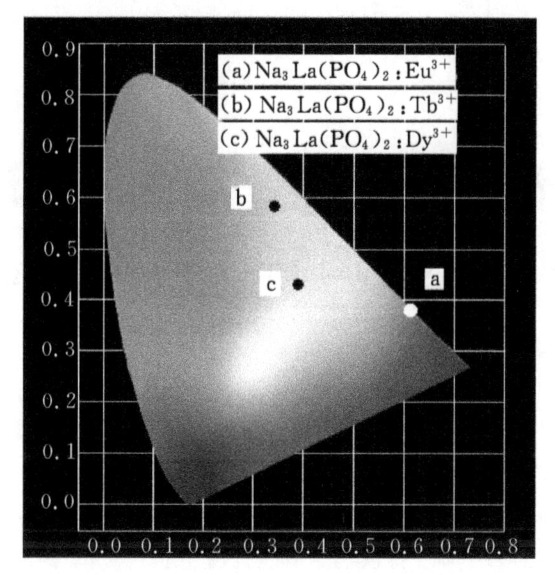

图 4.11　$Na_3La_{0.95}Eu_{0.05}(PO_4)_2$，$Na_3La_{0.95}Tb_{0.05}(PO_4)_2$ 和 $Na_3La_{0.95}Dy_{0.05}(PO_4)_2$ 荧光粉的色坐标图

4.6　本章小结

磷酸盐基荧光基质材料，$Na_3Ln(PO_4)_2$（Ln＝稀土元素），通过掺杂不同的稀土离子，被广泛应用于发光材料，但是该系列化合物的晶体结构一直没有详细地被报道。我们采用高温熔盐法生长了化合物 $Na_3La(PO_4)_2$ 的单晶并确定了其晶体结构。该化合物具有复杂的四维非公度调制结构，空间群为 $Pca2_1(0\beta0)000$，具有一维调制向量 $\boldsymbol{q}=0.386580\boldsymbol{b}*$。同时，我们用稀土离子 Eu^{3+}，Tb^{3+}，Dy^{3+} 测试了其作为发光基质材料的性能，结果表明，掺 Eu^{3+}，Tb^{3+}，Dy^{3+} 离子后，可以分别发射出明亮的红色、绿色、白色荧光，证明该化合物可以作为基质材料制备荧光粉用于白光 LED 中。具体结果发表在了 SCI 期刊 Inorg. Chem. 2017，56，1835—1845。

第5章　新型稀土发光材料 $Na_3Pr(PO_4)_2$ 的有公度调制结构和光谱性能

5.1　前言

如第4章所述，稀土正磷酸盐 $Na_3Ln(PO_4)_2$（Ln=稀土元素）是一类被广泛研究的发光材料，但是该系列化合物的晶体结构一直没有详细地被报道。本章内容是关于高温熔盐法生长的新型化合物 $Na_3Pr(PO_4)_2$，以及其(3+1)-维有公度调制结构和光谱性能。

5.2　实验主要试剂和仪器设备

5.2.1　试验所使用的试剂

试验所使用的试剂见表5.1。

表5.1　实验试剂表

分子式	中文名	式量	含量	生产公司
Pr_6O_{11}	氧化镨	1021.4393	分析纯	国药化学试剂有限公司
NaF	氟化钠	41.9882	分析纯	国药化学试剂有限公司
$Na_5P_3O_{10}$	三聚磷酸钠	367.8641	分析纯	国药化学试剂有限公司

5.2.2　实验所使用的仪器

实验所使用的仪器如表5.2。

表5.2　实验仪器表

仪器名称	仪器型号	生产厂家
高温箱式电阻炉		洛阳西格玛仪器有限公司
单晶衍射仪	BRUKER SMART APEX II CCD	德国 BRUKER 公司
粉末衍射仪	Rigaku Dmax-2500/PC	日本理学株式会社理学公司

续表 5.2

仪器名称	仪器型号	生产厂家
荧光光谱仪	FLS920	爱丁堡仪器
连续变倍体视显微镜	ZOOM645	上海光学仪器厂
莱卡显微镜	Leica S6E	易维科技有限公司
玛瑙研钵	LN-CΦ100	辽宁省黑山县新立屯玛瑙工艺厂
电子称量平	BSM120.4	上海卓精科电子科技有限公司

实验中包括一些辅助设备，如坩埚钳、实验用手套、称量纸、刚玉坩埚等。

本实验最常用的设备箱式电阻炉，该仪器能非常方面设定程序升降温，且温度控制灵敏度高，设定最高温度达至1300℃，能充分满足实验所需温度。

5.3 实验制备过程

$Na_3Pr(PO_4)_2$ 晶体通过 NaF、Pr_6O_{11} 和 $Na_5P_3O_{10}$ 体系反应得到，将反应物 NaF(0.6851 g，16.31 mmol)、$Na_5P_3O_{10}$(2.000 g，5.437 mmol)、Pr_6O_{11}(0.2777 g，0.2719 mmol)置入玛瑙研钵中混合均匀，充分研磨后将反应混合物倒入铂坩埚中，放入箱式反应炉中加热到950℃，使反应混合物在高温中完全熔融，在此反应过程中 $Na_5P_3O_{10}$—NaF 作为反应的助溶剂参与反应，同时每隔若干个小时观察坩埚中结晶状态，然后以每小时4℃的速率降温到700℃，最后使其自然冷却至室温，将坩埚取出在沸水浴中加热浸泡，洗去助溶剂，风干后即得到一种长条状的无色晶体，然后我们在显微镜的帮助下精心挑选出一颗合适尺寸的无色晶体安装在玻璃丝上对其进行结构的分析测定。

$Na_3Pr(PO_4)_2$ 的单晶衍射数据是由X射线面探衍射仪(Bruker Smart APEX2 CCD，Mo-Kαradiation，$\lambda=0.71073$ Å)在室温下使用 $\omega/2\theta$ 的扫描方式收集完成，使用程序 SAINT 进行数据还原，采用最常使用的 Multi-scan 方法进行吸收校正，之后进行结构解析。使用 $Na_3Pr(PO_4)_2$ 的单晶衍射数据构建的复合和倒易空间显示出以较强衍射以及弱的卫星衍射如图5.1所示。具有调制结构的晶体，其结构特征为衍射斑点带有卫星。但带有卫星的衍射斑点，不一定是调制结构的指示。带卫星的斑点，如果是表征调制结构的，则在衍射矢量的暗场象上显示出平行条带。采用程序包 JANA2006 在 PC 计算机上完成晶体结构解析。获得晶胞参数和衍射强度的数据后，选择正确的空间群，其中采用直接法确定重原子 Pr 位置，其余原子位置由差值傅里叶合成法获得，然后进行基于 F^2 的全矩阵最小二乘方平面精修原子位置、项性热参数和原子位移参数直至收敛。进而，对其结构采用 PLATON 程序进行检查，没有检测出A类和B类晶体学错误。另一方面我们也采用了超晶胞方法(3倍超晶胞)解析了 $Na_3Pr(PO_4)_2$ 的三维晶体结构，具体晶体学数据见表5.3。单晶 $Na_3Pr(PO_4)_2$ 结构中部分原子坐标和各向同性或各向同性位移参数($Å^2$)参表5.4。$Na_3Pr(PO_4)_2$ 结构中各原子之间的键长见表5.5。

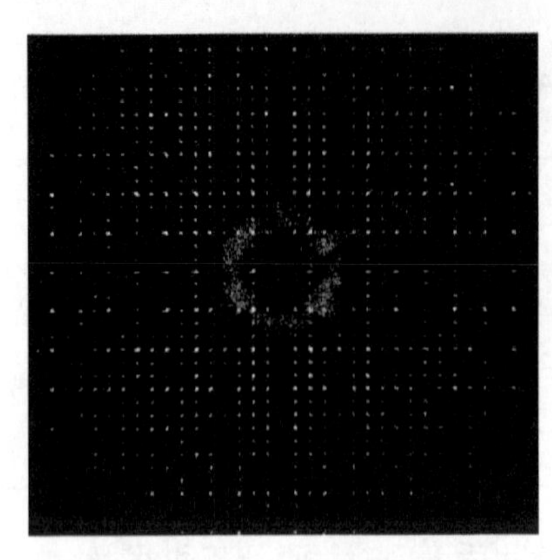

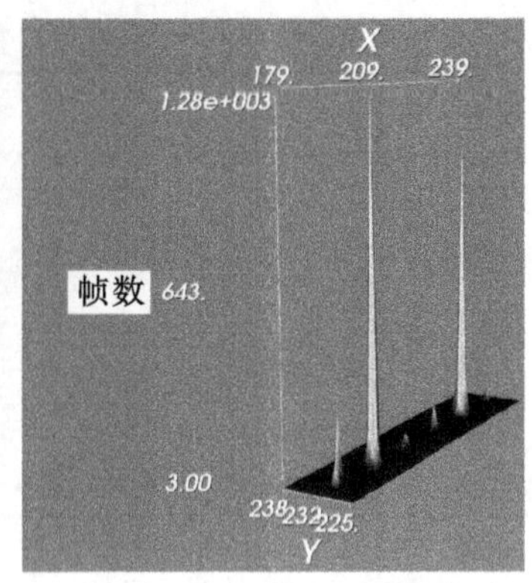

图 5.1　根据 $Na_3Pr(PO_4)_2$ 单晶衍射数据构建伪旋进照相构建的倒易点阵图，途中较强点是主衍射点，弱点是卫星衍射点

表 5.3　$Na_3Pr(PO_4)_2$ 的单晶结构数据

晶体数据	有公度调制结构模型	超结构模型
Chemical formula	$Na_3O_8P_2Pr$	$Na_3O_8P_2Pr$
M_r	399.8	399.8
Crystal system，space group	Orthorhombic，$Pca2_1$(0β0)000†	Orthorhombic，$Pca2_1$
Temperature(K)	293	
Wave vectors	q=1/3 b *	/
a,b,c(Å)	14.0131(3)，5.3303(7)，18.5858(9)	14.0151(8)，15.9926(10)，18.5887(11)
V(Å^3)	1388.2(2)	4166.4(4)
Z	8	24
Radiation type	Mo$K\alpha$	
Wavelength(Å)	0.71073	
abs coeffμ(mm^{-1})	7.68	
Crystal size(mm)	0.20 × 0.05 × 0.05	
Diffractometer	Bruker CCD diffractometer	
Absorption correction	Multi-scan	
Range of h, k, l and m	$-11 \to h \to +11$ $-16 \to k \to +16$ $-24 \to l \to +24$ $-1 \to m \to +1$	$-18 \to h \to +18$ $-21 \to k \to +21$ $-24 \to l \to +24$
No. of measured and unique reflns	38183，10313	51247，10355

续表 5.3

晶体数据	有公度调制结构模型	超结构模型
No. of obsd reflns	7958	8112
No. of obsd main reflns	2944	/
No. of obsd first order satellites	5014	/
Criterion for obs reflns	$I > 3\sigma(I)$	$I > 3\sigma(I)$
R_{int}	0.066	0.068
$(\sin\theta/\lambda)_{max}$ (Å^{-1})	0.666	0.667
$R[F^2 > 2\sigma(F^2)], wR(F^2), S$	0.032, 0.034, 1.04	0.045, 0.122, 1.03
No. of reflections/ parameters	10313/542	10355/339
$\Delta\rho_{max}, \Delta\rho_{min}$ (e · Å^{-3})	0.87, −0.86	5.94, −4.68
Absolute structure	4993 of Friedel pairs used in the refinement	Refined as an inversion twin
Computer program	Jana2006	Shelx2014

表 5.4　$Na_3Pr(PO_4)_2$ 平均结构中部分原子坐标和各向同性或各向异性位移参数(Å^2)

平均结构	x	y	z	U_{iso} * /U_{eq}
Pr1	0.38529(3)	0.45474(6)	0.04619(2)	0.00806(9)
Pr2	0.63535(3)	−0.02978(5)	−0.22745(2)	0.00761(9)
P1	0.48025(19)	0.9838(2)	0.12410(16)	0.0055(6)
P2	0.52057(18)	0.4798(3)	−0.13302(15)	0.0070(5)
P3	0.27100(18)	−0.0282(3)	−0.04918(14)	0.0057(5)
P4	0.26877(19)	0.5082(2)	0.19445(16)	0.0067(6)
Na1	0.6153(3)	0.9995(5)	0.2988(2)	0.0137(12)
Na2	0.2024(3)	−0.0050(4)	0.1200(3)	0.0194(13)
Na3	0.2790(3)	0.4955(4)	−0.1399(3)	0.0184(11)
Na4	0.5281(3)	−0.0272(4)	−0.0403(2)	0.0160(10)
Na5	0.5499(3)	0.4983(4)	0.2016(3)	0.0161(12)
Na6	0.1350(4)	0.4977(5)	0.0201(2)	0.0202(14)
O1	0.3768(4)	0.4888(6)	0.1950(4)	0.0120(17)

续表 5.4

平均结构	x	y	z	$U_{iso}*/U_{eq}$
O2	0.2352(5)	0.5037(5)	0.1176(4)	0.0114(18)
O3	0.2494(5)	−0.0171(6)	−0.1298(4)	0.0113(18)
O4	0.5255(3)	0.2035(7)	0.0860(2)	0.0106(12)
O5	0.3633(3)	0.1086(7)	−0.0350(2)	0.0152(12)
O6	0.1935(3)	0.0858(7)	−0.0046(2)	0.0159(12)
O7	0.2378(3)	0.7527(6)	0.2316(2)	0.0108(12)
O8	0.2818(3)	0.6977(6)	−0.02704(19)	0.0134(11)
O9	0.5338(3)	0.2031(6)	−0.15071(19)	0.0143(11)
O10	0.5103(3)	0.7456(7)	0.0873(3)	0.0132(13)
O11	0.2267(3)	0.2810(7)	0.2359(2)	0.0118(12)
O12	0.6120(3)	0.6185(7)	−0.1489(2)	0.0167(13)
O13	0.5577(3)	0.4119(7)	0.3221(2)	0.0147(12)
O14	0.4998(5)	0.5130(6)	−0.0522(4)	0.0128(18)
O15	0.5133(5)	0.9809(6)	0.2038(4)	0.0114(17)
O16	0.3718(4)	1.0148(7)	0.1245(4)	0.0131(17)
超结构	x	y	z	$U_{iso}*/U_{eq}$
Na1	0.3846(6)	1.0007(3)	−0.1077(4)	0.0211(15)*
Na2	0.1418(5)	0.5024(3)	0.1094(4)	0.0133(14)*
Na3	0.0195(5)	0.6615(3)	0.0594(3)	0.0146(13)*
Na4	0.2054(5)	0.6666(3)	0.2175(4)	0.0153(14)*
Na5	0.1998(5)	1.3360(3)	0.2139(4)	0.0184(14)*
Na6	0.0177(5)	1.3232(3)	0.0545(4)	0.0162(12)*
Na7	0.3000(5)	1.5007(2)	−0.0414(4)	0.0184(15)*
Na8	0.5493(5)	1.0127(3)	0.0475(4)	0.0159(12)*
Na9	0.1397(4)	0.8228(3)	0.1143(3)	0.0149(12)*
Na10	0.5461(5)	0.8372(3)	0.2937(4)	0.0151(14)*
Na11	0.5512(5)	1.1655(3)	0.2948(4)	0.0168(14)*
Na12	0.1306(5)	1.1755(3)	0.1142(4)	0.0200(13)*
Na13	0.1219(4)	0.6763(3)	0.3901(3)	0.0135(11)*
Na14	0.6157(4)	0.6788(3)	0.3912(3)	0.0109(11)*

续表 5.4

超结构	x	y	z	$U_{iso}*/U_{eq}$
Na15	0.7343(5)	0.1688(3)	0.4487(4)	0.0175(13) *
Na16	0.2010(7)	1.0029(3)	0.2109(5)	0.0232(19) *
Na17	0.7313(5)	0.8280(3)	0.4550(4)	0.0197(13) *
Na18	0.5514(7)	0.4995(2)	0.2982(5)	0.0171(17) *
Pr1	0.38086(4)	0.86152(4)	0.13293(4)	0.00669(13) *
Pr2	0.36124(5)	0.99247(3)	0.35875(4)	0.00767(15) *
Pr3	0.38696(5)	1.16995(4)	0.14163(4)	0.00996(14) *
Pr4	0.38805(5)	0.51410(4)	0.14695(4)	0.00796(13) *
Pr5	0.36989(4)	0.64190(3)	0.37366(4)	0.00594(13) *
Pr6	0.36242(4)	0.33616(3)	0.36792(4)	0.00885(13) *
P1	0.4785(3)	0.33646(18)	0.2216(2)	0.0066(7) *
P2	0.4834(2)	0.82554(19)	0.46190(19)	0.0062(6) *
P3	0.4841(2)	0.16063(18)	0.45842(19)	0.0070(7) *
P4	0.4747(3)	0.67316(19)	0.2203(2)	0.0062(6) *
P5	0.2788(3)	1.01003(17)	0.0425(2)	0.0059(7) *
P6	0.2673(2)	0.67601(19)	0.04671(19)	0.0064(6) *
P7	0.2671(2)	1.34228(17)	0.04784(18)	0.0060(6) *
P8	0.2762(3)	0.83076(19)	0.2872(2)	0.0055(6) *
P9	0.2614(3)	0.49611(14)	0.2926(2)	0.0050(8) *
P10	0.2698(3)	1.16544(18)	0.2880(2)	0.0060(7) *
P11	0.4882(3)	1.00669(16)	0.2148(3)	0.0075(8) *
P12	0.4710(3)	0.49431(16)	0.4650(2)	0.0079(8) *
O1	0.4916(6)	0.7517(4)	0.1763(4)	0.0086(16) *
O2	0.2904(5)	1.4328(4)	0.0718(4)	0.0121(16) *
O3	0.2189(5)	0.9507(4)	0.0904(4)	0.0136(16) *
O4	0.4582(5)	0.7327(4)	0.4492(4)	0.0122(16) *
O5	0.4836(5)	0.4017(4)	0.4424(4)	0.0124(16) *
O6	0.5124(7)	0.4188(5)	0.1865(5)	0.0145(19) *
O7	0.4573(5)	0.0700(4)	0.4402(4)	0.0150(17) *
O8	0.5286(6)	0.5515(4)	0.4151(4)	0.0156(17) *
O9	0.2243(6)	0.9048(4)	0.3240(4)	0.0101(18) *

续表 5.4

超结构	x	y	z	$U_{iso}*/U_{eq}$
O11	0.3731(9)	0.4958(4)	0.3019(6)	0.008(2)*
O12	0.2361(6)	1.2398(4)	0.3338(4)	0.0123(18)*
O13	0.2667(5)	1.1010(4)	0.0678(4)	0.0140(16)*
O14	0.3823(6)	0.8553(5)	0.2814(6)	0.0101(18)*
O15	0.3804(9)	1.0063(5)	0.2069(7)	0.015(2)*
O16	0.3801(7)	1.1607(5)	0.2846(6)	0.016(2)*
O17	0.3831(6)	0.9827(5)	0.0499(6)	0.014(2)*
O18	0.2603(6)	0.7514(4)	0.3321(4)	0.0098(16)*
O19	0.3699(7)	0.6483(5)	0.2249(6)	0.013(2)*
O20	0.4980(9)	0.5065(4)	0.5441(7)	0.013(2)*
O21	0.2885(5)	0.7695(4)	0.0629(4)	0.0130(16)*
O22	0.2364(10)	0.5019(3)	0.2125(8)	0.006(2)*
O23	0.5153(7)	0.3330(5)	0.2985(5)	0.0119(19)*
O24	0.3653(6)	0.5195(6)	0.4568(7)	0.019(2)*
O26	0.2191(6)	0.5708(4)	0.3335(4)	0.0105(18)*
O27	0.5146(11)	1.0014(4)	0.2949(8)	0.014(3)*
O28	0.3697(7)	0.3317(5)	0.2248(6)	0.016(2)*
O29	0.2454(9)	1.0050(4)	−0.0364(7)	0.012(2)*
O30	0.3998(6)	0.2174(5)	0.4394(5)	0.0176(18)*
O31	0.4966(7)	0.8396(4)	0.5437(6)	0.0070(19)*
O32	0.2454(8)	0.6700(5)	−0.0342(6)	0.013(2)*
O33	0.2318(7)	1.1753(5)	0.2100(5)	0.0102(18)*
O34	0.4981(8)	0.1664(5)	0.5402(6)	0.011(2)*
O35	0.3522(6)	1.2849(5)	0.0637(5)	0.0151(17)*
O36	0.5314(6)	0.9320(4)	0.1751(4)	0.0079(17)*
O37	0.2372(7)	0.8190(5)	0.2098(5)	0.0106(19)*
O38	0.2493(8)	1.3427(5)	−0.0341(6)	0.014(2)*
O39	0.5101(7)	0.6850(5)	0.2974(6)	0.015(2)*
O40	0.2208(6)	0.4154(5)	0.3246(4)	0.0099(18)*
O41	0.3990(6)	0.8812(5)	0.4403(4)	0.0161(17)*
O42	0.3557(6)	0.6232(5)	0.0643(4)	0.0148(17)*

续表 5.4

超结构	x	y	z	$U_{iso}*/U_{eq}$
O43	0.5282(6)	1.0874(5)	0.1831(5)	0.0111(18) *
O44	0.2333(6)	1.0838(5)	0.3210(5)	0.0115(18) *
O45	0.5730(6)	0.1859(4)	0.4170(4)	0.0127(16) *
O46	0.1780(6)	1.3138(5)	0.0888(4)	0.0173(18) *
O47	0.1826(6)	0.6478(4)	0.0918(4)	0.0147(17) *
O48	0.5175(6)	0.2623(4)	0.1792(4)	0.0099(17) *
O49	0.5286(6)	0.5990(5)	0.1863(5)	0.015(2) *
O50	0.5720(6)	0.8495(4)	0.4189(4)	0.0148(18) *

表 5.5　$Na_3Pr(PO_4)_2$ 调制结构和超结构中各原子之间的键长

调制结构	平均制	最小值	最大值
Pr1—O1	2.777(10)	2.674(11)	2.888(11)
Pr1—O2	2.523(10)	2.466(11)	2.574(11)
Pr1—O4	2.498(7)	2.466(7)	2.524(7)
Pr1—O5	2.416(7)	2.368(7)	2.487(7)
Pr1—O8	2.384(6)	2.356(6)	2.438(6)
Pr1—O10	2.474(7)	2.433(7)	2.504(7)
Pr1—O14	2.458(10)	2.431(11)	2.500(11)
Pr1—$O16^{i}$	2.770(8)	2.604(8)	3.027(8)
Pr2—$O1^{ii}$	2.849(7)	2.646(8)	3.210(8)
Pr2—$O3^{iii}$	2.436(10)	2.414(11)	2.473(11)
Pr2—$O7^{iv}$	2.448(7)	2.416(7)	2.476(7)
Pr2—O9	2.381(6)	2.357(6)	2.426(6)
Pr2—$O11^{ii}$	2.457(7)	2.413(7)	2.504(7)
Pr2—$O12^{i}$	2.417(7)	2.367(8)	2.490(8)
Pr2—$O15^{iv}$	2.480(10)	2.445(11)	2.506(11)
Pr2—$O16^{iv}$	2.758(10)	2.653(11)	2.867(11)
P1—$O4^{v}$	1.512(7)	1.508(7)	1.519(7)
P1—O10	1.512(7)	1.505(7)	1.525(7)
P1—O15	1.558(10)	1.555(11)	1.561(11)

续表 5.5

调制结构	平均制	最小值	最大值
P1—O16	1.542(10)	1.538(12)	1.544(12)
P2—O9	1.545(6)	1.542(6)	1.548(6)
P2—O12	1.537(8)	1.528(8)	1.551(8)
P2—$O13^{iv}$	1.531(7)	1.522(8)	1.543(8)
P2—O14	1.544(11)	1.524(12)	1.562(12)
P3—O3	1.534(10)	1.527(12)	1.545(12)
P3—O5	1.530(8)	1.513(8)	1.541(8)
P3—O6	1.523(8)	1.510(8)	1.539(8)
P3—$O8^{i}$	1.545(6)	1.534(6)	1.553(6)
P4—O1	1.535(10)	1.528(13)	1.547(13)
P4—O2	1.514(10)	1.510(12)	1.518(12)
P4—O7	1.549(7)	1.543(7)	1.557(7)
P4—O11	1.557(7)	1.552(7)	1.563(7)
Na1—$O3^{vi}$	2.324(12)	2.301(14)	2.362(14)
Na1—$O7^{vii}$	2.511(9)	2.458(9)	2.546(9)
Na1—$O9^{vi}$	2.542(9)	2.469(9)	2.593(9)
Na1—$O11^{viii}$	2.468(9)	2.417(9)	2.557(9)
Na1—$O13^{v}$	2.401(7)	2.346(8)	2.487(8)
Na1—O15	2.276(11)	2.247(13)	2.319(13)
Na2—$O2^{i}$	2.659(8)	2.493(8)	2.790(8)
Na2—O2	2.751(8)	2.623(8)	2.979(8)
Na2—$O4^{ix}$	2.769(10)	2.662(10)	2.964(10)
Na2—O6	2.398(10)	2.386(10)	2.420(10)
Na2—$O7^{i}$	2.499(9)	2.430(10)	2.630(10)
Na2—O11	2.664(9)	2.619(10)	2.734(10)
Na2—$O16^{i}$	2.387(12)	2.295(14)	2.507(14)
Na3—O3	2.780(8)	2.755(8)	2.793(8)
Na3—$O3^{v}$	2.646(8)	2.621(8)	2.682(8)
Na3—$O7^{x}$	2.769(9)	2.575(10)	2.886(10)
Na3—O8	2.367(9)	2.345(9)	2.382(9)
Na3—$O11^{x}$	2.582(9)	2.535(10)	2.621(10)

续表 5.5

调制结构	平均制	最小值	最大值
Na3—O12[xi]	2.436(9)	2.339(10)	2.511(10)
Na3—O13[iv]	2.457(9)	2.346(10)	2.667(10)
Na4—O4	2.656(9)	2.508(9)	2.740(9)
Na4—O5	2.429(9)	2.384(10)	2.485(10)
Na4—O6[iii]	2.439(9)	2.358(10)	2.579(10)
Na4—O9	2.400(8)	2.376(9)	2.445(9)
Na4—O10[i]	2.679(9)	2.557(10)	2.819(10)
Na4—O14[i]	2.503(8)	2.465(8)	2.525(8)
Na5—O1	2.440(12)	2.356(14)	2.516(14)
Na5—O4	2.686(9)	2.661(9)	2.707(9)
Na5—O10	2.566(9)	2.456(10)	2.701(10)
Na5—O11[viii]	2.816(9)	2.703(10)	3.022(10)
Na5—O13	2.326(9)	2.298(10)	2.351(10)
Na5—O15[i]	2.806(7)	2.685(8)	3.017(8)
Na5—O15	2.624(7)	2.480(8)	2.713(8)
Na6—O2	2.294(12)	2.267(13)	2.308(13)
Na6—O4[xi]	2.537(9)	2.465(9)	2.657(9)
Na6—O6	2.403(8)	2.357(8)	2.440(8)
Na6—O8	2.485(9)	2.444(10)	2.510(10)
Na6—O10[xi]	2.519(9)	2.451(10)	2.589(10)
Na6—O14[xi]	2.331(12)	2.290(14)	2.370(14)
Symmetry codes: (i) x_1, x_2-1, x_3, x_4; (ii) $-x_1+1, -x_2, x_3-1/2, -x_4$; (iii) $x_1+1/2, -x_2, x_3, -x_4$; (iv) $-x_1+1, -x_2+1, x_3-1/2, -x_4$; (v) x_1, x_2+1, x_3, x_4; (vi) $-x_1+1, -x_2+1, x_3+1/2, -x_4$; (vii) $x_1+1/2, -x_2+2, x_3, -x_4$; (viii) $x_1+1/2, -x_2+1, x_3, -x_4$; (ix) $x_1-1/2, -x_2, x_3, -x_4$; (x) $-x_1+1/2, x_2, x_3-1/2, x_4$; (xi) $x_1-1/2, -x_2+1, x_3, -x_4$.			
超结构			
Na1—O7[i]	2.643(11)	Na18—O6	2.507(12)
Na1—O9[ii]	2.509(11)	Na18—O8	2.348(12)
Na1—O27[iii]	2.298(18)	Na18—O11	2.500(15)
Na1—O29	2.358(15)	Na18—O23	2.711(9)

续表 5.5

超结构			
Na1—O44^{ii}	2.500(11)	Na18—O26^{xii}	2.687(12)
Na1—O50^{iii}	2.520(9)	Na18—O40^{xii}	2.780(12)
Na2—O2^{iv}	2.462(10)	Na18—O49	2.639(12)
Na2—O6^{v}	2.633(11)	Pr1—O1	2.478(7)
Na2—O20^{ii}	2.306(14)	Pr1—O3	2.795(7)
Na2—O22	2.330(16)	Pr1—O14	2.762(11)
Na2—O47	2.418(8)	Pr1—O15	2.693(9)
Na2—O49^{v}	2.681(11)	Pr1—O17	2.478(9)
Na3—O4^{ii}	2.363(9)	Pr1—O21	2.353(7)
Na3—O6^{v}	2.690(10)	Pr1—O34^{i}	2.460(11)
Na3—O20^{ii}	2.507(8)	Pr1—O36	2.517(8)
Na3—O35^{vi}	2.497(10)	Pr1—O37	2.561(10)
Na3—O47	2.374(10)	Pr2—O7^{vii}	2.376(7)
Na3—O48^{v}	2.539(10)	Pr2—O9	2.463(8)
Na4—O18	2.639(10)	Pr2—O14	2.640(9)
Na4—O19	2.327(12)	Pr2—O15	2.844(13)
Na4—O22	2.672(8)	Pr2—O27	2.460(16)
Na4—O26	2.651(10)	Pr2—O29^{x}	2.465(13)
Na4—O37	2.482(10)	Pr2—O41	2.397(8)
Na4—O47	2.378(11)	Pr2—O44	2.416(8)
Na5—O12	2.755(11)	Pr3—O13	2.438(7)
Na5—O22^{vii}	2.702(8)	Pr3—O16	2.663(12)
Na5—O28^{vii}	2.391(12)	Pr3—O31^{iii}	2.449(10)
Na5—O33	2.611(10)	Pr3—O33	2.520(10)
Na5—O40^{vii}	2.435(11)	Pr3—O35	2.391(8)
Na5—O46	2.372(11)	Pr3—O43	2.501(8)
Na5—O49^{vi}	2.664(12)	Pr3—O48^{vii}	2.452(8)
Na6—O1^{vi}	2.586(10)	Pr4—O2^{iv}	2.348(7)
Na6—O5^{viii}	2.433(10)	Pr4—O6	2.430(9)
Na6—O34^{viii}	2.531(10)	Pr4—O19	2.602(9)
Na6—O42^{vi}	2.434(10)	Pr4—O20^{i}	2.514(12)

续表 5.5

超结构			
Na6—O46	2.341(11)	Pr4—O22	2.458(14)
Na6—O49^{vi}	2.751(11)	Pr4—O42	2.368(8)
Na7—O2	2.371(10)	Pr4—O49	2.502(9)
Na7—O8^{iii}	2.669(10)	Pr5—O4	2.370(7)
Na7—O24^{viii}	2.337(11)	Pr5—O8	2.762(8)
Na7—O26^{viii}	2.597(11)	Pr5—O11	2.691(8)
Na7—O38	2.628(9)	Pr5—O18	2.453(7)
Na8—O3^{ix}	2.575(10)	Pr5—O19	2.768(11)
Na8—O7^{i}	2.395(10)	Pr5—O24	2.494(10)
Na8—O17	2.379(11)	Pr5—O26	2.513(8)
Na8—O31^{iii}	2.448(9)	Pr5—O32^{x}	2.398(11)
Na8—O36	2.713(10)	Pr5—O39	2.519(10)
Na8—O41^{iii}	2.716(10)	Pr6—O5	2.429(7)
Na9—O3	2.369(9)	Pr6—O11	2.837(8)
Na9—O21	2.447(9)	Pr6—O12^{iv}	2.431(8)
Na9—O31^{ii}	2.333(12)	Pr6—O23	2.501(10)
Na9—O37	2.241(12)	Pr6—O28	2.663(12)
Na9—O43^{vi}	2.478(10)	Pr6—O30	2.375(8)
Na9—O48^{v}	2.499(9)	Pr6—O38^{xiv}	2.405(12)
Na10—O1	2.686(10)	Pr6—O40	2.489(8)
Na10—O14	2.324(11)	P1—O6	1.545(9)
Na10—O27	2.664(8)	P1—O23	1.521(11)
Na10—O36	2.683(10)	P1—O28	1.528(10)
Na10—O39	2.486(10)	P1—O48	1.526(8)
Na10—O50	2.363(11)	P2—O4	1.544(7)
Na11—O9^{ix}	2.729(11)	P2—O31	1.549(11)
Na11—O16	2.406(13)	P2—O41	1.534(9)
Na11—O23^{vii}	2.726(10)	P2—O50	1.526(9)
Na11—O27	2.674(8)	P3—O7	1.535(8)
Na11—O43	2.446(11)	P3—O30	1.532(9)
Na11—O45^{vii}	2.315(11)	P3—O34	1.535(12)

续表 5.5

超结构			
Na11—O48vii	2.690(10)	P3—O45	1.519(8)
Na12—O1vi	2.547(10)	P4—O1	1.518(8)
Na12—O13	2.409(10)	P4—O19	1.524(10)
Na12—O33	2.276(12)	P4—O39	1.527(11)
Na12—O34viii	2.273(13)	P4—O49	1.541(9)
Na12—O36vi	2.484(10)	P5—O3	1.548(8)
Na12—O46	2.357(9)	P5—O13	1.538(8)
Na13—O5v	2.500(9)	P5—O17	1.532(9)
Na13—O18	2.523(9)	P5—O29	1.541(13)
Na13—O23v	2.270(12)	P6—O21	1.554(8)
Na13—O26	2.411(9)	P6—O32	1.537(12)
Na13—O32x	2.335(13)	P6—O42	1.534(8)
Na13—O45v	2.361(8)	P6—O47	1.522(9)
Na14—O4	2.603(9)	P7—O2	1.550(7)
Na14—O8	2.415(9)	P7—O35	1.534(8)
Na14—O12ix	2.383(10)	P7—O38	1.543(12)
Na14—O38xi	2.372(13)	P7—O46	1.532(9)
Na14—O39	2.290(12)	P8—O9	1.548(8)
Na14—O40xii	2.444(10)	P8—O14	1.543(10)
Na15—O9xii	2.605(10)	P8—O18	1.536(8)
Na15—O18xii	2.542(10)	P8—O37	1.551(11)
Na15—O21xiii	2.361(10)	P9—O11	1.574(13)
Na15—O32xiii	2.612(10)	P9—O22	1.533(15)
Na15—O41xii	2.447(10)	P9—O26	1.535(8)
Na15—O45	2.352(10)	P9—O40	1.531(8)
Na16—O3	2.404(12)	P10—O12	1.537(8)
Na16—O9	2.642(12)	P10—O16	1.550(11)
Na16—O15	2.516(17)	P10—O33	1.553(11)
Na16—O33	2.791(9)	P10—O44	1.531(8)
Na16—O36vi	2.680(12)	P11—O15	1.518(14)
Na16—O44	2.463(12)	P11—O27	1.536(16)

续表 5.5

超结构			
Na17—O12^{ix}	2.503(10)	P11—O36	1.530(8)
Na17—O13^{xi}	2.383(10)	P11—O43	1.525(8)
Na17—O29^{xi}	2.694(8)	P12—O5	1.550(7)
Na17—O30^{xii}	2.488(11)	P12—O8	1.533(8)
Na17—O38^{xi}	2.752(10)	P12—O20	1.530(13)
Na17—O50	2.357(11)	P12—O24	1.543(10)
Na1—O7^{i}	2.643(11)	Na18—O6	2.507(12)
Symmetry codes:(i) $-x+1,-y+1,z-1/2$;(ii) $-x+1/2,y,z-1/2$;(iii) $-x+1,-y+2,z-1/2$;(iv) $x,y-1,z$;(v) $x-1/2,-y+1,z$;(vi) $x-1/2,-y+2,z$;(vii) $x,y+1,z$;(viii) $-x+1/2,y+1,z-1/2$;(ix) $x+1/2,-y+2,z$;(x) $-x+1/2,y,z+1/2$;(xi) $-x+1,-y+2,z+1/2$;(xii) $x+1/2,-y+1,z$;(xiii) $-x+1,-y+1,z+1/2$;(xiv) $-x+1/2,y-1,z+1/2$.			

晶体结构确定之后，采用传统的高温固相合成法根据该化合物分子式的化学计量比制备其纯相粉末，先在玛瑙研钵中充分研磨（研磨是加入少量的乙醇），然后转移到铂坩埚中，再放在高温箱式炉中加热。加热过程如下：先缓慢升温到 400℃，恒温 5 小时。分成 5 份，分别然后缓慢升温到 800℃、900℃、1000℃、1100 ℃、1200 ℃，恒温 50 个小时。最后迅速降到室温。在整个加热过程中，多次把样品取出研磨。对所制备的粉末晶体使用 X-射线粉末衍射仪（Cu-$K\alpha$ 靶，$\lambda=0.15456$ nm）进行物相分析，扫描步长为 0.02°，扫描范围 $2\theta=5°\sim70°$，得到其粉末衍射数据。

5.4 结构分析

5.4.1 粉末 X-射线分析

$Na_3Pr(PO_4)_2$ 多晶粉末是通过传统的高温固相合成法制备，煅烧温度从 800℃到 1200℃，粉末衍射如图 5.2 所示。从图中可以看出所有衍射峰的位置与由单晶 X-射线衍射分析结果数据模拟基本一致，尽管部分峰的强度有细微差别，可认为是晶体的择优取向所致。证明我们所制备的多晶粉末均是纯相。

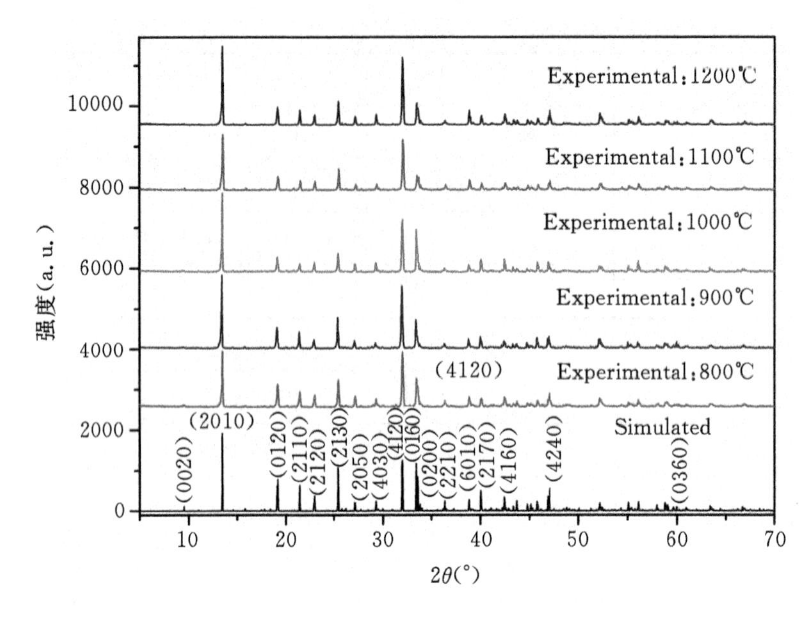

图 5.2 $Na_3La(PO_4)_2$ 通过不同温度合成的多晶粉末(800～1200℃)在 $2\theta=5°\sim70°$范围内的 X-射线衍射图与模拟图的比较

5.4.2 结构分析与描述

通过单晶 X-射线衍射分析确定其晶体结构为(3+1)维有公度调制结构,超空间群为正交晶系 $Pca2_1(0\beta0)000$,调制波矢为 $\boldsymbol{q}=1/3\boldsymbol{b}*$,晶胞参数为 $a=14.0131(3)$,$b=5.3303(7)$ Å,$c=18.5858(9)$ Å。在该化合物中,每个不对称单元包含 2 个晶体学独立的 Pr 原子、4 个 P 原子、6 个 Na 原子、16 个 O 原子。每个 P 原子连接 4 个氧原子,形成 PO_4 四面体结构;每个 Na 原子连接 6～8 个氧原子,形成 NaO_x 多面体结构;每个 Pr 原子连接 8 个氧原子,形成 PrO_8 多面体结构。PO_4 基团孤立分布于结构中,不相互连接,被 NaO_x 和 PrO_8 多面体分离开。沿着 a 轴来看,PO_4、NaO_x、PrO_8 多面体呈链状排列。其中 NaO_x 可分为两类,一类 Na 原子形成—Na—Pr—无限长链,另一类 Na 原子形成—Na—P—无限长链。从另一个角度看,$Na_3Pr(PO_4)_2$ 的结构可以看作是变形的 α-K_2SO_4 结构,或者是变形的 $K_3Na(SO_4)_2$ 结构,其中的 K、S 原子被 Na、Pr、P 原子取代。化合物 α-K_2SO_4 具有六方对称结构,由两种链构成,一种链—K—S—无限长链位于六次轴上,另一种链—K—链位于三次轴上。在化合物 α-K_2SO_4 结构中,K^+ 与 12 个 O 原子配位,而在 $Na_3Pr(PO_4)_2$ 中(见图 5.3(a)),La^{3+} 和 Na^+ 离子由于半径较小,采取了比较低的配位数 $NaO_{6\sim8}$ 和 PrO_8,为了适应晶体结构,PO_4 四面体也被迫扭曲,从而导致—Na—Pr—和—Na—P—无限长链均发生扭曲(见图 5.3(b),5.3(c)),不再位于高对称性的六次或三次轴上,使整体结构的对称性降低为正交。进一步说,这种扭曲具有非常特殊的对称性,整体上在很小的程度上破坏了结构的三维平移对称性,表现为四维空间的对称性,既导致了结构的调制,化合物 $Na_3Pr(PO_4)_2$ 便具有了复杂的四维非公度调制结构。

各个原子的调制函数基本可以用一个连续位置调制函数描述,而某些原子还需要 ADP 调制函数,以 Pr1 原子为例,如图 5.4 所示。

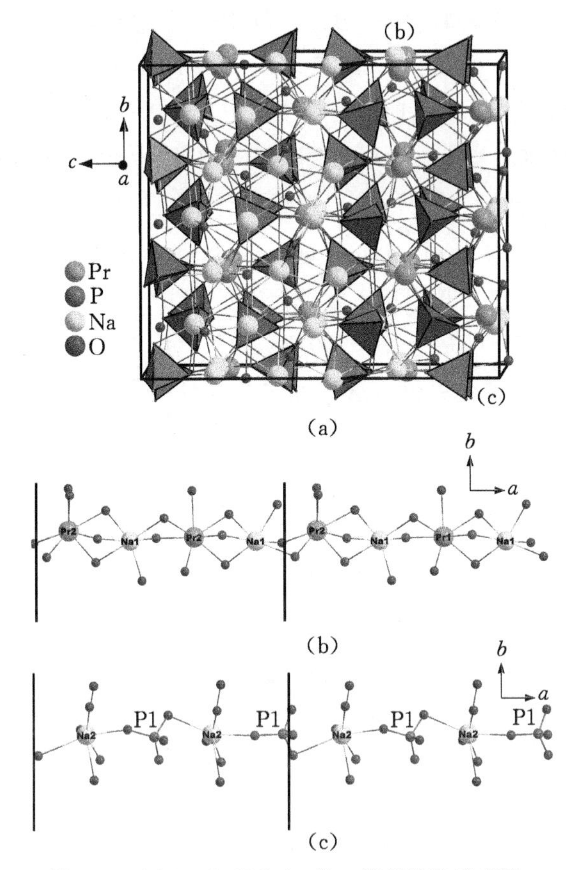

图 5.3　(a) $Na_3Pr(PO_4)_2$ 的 3 倍超晶胞示意图；
(b)—Na—Pr—无限长链结构；(c)—Na—P—无限长链结构

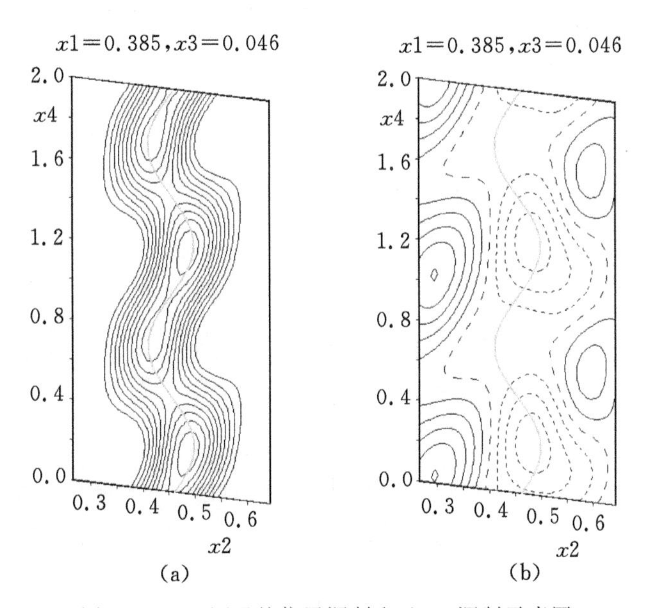

图 5.4　Pr1 原子的位置调制和 ADP 调制示意图

由于各个原子位置调制的影响，Na—O、P—O、Pr—O 键键长有比较大的波动，相对于平均结构来说，更加趋于合理值。如图 5.5 所示，P O 键范围为 d_{min} = 1.512(7) Å，d_{max} = 1.558(10) Å；参考其他磷酸盐化合物，是合理值。而 Na—O 和 Pr—O 键由于键长较长，柔性较高，与 P—O 键相比受调制的影响更大。这一点同时存在于同一种键内部，调制的影响更大，即键长波动范围更大，如图 5.5 所示。此外，可以用价键计算法评估各原子配位情况的合理性，通过计算 Pr1、Pr2、P1、P2、P3、P4、Na1、Na2、Na3、Na4、Na5、Na6 的计算值分别为 +3.0659(5)、+3.2215(6)、+5.053(3)、+4.939(3)、+5.023(3)、+4.949(4)、+1.17526(11)、+0.96239(7)、+1.00136(6)、+1.02084(6)、+0.98700(7)、+1.14613(12)，对应 Pr、P、Na 的化合价分别为 +3、+5、+1 价，均为正常化合价。这一点也更加证明了我们对于 $Na_3Pr(PO_4)_2$ 四维非公度调制结构描述的合理性。

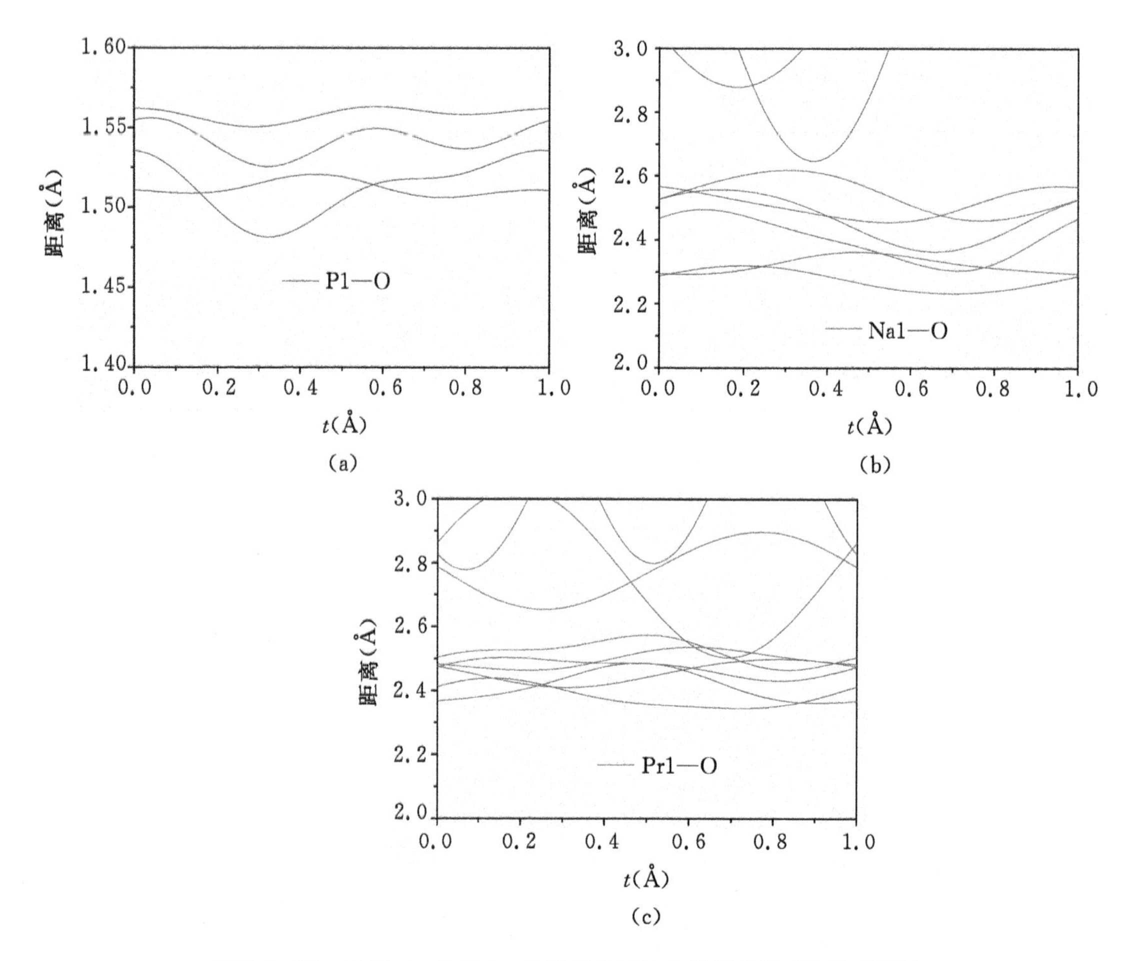

图 5.5 P1—O、Na1—O、Pr1—O 键键长受结构调制的影响的波动范围

5.5　性能研究

5.5.1　荧光光谱研究

图 5.6(a)所示为 $Na_3Pr(PO_4)_2$ 的激发光谱图，监测波长为 607 nm，扫描范围为 200～570 nm。从图中可以看出，位于 268 nm 附近有一较宽的带状激发峰，这是由 $O^{2-}\rightarrow Pr^{3+}$ 的电荷迁移跃迁所形成的，即配位 O^{2-}(2p)将一个电子转移给处于配位中心的 Pr^{3+}($4f^2$)，形成 $Pr^{3+}-O^{2-}$ 配位体，相当于 Pr—O 复合体系的一个激发态。由于电荷迁移带是 Pr 与配位场作用与晶格强耦合的结果，因此会使激发光谱具有较宽的谱型。在长波段区域有一系列窄带尖锐激发峰，这是 Pr^{3+} 的 $f\rightarrow f$ 的电子吸收跃迁峰，${}^3H_4\rightarrow{}^3P_2$(445 nm)、${}^3H_4\rightarrow{}^1I_6$(468 nm)、${}^3H_4\rightarrow{}^3P_0$(481 nm)。其中 468 nm 是最强的激发(吸收)谱线。这种现象到现在没有合理解释，有待今后深入研究。对这一物理现象及其变化规律深入研究不仅具有理论意义，而且具有实际应用

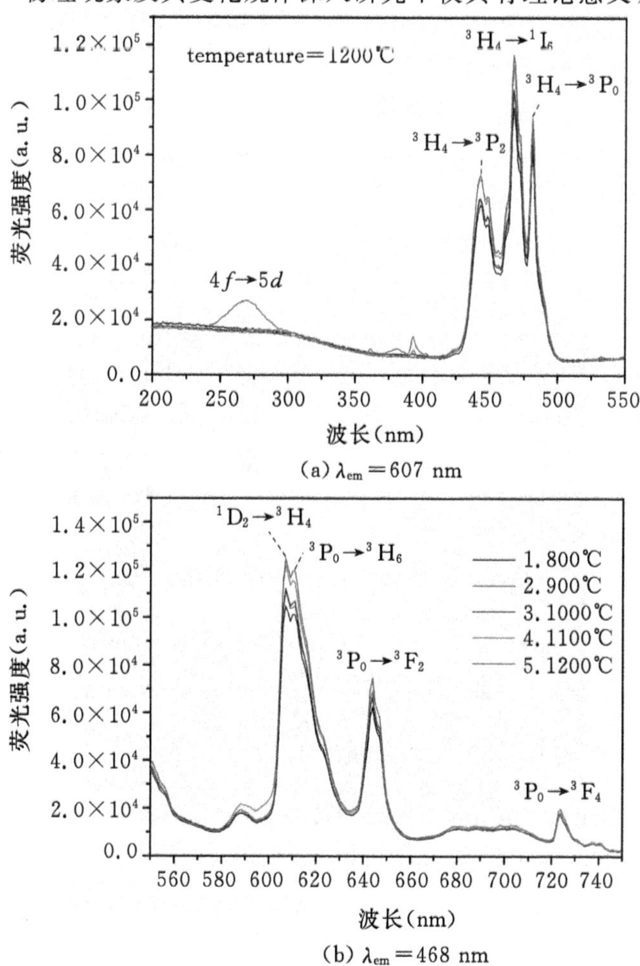

(a) λ_{em}=607 nm

(b) λ_{em}=468 nm

图 5.6　(a)$Na_3Pr(PO_4)_2$ 的激发光谱图；(b)$Na_3Pr(PO_4)_2$ 的发射光谱图

意义，因为它们正好对应实现白光 LED 照明两种热门方案。从激发谱中可以看出，荧光粉 $Na_3Pr(PO_4)_2$ 能很好地被 Pr^{3+} 的 $f\rightarrow f$ 跃迁吸收的 468 nm 的蓝色光有效地激发，从而很好地与近紫外 LED 芯片相匹配，因此，对 $Na_3Pr(PO_4)_2$ 的研究对于白光 LED 的开发和应用具有一定的意义。

图 5.6(b)所示为 $Na_3Pr(PO_4)_2$ 的发射光谱图。激发波长为 468 nm，扫描范围为 550 nm ～750 nm。从图中可以看到，在此范围存在一系列发射峰，对应于 Pr^{3+} 离子 $f\rightarrow f$ 的跃迁。位于 724 nm 附近弱的发射峰对应于 Pr^{3+} 离子 $^3P_0\rightarrow{}^3F_4$ 的跃迁，位于 607 nm 和 611 nm 的两个强的发射峰分别对应于 Pr^{3+} 离子 $^1D_2\rightarrow{}^3H_4$ 和 $^3P_0\rightarrow{}^3H_6$ 的跃迁。这个现象表明存在着从 $^3P_0$ 到 $^1D_2$ 的非辐射跃迁。此外，位于 645 nm 附近中等强度的发射峰可归因于 Pr^{3+} 离子 $^3P_0\rightarrow{}^3F_2$ 的跃迁。此外，我们还研究了温度对荧光粉 $Na_3Pr(PO_4)_2$ 发射强度的影响。如图 5.6(b)所示，我们用不同温度合成了荧光粉 $Na_3Pr(PO_4)_2$，800℃、900℃、1000℃、1100℃、1200℃，很明显，随着温度的升高，607 nm 和 611 nm 的两个发射峰的强度逐渐增强，1200℃煅烧的样品发射峰最强。这可能是因为结晶度随温度升高而逐渐变高的原因。

众所周知，人们常见的三原色为红、绿、蓝，可以通过 1931 色度图来描述，在此图中，所有的颜色可用坐标值(x,y)来描述。荧光粉 $Na_3Pr(PO_4)_2$ 在 468 nm 光激发下，色坐标值为(0.6547，0.345)，如图 5.7 所示。该坐标值非常接近于国际标准红色值(0.670，0.330)，因此我们认为荧光粉 $Na_3Pr(PO_4)_2$ 可以用于白光 LED 中的红色成份。

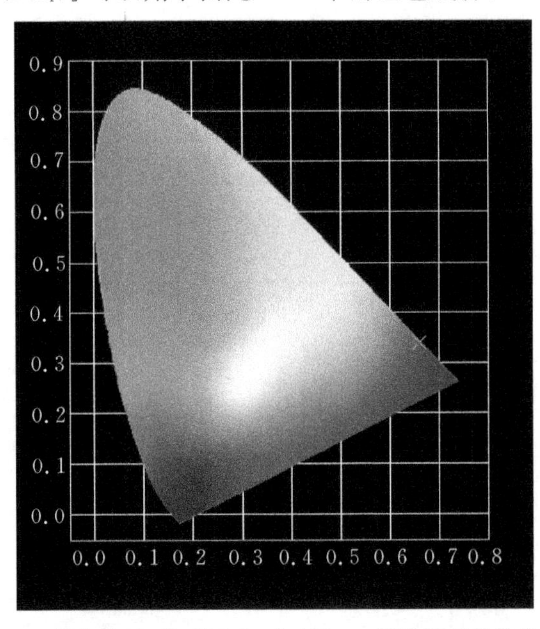

图 5.7 荧光粉 $Na_3Pr(PO_4)_2$ 在 468 nm 光激发下的色坐标值

5.5.2 瞬态荧光光谱

我们分别测定了 1200℃煅烧的荧光粉 $Na_3Pr(PO_4)_2$ 的瞬态光谱性能，以验证激活离子在基质中的占位情况。图 5.8 为 $Na_3Pr(PO_4)_2$ 样品的时间分辨光谱，监测波长为 607 nm，激发波长为 468 nm，即对应 Pr^{3+} 离子 $^1D_2\rightarrow{}^3H_4$ 的跃迁。用激光脉冲作为激发源的单一体系中，衰减曲线公式为：$I(t)=A_1\exp(-t/\tau_1)+A_2\exp(-t/\tau_2)+I(0)$。公式中 $I(t)$ 为样品在 t 时刻的发光强度，A_1、A_2 为拟合参数，τ_1、τ_2 为 Pr^{3+} 激发态到基态跃迁的寿命时间。根据这些拟合数据，Pr^{3+} 发光的平均寿命可通过公式计算：

$$\tau=\frac{A_1\tau_1^2+A_2\tau_2^2}{A_1\tau_1+A_2\tau_2}$$

计算的结果为 $\tau=1.2169\ \mu s$，代表了荧光粉 $Na_3Pr(PO_4)_2$，468 nm 激发，604 nm 红光发射的荧光寿命。

另一方面，衰减曲线适合双指数拟合，原因为基质材料 $Na_3Pr(PO_4)_2$ 的结构基本是扭曲的 K_2SO_4 母结构，其中有两个 Pr 激活离子，占据不同的晶格位置，荧光弛豫现象有所不同。因此出现了两个指数。

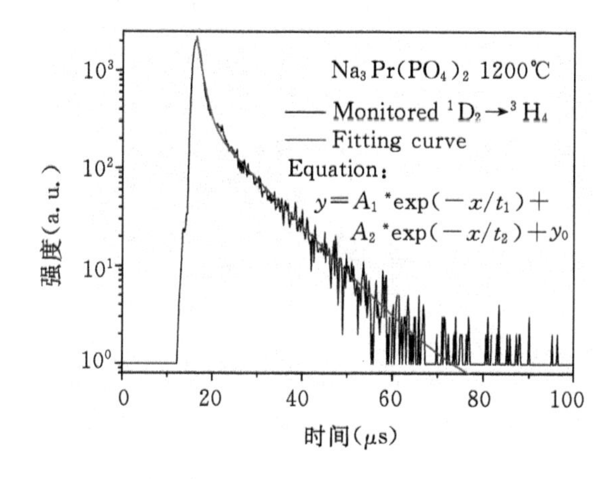

图 5.8　$Na_3Pr(PO_4)_2$ 的衰减曲线

5.6　本章小结

本章介绍了一种新型磷酸盐荧光材料 $Na_3Pr(PO_4)_2$ 的合成方法、晶体结构和荧光性能。我们采用高温熔盐法生长了化合物 $Na_3Pr(PO_4)_2$ 的单晶并确定了其晶体结构，该化合物具有复杂的四维有公度调制结构，空间群为 $Pca2_1(0\beta0)000$，具有一维调制向量 $\boldsymbol{q}=1/3\boldsymbol{b}^*$。粉末衍射证明其结构的一致性且为纯相粉末。分析其结构表明 Pr 原子之间具有较远的距离，这使得材料在避免荧光猝灭方面有很大的优越性。在 468 nm 激发波长的激发下，显示出很明显的特征发射峰，即为 610 nm 附近的红色发射峰，对应于 Pr^{3+} 离子 $^1D_2\rightarrow{}^3H_4$ 和 $^3P_0\rightarrow{}^3H_6$ 的跃迁。我们可以认为 $Na_3Pr(PO_4)_2$ 粉末在照明和显示中可以作为红色荧光粉应用在白光 LEDs 中。具体结果发表在了 J. Lumin. 2017，192，129－135。

第 6 章　化合物 $K_2Ba_3(P_2O_7)_2$ 的晶体结构和光谱性质

6.1　前言

2014 年，Zhao 等人报道了焦磷酸盐 $Rb_2Ba_3(P_2O_7)_2$ 为无心对称结构(J. Am. Chem. Soc. 2014,136,8560 - 8563)，空间群为单斜 $P2_12_12_1$，具有二阶非线性光学响应，所以我们认为同类化合物 $K_2Ba_3(P_2O_7)_2$ 也可能具有 SHG 效应，于是通过高温熔盐法合成了该化合物的单晶，结果发现它不具有 SHG 效应，我们研究了该化合物荧光性能。

6.2　实验主要试剂和仪器设备

6.2.1　试验所使用的试剂

试验所使用的试剂见表 6.1。

表 6.1　实验试剂表

分子式	中文名	式量	含量	生产公司
$BaCO_3$	碳酸钡	197.3359	分析纯	国药化学试剂有限公司
K_2CO_3	碳酸钾	138.2055	分析纯	国药化学试剂有限公司
$NH_4H_2PO_4$	磷酸二氢铵	115.03	分析纯	上海试剂厂

6.2.2　实验所使用的仪器

实验所使用的仪器如表 6.2。

表 6.2　实验仪器表

仪器名称	仪器型号	生产厂家
高温箱式电阻炉		洛阳西格玛仪器有限公司
单晶衍射仪	BRUKER SMART APEX II CCD	德国 BRUKER 公司

续表 6.2

仪器名称	仪器型号	生产厂家
粉末衍射仪	Rigaku Dmax-2500/PC	日本理学株式会社理学公司
荧光光谱仪	Hitachi F-4500	日本日立公司
连续变倍体视显微镜	ZOOM645	上海光学仪器厂
莱卡显微镜	Leica S6E	易维科技有限公司
玛瑙研钵	LN-CΦ100	辽宁省黑山县新立屯玛瑙工艺厂
电子称量平	BSM120.4	上海卓精科电子科技有限公司

实验中包括一些辅助设备坩埚钳、实验用手套、称量纸、刚玉坩埚等。

本实验最常用的设备箱式电阻炉，该仪器能非常方面设定程序升降温，且温度控制灵敏度高，设定最高温度达至 1300℃，能充分满足实验所需温度。

6.3 实验制备过程

$K_2Ba_3(P_2O_7)_2$ 晶体通过 K_2CO_3、$BaCO_3$ 和 $NH_4H_2PO_4$ 体系反应得到，用量配比为 K_2CO_3(0.300 g，2.17 mmol)，$BaCO_3$(0.428 g，2.17 mmol)，$NH_4H_2PO_4$(2.496 g，21.7 mmol)，将反应物置入玛瑙研钵中混合均匀，充分研磨后将反应混合物倒入铂坩埚中，放入箱式反应炉中加热到 850℃，使反应混合物在高温中完全熔融，在此反应过程中 $BaO-P_2O_5$ 作为反应的助溶剂参与反应，同时每隔若干个小时观察坩埚中结晶状态，然后以每小时 2℃的速率降温到 550℃，最后使其自然冷却至室温，将坩埚取出在沸水浴中加热浸泡，洗去助溶剂，风干后即得到一种棱镜状的无色晶体，然后我们在显微镜的帮助下精心挑选出一颗合适尺寸为 0.20 mm×0.05 mm×0.05 mm 的无色晶体安装在玻璃丝上对其进行结构的分析测定。

$K_2Ba_3(P_2O_7)_2$ 的单晶衍射数据是由 X 射线面探衍射仪(Bruker Smart APEX2 CCD，Mo-Kαradiation，λ=0.71073 Å)在室温下使用 $\omega/2\theta$ 的扫描方式收集完成，使用程序 SAINT 进行数据还原，采用最常使用的 Multi-scan 方法进行吸收校正，之后进行结构解析。采用程序包 shelx2014 在 PC 计算机上完成晶体结构解析。获得晶胞参数和衍射强度的数据后，选择正确的空间群，其中采用直接法确定重原子 Ba 位置，其余原子位置由差值傅里叶合成法获得，然后进行基于 F^2 的全矩阵最小二乘方平面精修原子位置、项性热参数和原子位移参数直至收敛。进而，对其结构采用 PLATON 程序进行检查，没有检测出 A 类和 B 类晶体学错误。$K_2Ba_3(P_2O_7)_2$ 的晶体学数据见表 6.3。单晶 $K_2Ba_3(P_2O_7)_2$ 结构中部分原子坐标和各向同性或各向同性位移参数(Å^2)参表 6.4。$K_2Ba_3(P_2O_7)_2$ 结构中各原子之间的键长见表 6.5。

表 6.3　$K_2Ba_3(P_2O_7)_2$ 的单晶结构数据

Chemical formula	$K_2Ba_3(P_2O_7)_2$
Formula weight(M_r)	838.10
Crystal system, space group	Orthorhombic, $Pmn2_1$
Temperature(K)	296
a, b, c(Å)	5.5827(6), 9.4196(9), 13.9150(12)
V(Å^3)	731.75(12)
Z	2
Dcal(g·cm^{-3})	3.804
F(0 0 0)	756
Radiation type	Mo$K\alpha$
Crystal size(mm)	0.10 × 0.10 × 0.04
Diffractometer	Bruker APEXII CCD area-detector diffractometer
θ range(deg)	2.6—27.5
Limiting indices	(−6, −8, −18)to(7, 12, 17)
Absorption correction	Multi-scan
Absorption coefficient(mm^{-1})	9.059
No. of measured, independent andobserved [$I > 2\sigma(I)$] reflections	5202, 1758, 1591
R_{int}	0.036
$R[F^2 > 2\sigma(F^2)], wR(F^2), S$	0.028, 0.074, 1.08
No. of parameters	133
No. of restraints	8
$\Delta\rho_{max}, \Delta\rho_{min}$(e Å^{-3})	1.60, −1.37
Absolute structure	Flack, HD. *Acta Cryst*. A. 1983, 39, 876 - 881
Absolute structure parameter	0.46(4)

表 6.4　样品 $K_2Ba_3(P_2O_7)_2$ 结构中部分原子坐标和各向同性或各向异性位移参数(Å^2)

	x	y	z	Uiso */Ueq	Occ. (<1)
Ba1	1.0000	0.3762(3)	0.08545(10)	0.0071(3)	0.638(3)
K1	1.0000	0.3762(3)	0.08545(10)	0.0071(3)	0.362(3)
Ba2	0.5000	0.1252(4)	0.25481(15)	0.0169(6)	0.362(3)
K2	0.5000	0.1252(4)	0.25481(15)	0.0169(6)	0.638(3)
K3	0.5000	0.8314(8)	0.1210(4)	0.0202(8)	0.738(11)

续表 6.4

	x	y	z	Uiso * /Ueq	Occ. (<1)
K3′	0.5000	0.331(2)	0.7149(12)	0.0202(8)	0.262(11)
Ba3	0.0000	0.42129(14)	0.40952(7)	0.0128(3)	
Ba4	0.0000	0.91862(14)	0.41967(5)	0.0122(3)	
P1	0.5000	0.4749(6)	0.2096(3)	0.0081(10)	
P2	0.5000	0.7118(6)	0.3528(3)	0.0085(9)	
P3	1.0000	0.0248(6)	0.1271(3)	0.0088(10)	
P4	0.5000	0.2136(6)	0.4878(3)	0.0077(9)	
O1	0.5000	0.643(3)	0.2445(17)	0.036(5)	
O2	0.2747(15)	0. 4040(12)	0.2484(7)	0.015(2)	
O3	0.5000	0.4836(19)	0.1009(10)	0.025(3)	
O4	0.5000	0.8671(17)	0.3284(11)	0.020(3)	
O5	0.2743(13)	0.6662(11)	0.4051(7)	0.0137(19)	
O6	1.0000	0.0116(16)	0.2350(10)	0.013(3)	
O7	1.2249(14)	0.0922(10)	0.0894(9)	0.018(2)	
O8	0.7270(16)	0.1645(10)	0.4383(6)	0.014(2)	
O9	0.5000	0.1378(17)	0.5943(12)	0.003(2)	
O10	0.5000	0.3727(17)	0.5056(10)	0.016(3)	

表 6.5 $K_2Ba_3(P_2O_7)_2$ 结构中各原子之间的键长和键角

K|Ba1—O10^{i}	2.613(15)	K3′—O6^{xvi}	3.24(3)
K|Ba1—O2^{ii}	2.749(10)	Ba3—O2^{xvii}	2.722(9)
K|Ba1—O2^{iii}	2.749(10)	Ba3—O2	2.722(9)
K|Ba1—O5^{iv}	2.836(10)	Ba3—O5	2.770(9)
K|Ba1—O5^{i}	2.836(10)	Ba3—O5^{xvii}	2.770(9)
K|Ba1—O7^{v}	2.96(9)	Ba3—O3^{xiv}	2.810(15)
K|Ba1—O7	2.956(9)	Ba3—O8^{vii}	2.887(9)
K|Ba1—O3	2.977(6)	Ba3—O8^{iii}	2.887(9)
K|Ba1—O3^{ii}	2.977(6)	Ba3—O10	3.129(7)
K|Ba2—O4^{vi}	2.637(16)	Ba3—O10^{vii}	3.129(7)
K|Ba2—O7^{vii}	2.784(11)	Ba4—O4	3.105(7)
K|Ba2—O7^{v}	2.784(11)	Ba4—O6^{x}	2.715(14)
K|Ba2—O8^{iii}	2.875(9)	Ba4—O8^{xviii}	2.785(9)

续表 6.5

K|Ba2 O8	2.875(9)	Ba4—O8^{x}	2.785(9)
K|Ba2—O2^{iii}	2.914(11)	Ba4—O7^{xiii}	2.819(11)
K|Ba2—O2	2.914(11)	Ba4—O7^{xix}	2.819(11)
K|Ba2—O6^{vii}	3.002(6)	Ba4—O5^{xvii}	2.835(10)
K|Ba2—O6	3.002(6)	Ba4—O5	2.835(10)
K3—O1	2.47(3)	Ba4—O4^{vii}	3.105(7)
K3—O9^{viii}	2.831(3)	P1—O3	1.515(15)
K3—O9^{i}	2.831(3)	P1—O2	1.522(9)
K3—O4	2.905(17)	P1—O2^{iii}	1.523(9)
K3—O7^{ix}	2.930(11)	P1—O1	1.66(2)
K3—O7^{x}	2.930(11)	P2—O4	1.502(17)
K3—O8^{xi}	2.964(10)	P2—O5^{iii}	1.517(9)
K3—O8^{i}	2.964(10)	P2—O5	1.517(9)
K3—O3	3.29(2)	P2—O1	1.64(2)
K3′—O9	2.47(3)	P3—O7	1.502(9)
K3′—O1^{xiii}	2.832(6)	P3—O7^{v}	1.502(9)
K3′—O1^{xiv}	2.832(6)	P3—O6	1.506(14)
K3′—O10	2.94(2)	P3—O9^{xxi}	1.597(17)
K3′—O2^{xv}	2.97(2)	P4—O8^{iii}	1.514(9)
K3′—O2^{xiv}	2.97(2)	P4—O8	1.514(9)
K3′—O5^{xv}	3.058(17)	P4—O10	1.519(17)
K3′—O5^{xiv}	3.058(17)	P4—O9	1.646(18)
O3—P1—O2	112.2(5)	O7—P3—O7^{v}	113.5(8)
O3—P1—O2^{iii}	112.2(5)	O7—P3—O6	112.5(5)
O2—P1—O2^{iii}	111.4(8)	O7^{v}—P3—O6	112.5(5)
O3—P1—O1	103.9(11)	O7—P3—O9^{xxi}	107.8(5)
O2—P1—O1	108.4(6)	O7^{v}—P3—O9^{xxi}	107.8(5)
O2^{iii}—P1—O1	108.4(6)	O6—P3—O9^{xxi}	101.9(9)
O4—P2—O5^{iii}	112.6(5)	O8^{iii}—P4—O8	113.6(8)
O4—P2—O5	112.6(5)	O8^{iii}—P4—O10	112.1(5)
O5^{iii}—P2—O5	112.3(8)	O8—P4—O10	112.1(5)
O4—P2—O1	100.0(11)	O8^{iii}—P4—O9	106.1(5)
O5^{iii}—P2—O1	109.3(6)	O8—P4—O9	106.1(5)
O5—P2—O1	109.3(6)	O10—P4—O9	106.3(8)

续表 6.5

Symmetry codes:(i)$-x+3/2,-y+1,z-1/2$;(ii)$x+1,y,z$;(iii)$-x+1,y,z$;(iv)$x+1/2,-y+1,z-1/2$;(v)$-x+2,y,z$;(vi)$x,y-1,z$;(vii)$x-1,y,z$;(viii)$-x+1/2,-y+1,z-1/2$;(ix)$-x+2,y+1,z$;(x)$x-1,y+1,z$;(xi)$x-1/2,-y+1,z-1/2$;(xii)$x,y+1,z$;(xiii)$-x+3/2,-y+1,z+1/2$;(xiv)$-x+1/2,-y+1,z+1/2$;(xv)$x+1/2,-y+1,z+1/2$;(xvi)$-x+3/2,-y,z+1/2$;(xvii)$-x,y,z$;(xviii)$-x+1,y+1,z$;(xix)$x-3/2,-y+1,z+1/2$;(xx)$-x+1/2,-y+2,z+1/2$;(xxi)$-x+3/2,-y,z-1/2$;(xxii)$x+1,y-1,z$.

晶体结构确定之后，采用传统的高温固相合成法根据该化合物分子式的化学计量比制备其纯相粉末，以 $K_2CO_3/BaCO_3/NH_4H_2PO_4$ 的摩尔比 1∶3∶4 分别称取化合物，倒入玛瑙研钵中混合研磨均匀，在转移到铂坩埚中，放入箱式反应炉中加热到 900℃并恒温 24 小时，在这个阶段内将原料取出多次进行研磨，然后将反应炉缓慢降到室温，获得产物为白色粉末。

对所制备的粉末晶体使用 X-射线粉末衍射仪（Cu-$K\alpha$ 靶，λ=0.15456 nm）进行物相分析，扫描步长为 0.02°，扫描范围 $2\theta=5°\sim65°$，得到其粉末衍射数据。

6.4　结构分析与性能表征

6.4.1　粉末 X-射线分析

$K_2Ba_3(P_2O_7)_2$ 多晶粉末是通过传统的高温固相合成法制备，粉末衍射如图 6.1 所示。从图中可以看出所有衍射峰的位置与由单晶 X-射线衍射分析结果数据模拟基本一致，尽管部分峰的强度有细微差别，可认为是晶体的择优取向所致。证明我们所制备的 $K_2Ba_3(P_2O_7)_2$ 多晶粉末是纯相。

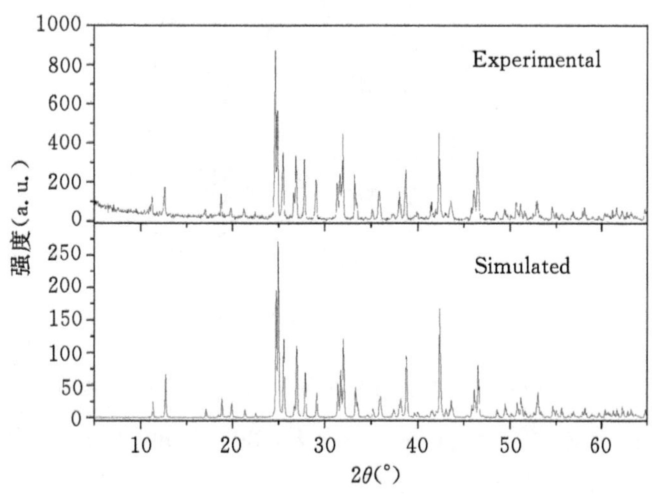

图 6.1　$K_2Ba_3(P_2O_7)_2$ 粉末在 $2\theta=5°\sim65°$范围内的 X-射线衍射图与模拟图的比较

6.4.2 结构分析与描述

化合物 $K_2Ba_3(P_2O_7)_2$ 隶属于正交晶系 *Pmn*2_1 空间群，晶胞参数为 a=5.5827(6)，b=9.4196(9)，c=13.9150(12)Å。$K_2Ba_3(P_2O_7)_2$ 的晶体结构中存在着复杂的离子占位无序，并导致了赝中心对称性。在晶体结构解析过程中，shelx-2014 程序对于空间群的默认选择为有心对称空间群 *P nma*，但是最终的解析结构不甚理想，特别是最大残余峰达到了 4.20 和 −3.49 e·Å^{-3}。因此，我们试用了 *P nma* 空间群的一系列子空间群 Pna2_1、Pmn2_1、Pmc2_1、P$2_1 2_1 2_1$、P2_1/c、P2_1/m、Pc、Pm、P2_1 去解析结构，最终确定真正的空间群是无心对称空间群 Pmn2_1，R[$F^2>2\sigma(F^2)$]值精修至 2.8%，最大残余峰达到了 1.60 和 −1.37 e·Å^{-3}。晶体的每个不对称单元包含两个共同占据的 K|Ba 原子，两个 Ba 原子，两个不完全占据的 K 原子，四个磷原子，十个氧原子。两个无序的 K|Ba 晶格位置 K|Ba(1)和 K|Ba(2)中，Ba 原子的占有率分别为 63.8%和 36.2%，其余位置为 K 原子占据。而两个不完全占据的 K 原子位置 K(3)、K(3)′的占有率分别为 73.8%和 26.2%。此外，这两对晶格位置 K|Ba(1)—K|Ba(2)、K(3)—K(3)′通过一个对称中心联系起来，但是通过以上描述，这两对位置上的各原子占有率并不相同，所以这个对称中心并不是晶格的真正对称性，而是一种“赝对称”；换句话说，正是这些位置上各个原子占有率的分配不均造成了晶体学对称中心被破坏，从而使空间群由 Pnma 降至 Pmn2_1。

化合物 $K_2Ba_3(P_2O_7)_2$ 的晶体结构如图 6.2 示，晶体中含有孤立的[P_2O_7]单元，这些[P_2O_7]单元沿四个方向排列并分割出很多孔洞，孔洞中填充了 K^+、Ba^{2+} 离子。在[P_2O_7]单元中，端基 P—O 键键长较长达到了 1.64Å，而桥基 P—O 键键长较短只有 1.51Å；并且终端 O—P—O 平均键角较小只有 106.3°，而桥基 O—P—O 平均键角达到了 112.5°。

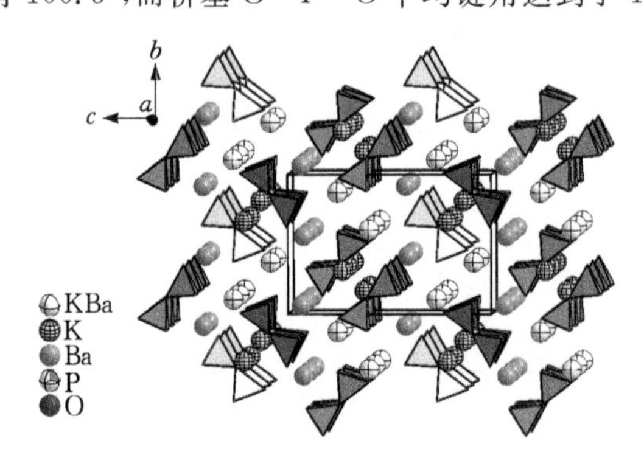

图 6.2 化合物 $K_2Ba_3(P_2O_7)_2$ 的晶体结构

化合物 $K_2Ba_3(P_2O_7)_2$ 的紫外可见吸收光谱如图 6.3 所示，吸收截止边位于 360 nm。化合物 $K_2Ba_3(P_2O_7)_2$ 的荧光发射光谱如图 6.4 所示，在 354 nm 激发光作用下，出现了一个宽发射带位于 408～422 nm 附近，和一个尖锐发射带位于 484 nm 附近。由于该化合物没有激活离子存在，所以我们认为这两个发射峰是由缺陷导致的。

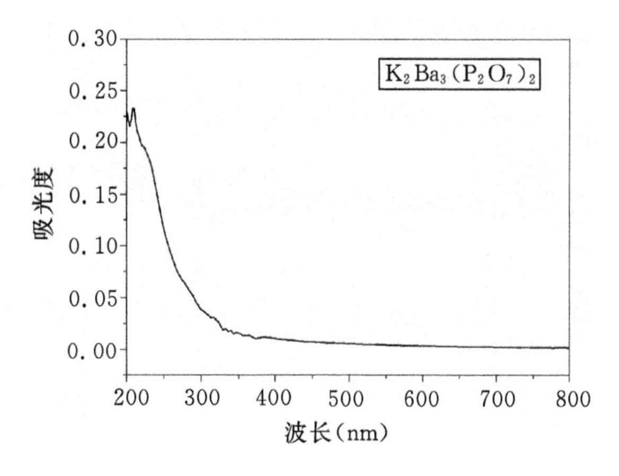

图 6.3　化合物 $K_2Ba_3(P_2O_7)_2$ 的 UV-Vis 光谱图

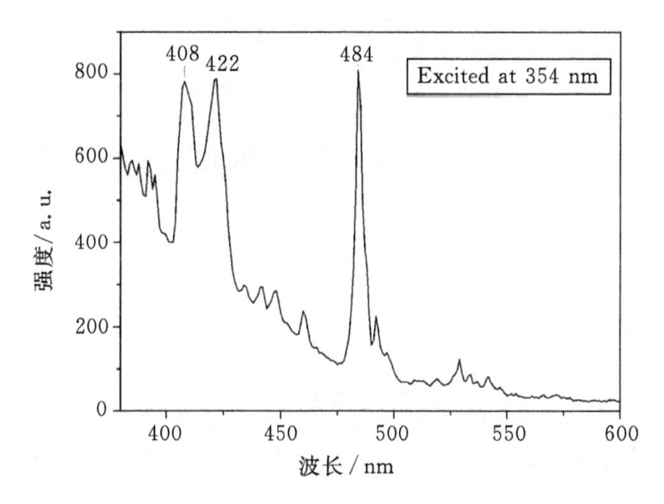

图 6.4　化合物 $K_2Ba_3(P_2O_7)_2$ 的发射光谱

6.5　本章小结

本部分通过高温熔盐合成法制备出 $K_2Ba_3(P_2O_7)_2$ 发光材料，选用 X-射线单晶衍射仪测定其结构组成，分析得出单晶 $K_2Ba_3(P_2O_7)_2$ 为正交晶系空间群 $Pmn2_1$，晶胞参数为 a=5.5827(6)，b=9.4196(9)，c=13.9150(12)Å。采用粉末衍射证明其结构的一致性且为纯相粉末。在 354 nm 激发波长的激发下，出现了一个宽发射带位于 408～422 nm 附近，和一个尖锐发射带位于 484 nm 附近。由于该化合物没有激活离子存在，所以我们认为这两个发射峰是由缺陷导致的。因此，我们可以认为 $K_2Ba_3(P_2O_7)_2$ 粉末在照明和显示中可以作为蓝色荧光粉应用在白光 LEDs 中。具体结果发表在了 Z. Kristallogr. 2015，230，605～610。

第 7 章　两个发光基质材料 $KMBP_2O_8$ (M=Sr,Ba)的合成及表征

7.1　前言

硼磷酸盐化合物也是一类重要的稀土掺杂基质材料，本章内容是关于高温熔盐法生长的一种新型化合物 $KMBP_2O_8$(M=Sr,Ba)，代表了一种新结构类型，并具有无心对称结构，可提供低对称性的晶格位置供稀土离子掺杂。

7.2　实验主要试剂和仪器设备

7.2.1　试验所使用的试剂

试验所使用的试剂见表 7.1。

表 7.1　实验试剂表

分子式	中文名	式量	含量	生产公司
K_2CO_3	碳酸钾	138.2055	分析纯	国药化学试剂有限公司
$SrCO_3$	碳酸锶	147.6289	分析纯	国药化学试剂有限公司
$BaCO_3$	碳酸钡	197.3359	分析纯	国药化学试剂有限公司
H_3BO_3	硼酸	61.8330	分析纯	国药化学试剂有限公司
$NH_4H_2PO_4$	磷酸二氢铵	115.0257	分析纯	国药化学试剂有限公司

7.2.2　实验所使用的仪器

实验所使用的仪器如表 7.2。

表 7.2　实验仪器表

仪器名称	仪器型号	生产厂家
高温箱式电阻炉		洛阳西格玛仪器有限公司
单晶衍射仪	Rigaku Mercury CCD	日本理学株式会社理学公司
单晶衍射仪	Rigaku Saturn70 CCD	日本理学株式会社理学公司

续表 7.2

仪器名称	仪器型号	生产厂家
粉末衍射仪	Rigaku Dmax-2500/PC	日本理学株式会社理学公司
荧光光谱仪	FLS920	爱丁堡仪器
连续变倍体视显微镜	ZOOM645	上海光学仪器厂
莱卡显微镜	Leica S6E	易维科技有限公司
玛瑙研钵	LN-CΦ100	辽宁省黑山县新立屯玛瑙工艺厂
电子称量平	BSM120.4	上海卓精科电子科技有限公司

实验中包括一些辅助设备坩埚钳、实验用手套、称量纸、刚玉坩埚等。

本实验最常用的设备箱式电阻炉，该仪器能非常方面设定程序升降温，且温度控制灵敏度高，设定最高温度达至1300℃，能充分满足实验所需温度。

7.3 实验制备过程

$KMBP_2O_8$(M=Sr,Ba)晶体通过高温固相熔融法在 K_2CO_3，H_3BO_3，$NH_4H_2PO_4$ 和 $SrCO_3/BaCO_3$ 体系中反应得到，按照 K∶M∶B∶P=12∶5∶30∶5 的摩尔比例分别称取以上各反应物，倒入玛瑙研钵混合，充分研磨后置于铂坩锅中，放入箱式反应炉中缓慢加热到1050℃并恒温2天，然后以每小时2℃的速率降温到800℃，再以每分钟0.05℃的速率降温到500℃后让其自然冷却至室温，最后在水中煮沸24小时洗去玻璃态物质，得到一些无色透明的条形晶体。

$KSrBP_2O_8$的单晶衍射数据由X射线面探衍射仪 Rigaku Mercury CCD，Mo-Kα radiation，λ=0.71073 Å 在室温下以 ω 扫描方式收集完成，$KBaBP_2O_8$的单晶衍射数据由X射线面探衍射仪 Rigaku Saturn70 CCD Mo-Kα radiation，λ=0.71073 Å 在室温下以 ω 扫描方式收集完成。数据经 SAINT 还原，使用 Multi－scan 方法[1]进行吸收校正后被用于结构解析。单晶结构解析通过 SHELX-97 程序包在 PC 计算机上完成，采用直接法确定重原子的坐标，其余较轻原子的坐标则是由差值傅立叶合成法给出，对所有原子的坐标和各向异性热参数进行基于 F^2 的全矩阵最小二乘方平面精修至收敛。最后，通过 PLATON 程序对其结构进行检查，没有检测到A类及B类晶体学错误。两个晶体的晶体学数据见表7.3，全部原子坐标及各向同性温度因子值见表7.4，重要的键长键角见表7.5。此外，通过配置在 JSM6700F 场发射型扫描电镜(SEM)的X射线能量分散光谱仪(EDS)对用于单晶X射线衍射分析的晶体样品进行元素分析，分析结果为 K∶Sr∶P=2.65∶2.53∶7.22($KSrBP_2O_8$)、K∶Ba∶P=2.74∶2.85∶7.40($KBaBP_2O_8$)，与结构解析所确定的元素相吻合，证明无杂质元素存在。

表 7.3　$KMBP_2O_8$(M=Sr,Ba)的单晶结构数据表

Formula	$KSrBP_2O_8$	$KBaBP_2O_8$
Formula weigh	327.47	377.19
Wavelength(Å)	0.71073	0.71073
Crystal system	tetragonal	Tetragonal
Space group	$I-42d$	$I-42d$
Unitcell dimensions	a=7.1095(18) c=13.882(5)	a=7.202(2) c=14.300(6)
Volume,Z	701.7(3),4	741.7(4),4
D_{cal}($g \cdot cm^{-3}$)	3.100	3.378
Absorption corretion	Multi-scan	Multi-scan
Absorption coeffient(mm^{-1})	8.743	6.356
F(000)	624	696
Crystal size(mm)	0.250×0.200×0.150	0.180×0.140×0.100
θrange(deg)	3.22 — 27.41	3.17 — 27.46
Limiting indices	(−9,−9,−13)to(9,4,18)	(−9,−9,−18)to(9,9,17)
R_{int}	0.0403	0.0272
Reflections collected	2121	2749
Independent reflections	378	415
Parameter/restraints	32/0	32/0
Goodness-of-fit on F^2	1.043	1.006
Final$R$ indices [$I > 2\sigma(I)$]	R_1=0.0389 ωR_2=0.0944	R_1=0.0132 ωR_2=0.0311
R indices(all date)	R_1=0.0402 ωR_2=0.0956	R_1=0.0140 ωR_2=0.0314
Largest difference peak and hole($e.\ A^{-3}$)	0.904　and −0.468	0.326　and −0.237

表 7.4　$KMBP_2O_8$(M=Sr,Ba)结构中原子坐标和各向同性或各向异性位移参数(Å^2)

原子	Wyck.	S. O. F.	x/a	y/b	z/c	U_{eq}^{a}(Å)
$KSrBP_2O_8$						
K(1)	8d	0.5	0.36187(13)	0.2500	0.1250	0.0229(4)
Sr(1)	8d	0.5	0.36187(13)	0.2500	0.1250	0.0229(4)
B(1)	4a	1.0	1.0000	0.0000	0.0000	0.022(3)
P(1)	8d	1.0	0.8382(3)	0.2500	0.1250	0.0274(6)
O(1)	16e	1.0	0.7239(11)	0.3958(8)	0.0767(5)	0.070(2)
O(2)	16e	1.0	0.9926(12)	0.1679(10)	0.0549(6)	0.074(2)
$KBaBP_2O_8$						
K(1)	8d	0.5	0.36538(4)	0.7500	0.1250	0.01776(13)
Ba(1)	8d	0.5	0.36538(4)	0.7500	0.1250	0.01776(13)
B(1)	4a	1.0	1.0000	1.0000	0.0000	0.0114(10)
P(1)	8d	1.0	0.84906(11)	0.7500	0.1250	0.01408(19)
O(1)	16e	1.0	0.7340(3)	0.6029(3)	0.07887(13)	0.0274(4)
O(2)	16e	1.0	0.9951(3)	0.8303(3)	0.05442(14)	0.0248(4)

表 7.5　$KMBP_2O_8$(M=Sr,Ba)结构中重要的键长键角值

<table>
<tr><td colspan="6">$KSrBP_2O_8$</td></tr>
<tr><td>K(1)|Sr(1)—O(1)^{i}</td><td>2.676(7)</td><td>K(1)|Sr(1)—O(2)^{vi}</td><td>2.860(9)</td><td>B(1)—O(2)^{ix}</td><td>1.417(7)</td></tr>
<tr><td>K(1)|Sr(1)—O(1)^{ii}</td><td>2.676(7)</td><td>K(1)|Sr(1)—O(2)^{vi}</td><td>2.860(9)</td><td>B(1)—O(2)^{x}</td><td>1.417(7)</td></tr>
<tr><td>K(1)|Sr(1)—O(1)^{iii}</td><td>2.817(8)</td><td>(K1|Sr1—O(2)^{iv})</td><td>3.334(10)</td><td>P(1)—O(1)^{v}</td><td>1.478(6)</td></tr>
<tr><td>K(1)|Sr(1)—O(1)^{iv}</td><td>2.817(8)</td><td>(K1|Sr1—O(2)^{iii})</td><td>3.334(10)</td><td>P(1)—O(1)</td><td>1.478(6)</td></tr>
<tr><td>K(1)|Sr(1)—O(1)</td><td>2.854(8)</td><td>B(1)—O(2)^{viii}</td><td>1.417(7)</td><td>P(1)—O(2)^{v}</td><td>1.579(7)</td></tr>
<tr><td>K(1)|Sr(1)—O(1)^{v}</td><td>2.854(8)</td><td>B(1)—O(2)</td><td>1.417(7)</td><td>P(1)—O(2)</td><td>1.579(7)</td></tr>
<tr><td colspan="6"></td></tr>
<tr><td>O(1)^{v}—P(1)—O(1)</td><td>113.3(6)</td><td>O(1)—P(1)—O(2)^{v}</td><td>113.7(3)</td><td>O(1)—P(1)—O(2)</td><td>111.2(5)</td></tr>
<tr><td>O(1)^{v}—P(1)—O(2)^{v}</td><td>111.2(5)</td><td>O(1)^{v}—P(1)—O(2)</td><td>113.7(3)</td><td>O(2)^{v}—P(1)—O(2)</td><td>91.9(6)</td></tr>
<tr><td>O(2)^{viii}—B(1)—O(2)</td><td>106.8(3)</td><td>O(2)—B(1)—O(2)^{ix}</td><td>114.9(7)</td><td>O(2)—B(1)—O(2)^{x}</td><td>106.8(3)</td></tr>
<tr><td>O(2)^{viii}—B(1)—O(2)^{ix}</td><td>106.8(3)</td><td>O(2)^{viii}—B(1)—O(2)^{x}</td><td>114.9(7)</td><td>O(2)^{ix}—B(1)—O(2)^{x}</td><td>106.8(3)</td></tr>
</table>

表 7.5

(i)1−x,−0.5+y,0.25−z;(ii)1−x,1−y,z;(iii)y,−0.5+x,0.25+z;(iv)y,1−x,−z;(v)x,0.5−y,0.25−z;(vi)−1+x,y,z;(vii)−1+x,0.5−y,0.25−z;(viii)1−y,−1+x,−z;(ix)2−x,−y,z;(x)1+y,1−x,−z;(xi)1+x,y,z;(xii)1+y,−x,−z;(xiii)1−x,−y,z;(xiv)1−y,x,−z;(xv)0.5+y,0.5−x,0.5−z.					
$KBaBP_2O_8$					
K(1)|Ba(1)—O(1)^{i}	2.721(2)	K(1)|Ba(1)—O(1)^{vii}	2.934(2)	B(1)—O(2)^{x}	1.4492(19)
K(1)|Ba(1)—O(1)^{ii}	2.721(2)	K(1)|Ba(1)—O(1)	2.934(2)	B(1)—O(2)	1.4492(19)
K(1)|Ba(1)—O(2)^{iii}	2.910(2)	(K(1)|Ba(1)—O(2)^{vi})	3.418(2)	P(1)—O(1)	1.498(2)
K(1)|Ba(1)—O(2)^{iv}	2.910(2)	(K(1)|Ba(1)—O(2)^{v})	3.418(2)	P(1)—O(1)^{vii}	1.498(2)
K(1)|Ba(1)—O(1)^{v}	2.927(2)	B(1)—O(2)^{viii}	1.4492(19)	P(1)—O(2)^{vii}	1.568(2)
K(1)|Ba(1)—O(1)^{vi}	2.927(2)	B(1)—O(2)^{ix}	1.4492(19)	P(1)—O(2)	1.568(2)
O(1)^{vii}—P(1)—O(2)	113.16(10)	O(1)—P(1)—O(1)^{vii}	112.86(18)	O(1)^{vii}—P(1)—O(2)^{vii}	110.38(12)
O(2)^{vii}—P(1)—O(2)	95.78(15)	O(1)—P(1)—O(2)^{vii}	113.16(10)	O(1)—P(1)—O(2)	110.38(12)
O(2)^{viii}—B(1)—O(2)^{ix}	106.76(8)	O(2)^{ix}—B(1)—O(2)^{x}	115.03(17)	O(2)^{ix}—B(1)—O(2)	106.76(8)
O(2)^{viii}—B(1)—O(2)^{x}	106.76(8)	O(2)^{viii}—B(1)—O(2)	115.03(17)	O(2)^{x}—B(1)—O(2)	106.76(8)
(i)1−x,1−y,z;(ii)1−x,0.5+y,0.25−z;(iii)−1+x,y,z;(iv)−1+x,1.5−y,0.25−z;(v)1−y,1.5−x,0.25+z;(vi)1−y,x,−z;(vii)x,1.5−y,0.25−z;(viii)2−x,2−y,z;(ix)y,2−x,−z;(x)2−y,x,−z;(xi)1+x,y,z;(xii)y,1−x, −z;(xiii)1.5−y,0.5+x,0.5−z.					

晶体结构确定之后，根据该化合物分子式的化学计量比合成其纯相粉末。以 K∶B∶P∶M=1∶1∶1∶2 的摩尔比例分别称取反应物 K_2CO_3、H_3BO_3、$NH_4H_2PO_4$ 和 $SrCO_3/BaCO_3$，倒入玛瑙研钵混合，充分研磨后置于铂坩锅中，放入箱式反应炉加热到 900℃并恒温 7 天，期间将原料取出进行多次研磨，最后让其缓慢降至室温，所得产物为白色粉末。使用 XPERT-MPD 粉末衍射仪(Cu-*Ka* 靶、步长为 0.05°及 2θ 角范围为 10°～80°)对该产物进行分析，得到其粉末衍射实验数据，并与基于单晶结构数据通过 Visualizer 软件模拟的粉末衍射数据作对比，两者吻合得较好，证明在上述实验中的产物为 $KMBP_2O_8$(M=Sr,Ba)的纯相粉末，见图 7.1。此外，使用 STA449c 综合热分析仪对两个化合物进行热重分析(DTA 和 TG)。

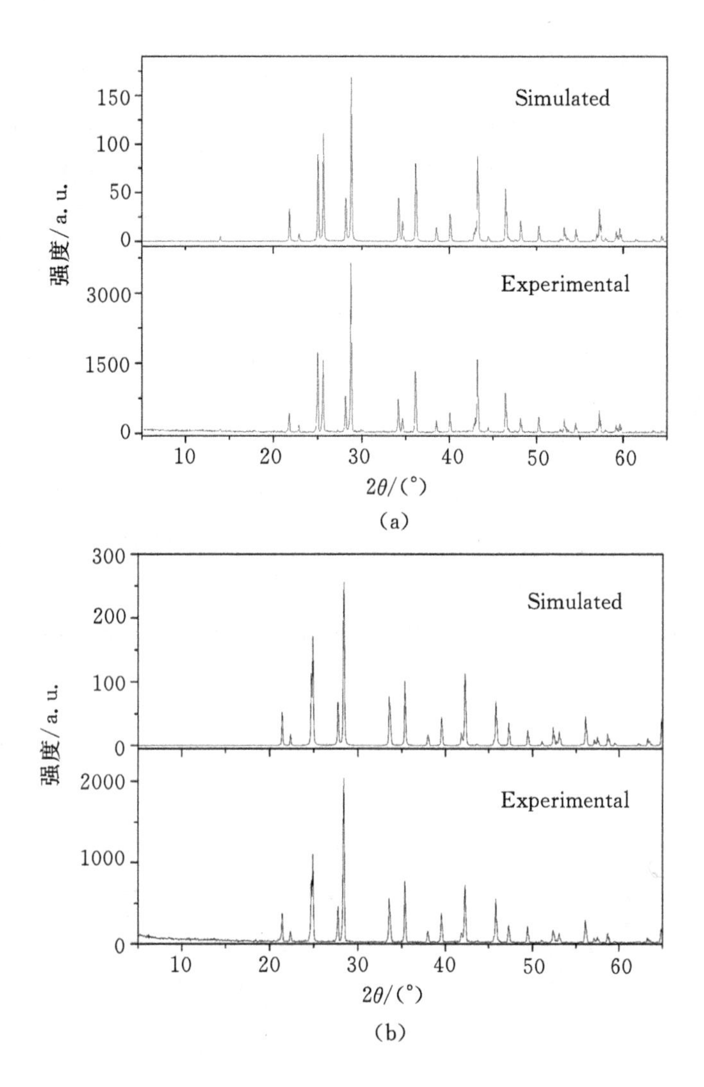

图7.1　(a)化合物 $KSrBP_2O_8$ 的模拟和实验 XRD 图；
(b)化合物 $KBaBP_2O_8$ 的模拟和实验 XRD 图

7.4　化合物 $KMBP_2O_8$(M=Sr,Ba)的结构分析

7.4.1　晶体结构描述

两个化合物 $KSrBP_2O_8$ 和 $KBaBP_2O_8$ 同构，其结构属于一种新型的三维硼磷酸结构，其基本阴离子结构的框架类型与金刚石(diamond)类似。单晶 X 射线衍射分析表明它属于四方晶系无心空间群 $I\text{-}42d$，每个单胞中含有 4 个独立分子。

$KSrBP_2O_8$ 的不对称单元为 $K_{1/4}Sr_{1/4}B_{1/2}PO_4$，其中包含 1 个晶体学独立的硼原子，1 个磷

原子。每个硼原子连接4个氧原子，形成几乎理想的BO_4四面体结构，而磷原子形成的PO_4四面体中四个P—O键分成两组不同的键长，分别为1.579(7)Å和1.478(6)Å。然后六个PO_4和六个BO_4基团通过O(2)原子交替相连，形成$[(BO_4)_6(PO_4)_6]$十二元环，如图7.2(a)、(b)所示。这个十二元环就称之为硼磷酸盐$KSrBP_2O_8$的基本结构基团(FBB)，写为12：<12>，然后相邻的$[(BO_4)_6(PO_4)_6]$十二元环互相连接，形成了三维的${}^3_\infty[BP_2O_8]^{3-}$阴离子骨架结构，如图7.3(c)所示。在这个结构中，每一个BO_4基团都参与了相邻$[(BO_4)_6(PO_4)_6]$十二元环之间的键连，而每一个PO_4基团只参与一个$[(BO_4)_6(PO_4)_6]$十二元环的形成；从另一个角度来看，每个BO_4基团都和4个PO_4基团共用氧原子连接，而由此形成了四个相等的B—O键键长，而每个PO_4基团只与两个BO_4基团通过共用O(2)原子连接，由此两个P—O(2)键键长值1.579(7)Å远大于另两个端基P—O(1)键键长值1.478(6)Å。从拓扑的观点来看，以所有的B原子为节点，它是四连接节点，形成一个三维的金刚石类型的拓扑结构，拓扑符号为$6^6_{(2)}$。进一步可以看出，阴离子网络骨架${}^3_\infty[BP_2O_8]^{3-}$形成了很多空洞，而阳离子$K^+$和$Sr^{2+}$填充于其中，来平衡电荷，从而形成化合物的整体三维结构。与以前发表的硼磷酸盐化合物对比，这种BO_4和PO_4交替相连所形成的$[(BO_4)_6(PO_4)_6]$十二元环结构只在化合物$Cs(B_2P_2O_8(OH))$中被报道过，而具有与金刚石骨架相类似的三维阴离子框架结构的硼磷酸盐未见报道。

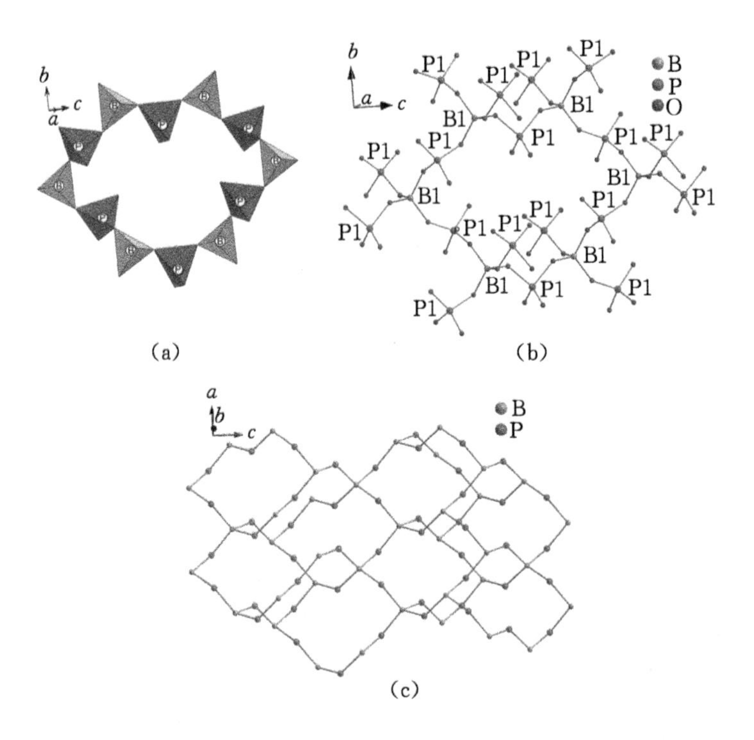

图7.2 (a)$[(BO_4)_6(PO_4)_6]$ 12元环；(b)该12元环的连接配位情况；
(c)3D阴离子骨架结构${}^3_\infty[BP_2O_8]^{3-}$

另一方面，在两个化合物$KMBP_2O_8$(M=Sr,Ba)的结构中，K/M是占位无序的分布于晶

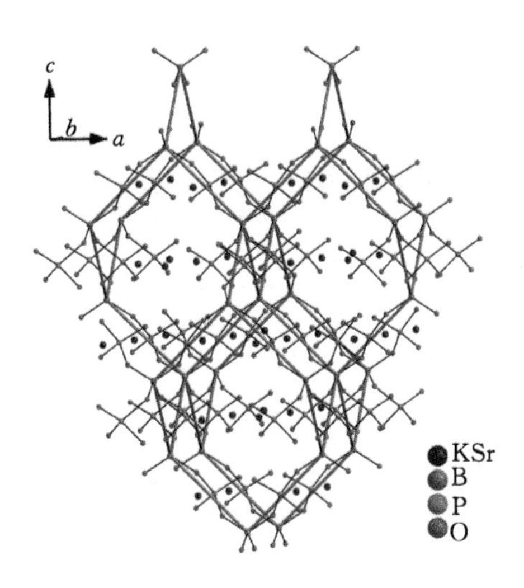

图 7.3　$KSrBP_2O_8$的三维结构示意图

体中,而 K/Sr,K/Ba 在结构中统计分布的情况以前有过报道。在两个化合物中,K/M 原子都与 8 个 O 原子相连,形成 K/MO_8基团。其中四个 O 分别来自 4 个不同的 PO_4 基团,2 个 O 来自一个 PO_4 基团,其余两个 O 是由 2 个 BO_4 基团各提供一个,如图 7.4 所示。把两个化合物 $KSrBP_2O_8$和 $KBaBP_2O_8$ 对比来看,Ba^{2+} 的离子半径比 Sr^{2+} 大,因此 K/Sr—O 的键长分布在 2.676(7)-2.860(9)Å 间,明显小于 K/Ba—O 的键长分布区间 2.721(2)—2.934(2)Å。此外,还有两个更长的 K/M—O(M=Sr,Ba)键,可以认为是体积较大的阳离子与氧形成的次级键,使 K/M 的配位数达到 10,这其中的两个 K/Ba—O 键的键长为 3.418(2)Å,仍是大于两个 K/Sr—O 的键长 3.334(10)Å。

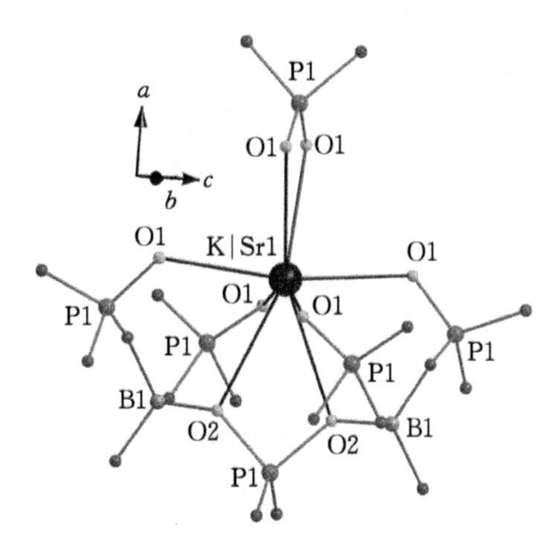

图 7.4　K/Sr 原子的配位情况示意图

7.4.2 化合物 $KMBP_2O_8$ (M=Sr,Ba)的热分析、红外、紫外光谱

图 7.5 为化合物 $KMBP_2O_8$ (M=Sr,Ba)的热分析测试结果,可以明显地看出,两个硼磷酸的热稳定性比较好,直到 1100℃仍然很稳定。

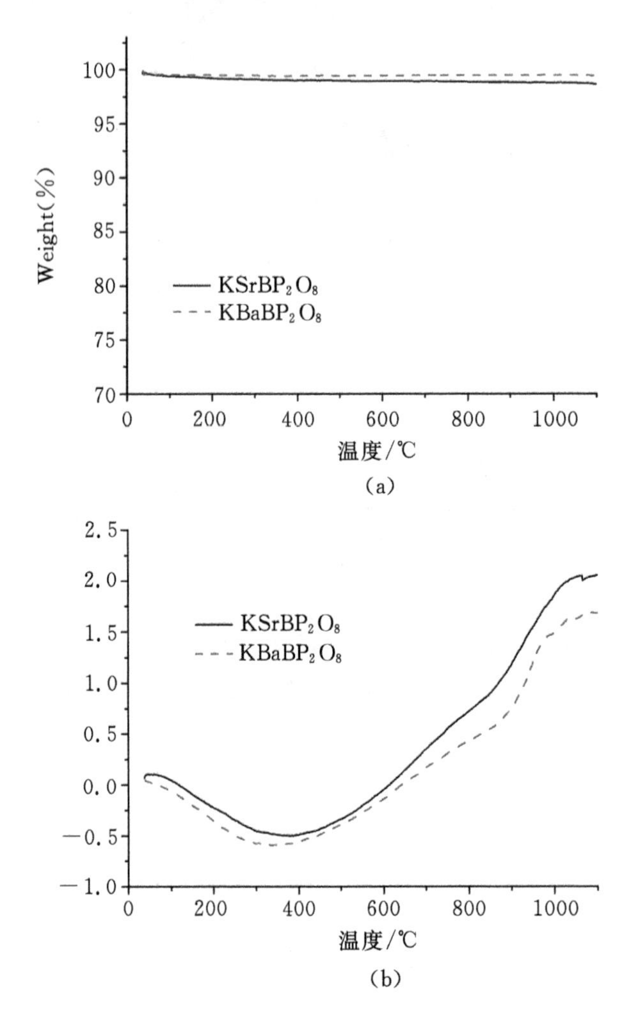

图 7.5 (a) $KMBP_2O_8$ (M=Sr,Ba)的 TGA 曲线;(b) $KMBP_2O_8$ (M=Sr,Ba)的 DTA 曲线

以化合物 $KSrBP_2O_8$ 为例,我们测试了它的红外(IR)及紫外可见吸收光谱(UV-Vis),如图 7.6 所示。在 IR 图中,558~1173 cm^{-1} 的吸收带可以归结为 PO_4,BO_4 和 B—O—P 基团的伸缩和弯曲振动。在 UV-Vis 图中(见图 7.7),我们发现从 350 到 800 nm 没有吸收峰出现,在 313 nm 处的吸收峰可以证明 $KSrBP_2O_8$ 是一种带隙为 3.97eV 的绝缘体。

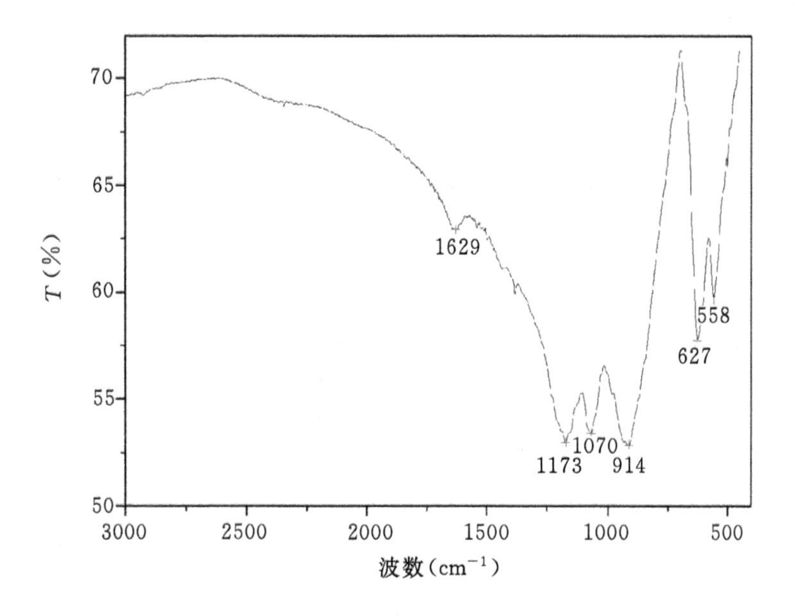

图 7.6　$KSrBP_2O_8$ 的红外光谱

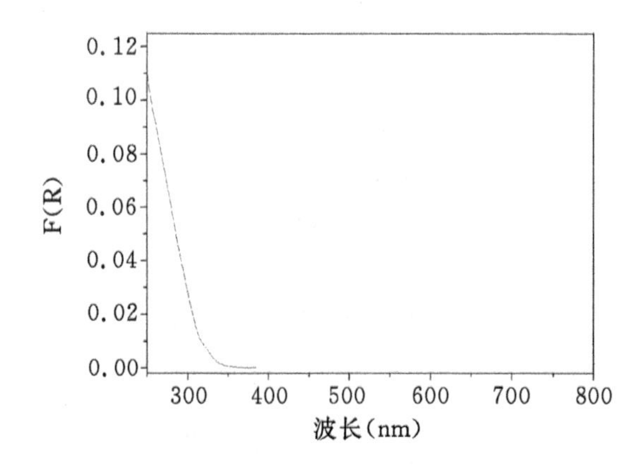

图 7.7　$KSrBP_2O_8$ 的紫外可见吸收光谱图

7.4.3　化合物 $KMBP_2O_8$ 的 SHG 效应

两个化合物 $KMBP_2O_8$(M=Sr,Ba)都是与 KDP 拥有相同的空间群 I-42d,此空间群属于点群 42m(D_{2d}),这种无心的结构可能有二阶非线性光学性质。如图 7.8 所示,我们采用 Kurtz 和 Perry 的粉末倍频测定法测定了化合物 $KMBP_2O_8$(M=Sr,Ba)的粉末倍频效应。由于 $KMBP_2O_8$(M=Sr,Ba)与 KDP 比较类似,所以在实验中我们选用 KDP 作为基准。从图中可以看到二者的倍频系数大小都没有随着颗粒度的增大而缩小,表明它们都是相位匹配的。而化合物 $KSrBP_2O_8$ 和 $KBaBP_2O_8$ 的粉末倍频系数的大小分别为 1/5 和 1/3 倍的 KDP。

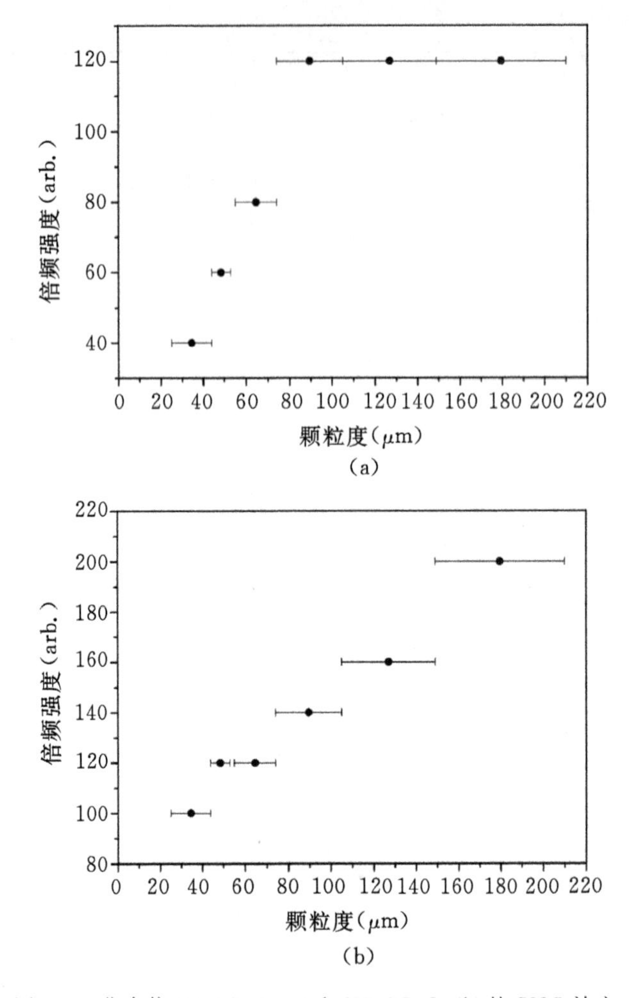

图 7.8 化合物 $KSrBP_2O_8$(a)和 $KBaBP_2O_8$(b)的 SHG 效应

7.5 本章小结

采用高温熔盐法合成了一种新型的化合物 $KMBP_2O_8$(M=Sr,Ba),并通过单晶衍射法确定了其晶体结构。结果显示,它们的空间群为无心对称空间群 $I\text{-}42d$,具有三维的类似金刚石的框架结构。采用 Kurtz 和 Perry 的技术测试了它们的粉末倍频效应,结果显示它们都是相位匹配的,而 SHG 系数分别为 1/5 倍和 1/3 倍的 KDP。此外,该化合物是良好的荧光基质材料,通过掺入稀土离子,可制备各种发光性能的荧光粉,具体结果发表在了 SCI 期刊 Inorg. Chem. 2009,48,6623－6629,并被多篇文献引用。

第8章　斜钾铁矾型磷酸盐$AM(PO_4)_2$（A=Sr，M=Ti；A=Sr，Ba，M=Sn）的合成及表征

8.1　前言

斜钾铁矾结构类型系列硼磷酸盐化合物$A^{2+}M^{4+}(PO_4)_2$是一类重要的稀土掺杂基质材料，本章内容是关于高温熔盐法生长的三种此种结构类型化合物$AM(PO_4)_2$（A=Sr，M=Ti；A=Sr，Ba，M=Sn），单晶合成方法、详细晶体结构及光学性质。

8.2　实验主要试剂和仪器设备

8.2.1　试验所使用的试剂

试验所使用的试剂见表8.1。

表8.1　实验试剂表

分子式	中文名	式量	含量	生产公司
$SrCO_3$	碳酸锶	147.6289	分析纯	国药化学试剂有限公司
$BaCO_3$	碳酸钡	197.3359	分析纯	国药化学试剂有限公司
TiO_2	二氧化钛	79.8658	分析纯	国药化学试剂有限公司
SnO_2	二氧化锡	150.7088	分析纯	国药化学试剂有限公司
$NH_4H_2PO_4$	磷酸二氢铵	115.0257	分析纯	国药化学试剂有限公司

8.2.2　实验所使用的仪器

实验所使用的仪器如表8.2。

表8.2　实验仪器表

仪器名称	仪器型号	生产厂家
高温箱式电阻炉		洛阳西格玛仪器有限公司
单晶衍射仪	Rigaku Mercury CCD	日本理学株式会社理学公司
粉末衍射仪	Rigaku Dmax-2500/PC	日本理学株式会社理学公司

续表 8.2

仪器名称	仪器型号	生产厂家
荧光光谱仪	FLS920	爱丁堡仪器
连续变倍体视显微镜	ZOOM645	上海光学仪器厂
莱卡显微镜	Leica S6E	易维科技有限公司
玛瑙研钵	LN-CΦ100	辽宁省黑山县新立屯玛瑙工艺厂
电子称量平	BSM120.4	上海卓精科电子科技有限公司

实验中包括一些辅助设备坩埚钳、实验用手套、称量纸、刚玉坩埚等。

本实验最常用的设备箱式电阻炉，该仪器能非常方面设定程序升降温，且温度控制灵敏度高，设定最高温度达至 1300℃，能充分满足实验所需温度。

8.3 单晶制备过程

对于化合物 $SrTi(PO_4)_2$ 和 $SrSn(PO_4)_2$，首先按照摩尔比 5∶1∶13 的比例分别称取化学试剂 $SrCO_3$，TiO_2/SnO_2 和 $NH_4H_2PO_4$，倒入玛瑙研钵混合，充分研磨后分别置于铂坩锅中后放入箱式反应炉。先缓慢加热到 1200℃ 并恒温 40 小时，然后以每小时 2℃ 的速率降温到 900℃，让其自然冷却至室温，最后经过在水中煮沸洗涤后得到少量的无色条形晶体。化合物 $BaSn(PO_4)_2$ 的合成与前两者稍有不同，首先按照摩尔比 9∶1∶24 的比例分别称取化学试剂 $BaCO_3$，SnO_2 和 $NH_4H_2PO_4$，倒入玛瑙研钵混合，充分研磨后分别置于铂坩锅中后放入箱式反应炉。先缓慢加热到 1150℃ 并恒温 30 小时，然后以每小时 2℃ 的速率降温到 900℃，让其自然冷却至室温，最后经过在水中煮沸洗涤后同样得到少量的无色条形晶体。

8.4 单晶结构分析

$SrTi(PO_4)_2$ 和 $SrSn(PO_4)_2$ 的单晶衍射数据由 X-射线面探衍射仪（Rigaku Mercury CCD，Mo-Kα radiation，$\lambda=0.71073$ Å）在室温下以 ω 扫描方式收集完成，数据经 SAINT 还原，使用 Multi-scan 方法进行吸收校正后被用于结构解析。$BaSn(PO_4)_2$ 的单晶衍射数据由 X-射线面探衍射仪（Rigaku Mercury CCD，Mo-Kα radiation，$\lambda=0.71073$ Å）在室温下以 $\omega/2\theta$ 扫描方式收集完成，数据经 SAINT 还原，使用 empirical 方法进行吸收校正后被用于结构解析。三个晶体的单晶结构解析都是通过 SHELX-97 程序包在 PC 计算机上完成，采用直接法确定重原子 Ti 和 Sn 的坐标，其余原子的坐标则是由差值傅立叶合成法给出，对所有原子的坐标和各向异性热参数进行基于 F^2 的全矩阵最小二乘方平面精修至收敛，其晶体学数据见表 8.3，全部原子坐标及各向同性温度因子值见表 8.4。此外，三个晶体的元素分析的实验结果与结构解析所确定的元素相一致，证明无杂质元素存在。三个晶体的元素分析结果数据分别为

A：M：P=6.36：5.57：13.40($SrTi(PO_4)_2$)，5.66：4.90：11.40($SrSn(PO_4)_2$ 和 2.57：2.64：8.58($BaSn(PO_4)_2$)。

表 8.3　$AM(PO_4)_2$($A=Sr,M=Ti,Sn;A=Ba,M=Sn$)的单晶结构数据表

Formula	$SrTi(PO_4)_2$	$SrSn(PO_4)_2$	$BaSn(PO_4)_2$
Formula weigh	325.46	396.25	445.97
Wavelength(Å)	0.71073	0.71073	0.71073
Crystal system	monoclinic	monoclinic	monoclinic
Space group	C2/c	C2/c	C2/m
Unit cell dimensions	a=16.4617(4) b=5.1720(3) c=8.1187(2) β=116.40(2)	a=16.674(14) b=5.223(4) c=8.099(6) β=115.821(11)	a=8.214(2) b=5.2456(13) c=7.8938(19) β=94.561(4)
Volume,Z	619.13(14),4	634.9(8),4	339.04(14),2
Dcal(g. cm^{-3})	3.492	4.146	4.369
Absorption corretion	Multi-scan	Multi-scan	empirical
Absorption coeffient(mm^{-1})	10.427	12.847	9.934
F(000)	616	728	400
Crystal size(mm)	0.18×0.15×0.10	0.17×0.14×0.08	0.16×0.12×0.10
θ range(deg)	2.76 — 27.48	2.71 — 27.44	2.59 — 25.72
Limiting indices	(−21,−6,−10)to (21,4,10)	(−21,−5,−10)to 21,6,10)	(−4,−6,−9)to (10,6,8)
R_{int}	0.0295	0.0273	0.0313
Reflections collected	703	728	360
Independent reflections	683	719	346
Parameter/restraints	58/0	58/0	37/0
GOF on F^2	1.014	1.097	1.064
Final R indices [$I > 2\sigma(I)$]	R_1=0.0215 R_2=0.0602	R_1=0.0157 R_2=0.0410	R_1=0.0244 R_2=0.0698
R indices(all date)	R_1=0.0221 R_2=0.0606	R_1=0.0160 R_2=0.0411	R_1=0.0253 R_2=0.0712
Largest difference peak and hole(e. A^{-3})	0.799 and −0.926	0.851 and −0.884	0.813 and −1.594

$$R_1 = \sum \| F_{obs} | - | F_{calc} \| / \sum | F_{obs} |,$$

$$wR_2 = \left[\sum w (F_{obs}^2 - F_{calc}^2)^2 / \sum w(F_o^2) \right]^{1/2}$$

表 8.4　$AM(PO_4)_2$（A=Sr，M=Ti，Sn；A=Ba，M=Sn）的原子坐标和各向同性或各向异性位移参数（$Å^2$）

原子	位置	x	y	z	U_{eq}
$SrTi(PO_4)_2$					
Sr1	4e	0	0.19462(7)	3/4	0.00904(17)
Ti1	4c	1/4	1/4	1.00000	0.00449(19)
P1	8f	0.14208(4)	0.73878(13)	0.75611(9)	0.00474(19)
O1	8f	0.16408(11)	0.9629(3)	0.8966(2)	0.0076(4)
O2	8f	0.14674(11)	0.4797(3)	0.8561(2)	0.0075(4)
O3	8f	0.21688(13)	0.7329(4)	0.6923(3)	0.0080(4)
O4	8f	0.04818(13)	0.7784(4)	0.6036(3)	0.0115(4)
$SrSn(PO_4)_2$					
Sr1	4e	1/2	0.30812(8)	1/4	0.00885(12)
Sn1	4c	1/4	1/4	0	0.00423(11)
P1	8f	0.35839(4)	0.76022(11)	0.24157(8)	0.00413(16)
O1	8f	0.34213(10)	0.5367(4)	0.1035(2)	0.0079(4)
O2	8f	0.35673(10)	0.0167(4)	0.1418(2)	0.0078(3)
O3	8f	0.44899(12)	0.7242(3)	0.3982(2)	0.0106(4)
O4	8f	0.27942(12)	0.7676(3)	0.2879(2)	0.0081(4)
$BaSn(PO_4)_2$					
Ba1	2a	0	1.00000	0	0.0114(4)
Sn1	2c	0	1.00000	1/2	0.0053(4)
P1	4i	0.12946(17)	1/2	0.29232(17)	0.0077(5)
O1	8j	0.0210(3)	0.7400(5)	0.3112(3)	0.0108(8)
O2	4i	0.2602(4)	1/2	0.4408(5)	0.0110(9)
O3	4i	0.1872(5)	1/2	0.1162(5)	0.0145(10)

8.5　粉末制备过程

晶体结构确定之后，根据这些化合物分子式的化学计量比合成其纯相粉末。对于化合物 $SrTi(PO_4)_2$ 和 $SrSn(PO_4)_2$，首先以 1∶1 的摩尔比例分别称取化学试剂 $SrCO_3$ 和 TiO_2/SnO_2，倒入玛瑙研钵充分研磨后置于铂坩锅中。先放入箱式反应炉加热到 1100℃并恒温 48

小时，使 $SrCO_3$ 和 TiO_2/SnO_2 充分反应生成 $SrTiO_3$ 或 $SrSnO_3$。然后再以 1∶2 的摩尔比例称取刚才的产物 $SrTiO_3$ 或 $SrSnO_3$ 与反应原料 $NH_4H_2PO_4$，倒入玛瑙研钵充分研磨后置于铂坩锅中。再在箱式反应炉加热到 1100℃并恒温 100 小时，期间将原料取出进行多次研磨，然后让其缓慢降至室温。对于化合物 $BaSn(PO_4)_2$，则直接以 1∶1∶2 的比例称取化学试剂 $BaCO_3$，SnO_2 和 $NH_4H_2PO_4$，倒入玛瑙研钵充分研磨后置于铂坩锅中。再在箱式反应炉加热到 900℃并恒温 180 小时，期间将原料取出进行多次研磨，然后让其缓慢降至室温。将以上所得的产物 $SrTi(PO_4)_2$，$SrSn(PO_4)_2$ 和 $BaSn(PO_4)_2$ 的粉末衍射实验数据与模拟数据作对比，两者吻合得很好，证明在上述实验中的产物分别为三种晶体的纯相粉末，如图 8.1 所示。

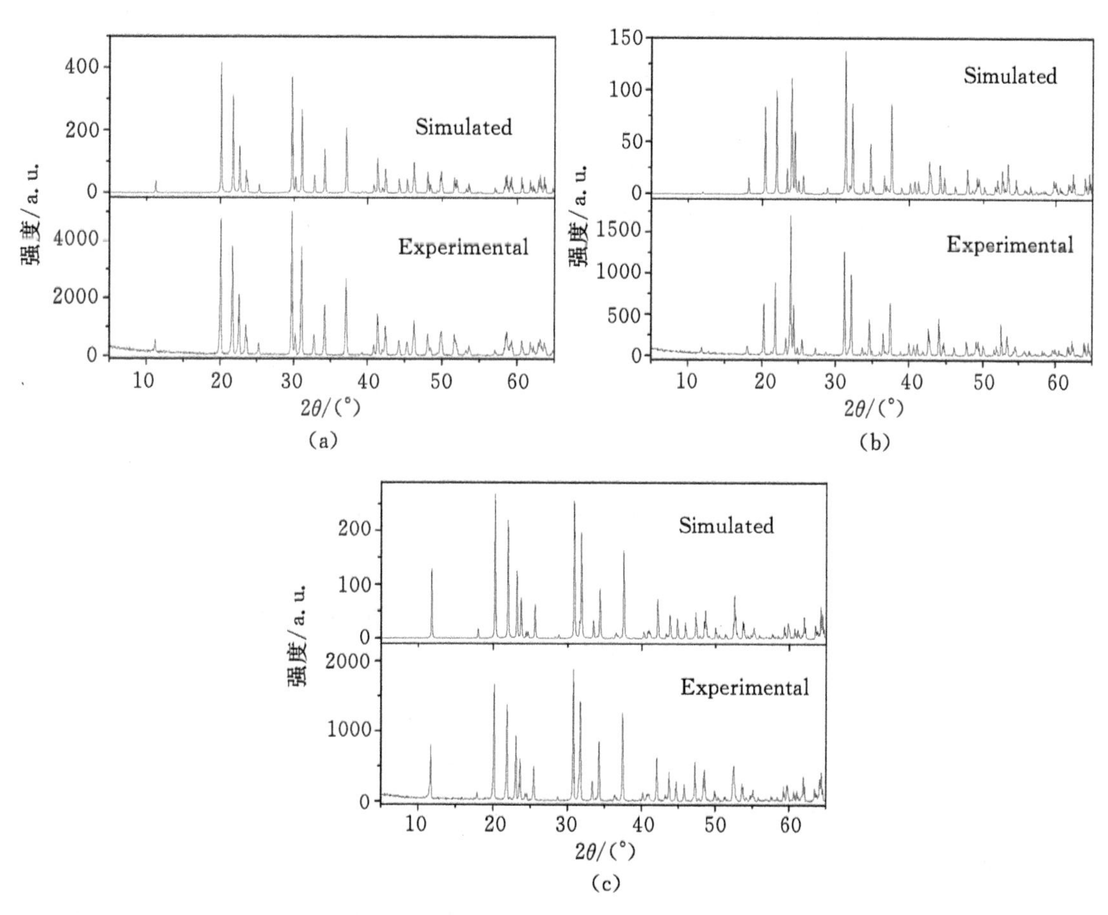

图 8.1 化合物 $KSrBP_2O_8$ 的模拟和实验 XRD 图：(a) $BaSn(PO_4)_2$；(b) $SrTi(PO_4)_2$；(c) $SrSn(PO_4)_2$

8.6 结构与性质讨论

8.6.1 晶体结构描述

化合物 $BaSn(PO_4)_2$ 与已报道的化合物 $BaZr(PO_4)_2$ 同构，属于典型的斜钾铁矾（KFe

$(SO_4)_2$)类型结构，空间群为 $C2/m$，化合物 $SrTi(PO_4)_2$ 和 $SrSn(PO_4)_2$ 同构，属于一种变形的斜钾铁矾结构，空间群为 $C2/c$。相关的键长和键角列于表 8.5。

表 8.5　化合物 $AM(PO_4)_2$ (A=Sr,M=Ti,Sn;A=Ba,M=Sn)重要的键长(Å)和键角值(°)

$SrTi(PO_4)_2$					
Sr1—O4^{i}	2.620(2)	Sr1—O4^{v}	2.741(2)	Ti1—O3^{vi}	1.8710(19)
Sr1—O4^{ii}	2.620(2)	Sr1—O4^{iv}	2.741(2)	Ti1—O3^{ii}	1.8710(19)
Sr1—O2	2.6270(17)	P1—O4	1.504(2)	Ti1—O1^{vii}	1.9631(17)
Sr1—O2^{iii}	2.6270(17)	P1—O3	1.5336(19)	Ti1—O1^{v}	1.9631(17)
Sr1—O1^{iv}	2.6998(17)	P1—O2	1.5506(18)	Ti1—O2	1.9749(17)
Sr1—O1^{v}	2.6998(17)	P1—O1	1.5522(18)	Ti1—O2^{viii}	1.9749(17)
O3^{vi}—Ti1—O3^{ii}	180.000(1)	O3^{ii}—Ti1—O2	88.39(8)	O2—Ti1—O2^{viii}	180.000(1)
O3^{vi}—Ti1—O1^{vii}	88.31(8)	O1^{vii}—Ti1—O2	93.73(7)	O4—P1—O3	114.23(11)
O3^{ii}—Ti1—O1^{vii}	91.69(8)	O1^{v}—Ti1—O2	86.27(7)	O4—P1—O2	110.00(11)
O3^{vi}—Ti1—O1^{v}	91.69(8)	O3^{vi}—Ti1—O2^{viii}	88.39(8)	O3—P1—O2	107.41(10)
O3^{ii}—Ti1—O1^{v}	88.31(8)	O3^{ii}—Ti1—O2^{viii}	91.61(8)	O4—P1—O1	108.76(11)
O1^{vii}—Ti1—O1^{v}	180.000	O1^{vii}—Ti1—O2^{viii}	86.27(7)	O3—P1—O1	107.63(10)
O3^{vi}—Ti1—O2	91.61(8)	O1^{v}—Ti1—O2^{viii}	93.73(7)	O2—P1—O1	108.65(10)
(i) $-x,1-y,1-z$;(ii) $x,1-y,0.5+z$;(iii) $-x,y,1.5-z$;(iv) $-x,-1+y,1.5-z$;(v) $x,-1+y,z$;(vi) $0.5-x,-0.5+y,1.5-z$;(vii) $0.5-x,1.5-y,2-z$;(viii) $0.5-x,0.5-y,2-z$;(ix) $x,1+y,z$;(x) $0.5-x,0.5+y,1.5-z$.					
$SrSn(PO_4)_2$					
Sr1—O3^{i}	2.599(3)	Sr1—O3	2.789(2)	Sn1—O4^{i}	1.983(2)
Sr1—O3^{ii}	2.599(3)	Sr1—O3^{iii}	2.789(2)	Sn1—O4^{vi}	1.983(2)
Sr1—O2	2.640(2)	P1—O3	1.502(2)	Sn1—O1^{vii}	2.045(2)
Sr1—O2^{iii}	2.640(2)	P1—O4	1.519(2)	Sn1—O1	2.045(2)
Sr1—O1^{iii}	2.654(2)	P1—O1	1.557(2)	Sn1—O2^{vii}	2.047(2)
Sr1—O1	2.654(2)	P1—O2^{viii}	1.558(2)	Sn1—O2	2.047(2)
O4^{i}—Sn1—O4^{vi}	180.00(13)	O4^{vi}—Sn1—O2^{vii}	88.61(8)	O2^{vii}—Sn1—O2	180.00(11)
O4^{i}—Sn1—O1^{vii}	92.07(7)	O1^{vii}—Sn1—O2^{vii}	83.79(9)	O3—P1—O4	117.10(12)
O4^{vi}—Sn1—O1^{vii}	87.93(7)	O1—Sn1—O2^{vii}	96.21(9)	O3—P1—O1	108.02(10)

续表 8.5

$O4^{i}$—Sn1—O1	87.93(7)	$O4^{i}$—Sn1—O2	88.61(8)	O4—P1—O1	107.34(10)
$O4^{vi}$—Sn1—O1	92.07(7)	$O4^{vi}$—Sn1—O2	91.39(8)	O3—P1—$O2^{viii}$	109.25(10)
$O1^{vii}$—Sn1—O1	180.00(8)	$O1^{vii}$—Sn1—O2	96.21(9)	O4—P1—$O2^{viii}$	106.55(9)
$O4^{i}$—Sn1—$O2^{vii}$	91.39(8)	O1—Sn1—O2	83.79(9)	O1—P1—$O2^{viii}$	108.29(11)

(i)$x,1-y,-0.5+z$;(ii)$1-x,1-y,1-z$;(iii)$1-x,y,0.5-z$;(iv)$x,-1+y,z$;(v)$1-x,-1+y,0.5-z$;(vi)$0.5-x,-0.5+y,0.5-z$;(vii)$0.5-x,0.5-y,-z$;(viii)$x,1+y,z$;(ix)$0.5-x,0.5+y,0.5-z$.

$BaSn(PO_4)_2$

Ba1—$O3^{i}$	2.796(4)	Ba1—$O3^{vii}$	3.140(2)	Sn1—$O1^{x}$	2.038(3)
Ba1—$O3^{ii}$	2.796(4)	Ba1—O3	3.140(2)	Sn1—$O1^{iv}$	2.038(3)
Ba1—$O1^{iii}$	2.803(3)	Ba1—$O3^{v}$	3.140(2)	P1—O3	1.504(4)
Ba1—$O1^{iv}$	2.803(3)	Sn1—$O2^{i}$	1.988(4)	P1—O2	1.525(4)
Ba1—O1	2.803(3)	Sn1—$O2^{viii}$	1.988(4)	P1—$O1^{xii}$	1.556(3)
Ba1—$O1^{v}$	2.803(3)	Sn1—O1	2.038(3)	P1—O1	1.556(3)
Ba1—$O3^{vi}$	3.140(2)	Sn1—$O1^{ix}$	2.038(3)		
$O2^{i}$—Sn1—$O2^{viii}$	180.000	$O2^{viii}$—Sn1—$O1^{x}$	88.17(11)	$O1^{x}$—Sn1—$O1^{iv}$	180.000
$O2^{i}$—Sn1—O1	88.17(11)	O1—Sn1—$O1^{x}$	95.96(15)	O3—P1—O2	117.1(2)
$O2^{viii}$—Sn1—O1	91.83(11)	$O1^{ix}$—Sn1—$O1^{x}$	84.04(15)	O3—P1—$O1^{xii}$	108.28(15)
$O2^{i}$—Sn1—$O1^{ix}$	91.83(11)	$O2^{i}$—Sn1—$O1^{iv}$	88.17(11)	O2—P1—$O1^{xii}$	107.44(14)
$O2^{viii}$—Sn1—$O1^{ix}$	88.17(11)	$O2^{viii}$—Sn1—$O1^{iv}$	91.83(11)	O3—P1—O1	108.28(15)
O1—Sn1—$O1^{ix}$	180.000(1)	O1—Sn1—$O1^{iv}$	84.04(15)	O2—P1—O1	107.44(14)
$O2^{i}$—Sn1—$O1^{x}$	91.83(11)	$O1^{ix}$—Sn1—$O1^{iv}$	95.96(15)	$O1^{xii}$—P1—O1	108.0(2)

(i)$-0.5+x,0.5+y,z$;(ii)$0.5-x,1.5-y,-z$;(iii)$-x,y,-z$;(iv)$x,2-y,z$;(v)$-x,2-y,-z$;(vi)$x,1+y,z$;(vii)$-x,1-y,-z$;(viii)$0.5-x,1.5-y,1-z$;(ix)$-x,2-y,1-z$;(x)$-x,y,1-z$;(xi)$x,y,1+z$;(xii)$x,1-y,z$;(xiii)$x,-1+y,z$;(xiv)$0.5+x,-0.5+y,z$.

从图 8.2(a)可知,$BaSn(PO_4)_2$ 晶体的基本的结构单元是 BaO_{10},SnO_6 和 PO_4 多面体基团。其中 PO_4 四面体以两个方向排列的方式分布于晶体中,各个 PO_4 之间通过 SnO_6 八面体共用顶点 O 原子的方式形成二维的层状阴离子框架结构$[Sn(PO_4)_2]^{2-}$,如图 8.3(a)所示。Ba^{2+} 形成阳离子层,如图 8.4(a)所示。以上两种层平行于[001]交替排列,构成了总的化合物 $BaSn(PO_4)_2$ 的三维结构。化合物 $SrTi(PO_4)_2$ 与 $SrSn(PO_4)_2$ 同形,它们的结构与 $BaSn(PO_4)_2$ 相比,有一定的类似,是一种扭曲的斜钾铁钒结构,而且其晶胞 a 轴是 $BaSn(PO_4)_2$ 的二倍。如图 8.2(b)、8.3(b)、8.4(b)所示，$SrTi(PO_4)_2$ 的三维结构是由$[Ti(PO_4)_2]^{2-}$阴离子层和 Sr^{2+} 阳离子层交替的沿着[101]方向排列组成的。把 $SrM(PO_4)_2$(M＝Ti，Sn)和 $BaSn(PO_4)_2$ 相对比，Sr^{2+} 的离子半径小于 Ba^{2+} 的离子半径，因此 Sr—O 键的键长整体上小于相应的 Ba—O 键的键长。这种差别可能就是造成 $SrM(PO_4)_2$ 的结构不同于典型斜钾铁钒结构的原因所在。另一方面，我们采用价键理论计算了 P，Ti 和 Sn 原子在各个化合物中的化合价。在化合物 $SrTi(PO_4)_2$ 中，计算所得的 P 和 Ti 的化合价分别为 4.084 和 4.825；在化合物 $SrSn(PO_4)_2$ 中，计算所得的 P 和 Sn 的化合价分别为 4.352 和 4.844；在化合物 $BaSn(PO_4)_2$ 中，计算所得的 P 和 Sn 的化合价分别为 4.390 和 4.825。

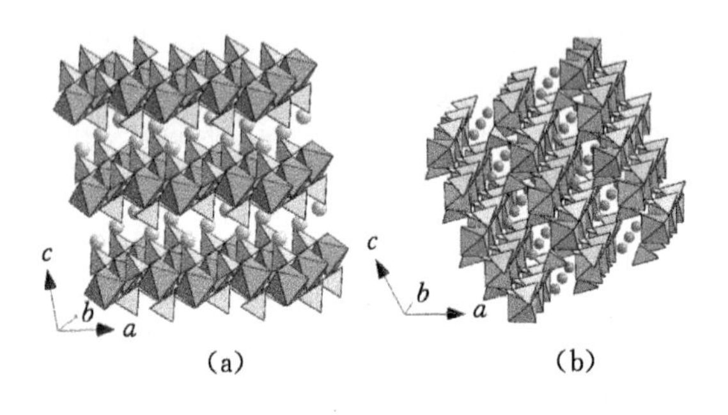

图 8.2 (a)$BaSn(PO_4)_2$ 的晶体结构图：包括 PO_4 四面体，SnO_6 八面体和 Ba 原子；(b)$SrTi(PO_4)_2$ 的晶体结构图：包括 PO_4 四面体，TiO_6 八面体和 Sr 原子

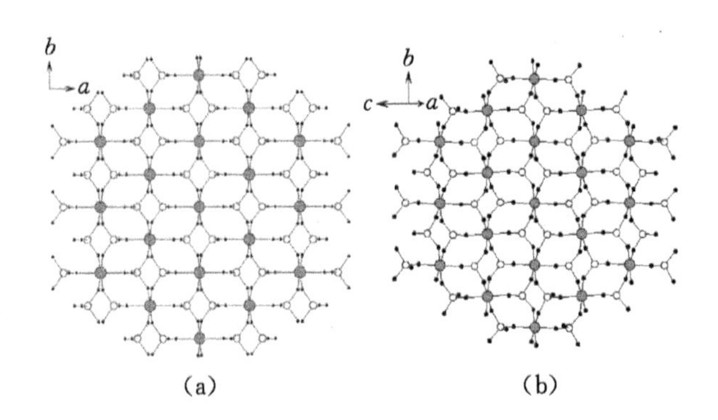

图 8.3 (a)沿着[001]方向 $BaSn(PO_4)_2$ 化合物中 2D $[Sn(PO_4)_2]^{2-}$ 阴离子层结构；(b)沿着[101]方向 $SrTi(PO_4)_2$ 化合物中 2D $[Ti(PO_4)_2]^{2-}$ 阴离子层结构的晶体结构图

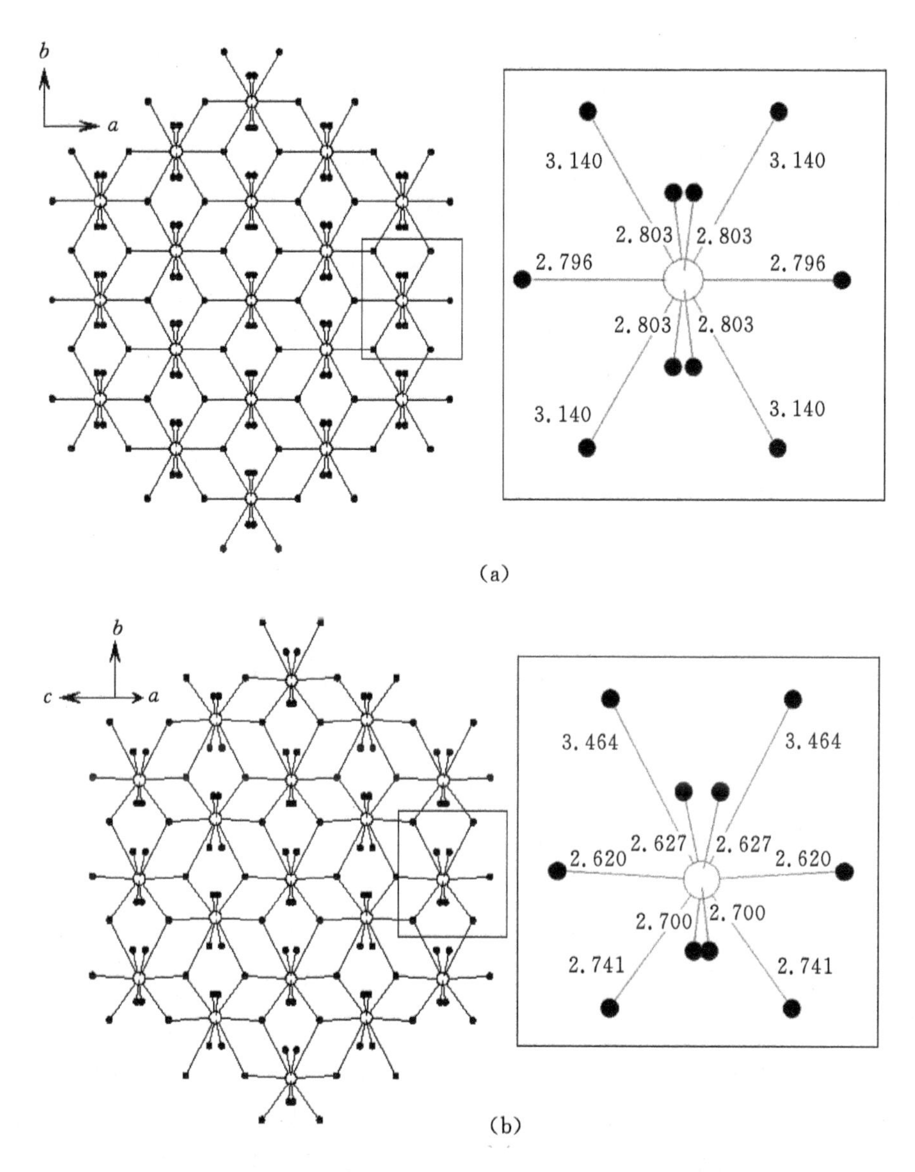

图 8.4　(a)沿着 c 轴方向 $BaSn(PO_4)_2$ 化合物中 $2DBa^{2+}$ 离子层结构；(b)沿着 a 轴方向 $SrTi(PO_4)_2$ 化合物中 $2DSr^{2+}$ 离子层结构

8.4.2　能带、态密度和光学性质

图 8.5 为 $SrTi(PO_4)_2$(a)，$SrSn(PO_4)_2$(b)和 $BaSn(PO_4)_2$(c)的能带结构。对于三个化合物它们的价带顶部都较为平坦，接近于费米能级(0.0eV)，导带底部出现明显的起伏波动。导带的最低点 L-CB 和价带最高点 H-VB 列于表 8.6。从表中数据可以看出，三者的导带底部都位于 G 点，而三者的价带顶部 G 点和 V 点的值非常接近，因此，我们可以认为三个化合物都属于近似直接带隙的绝缘体。图 8.6 为化合物 $SrTi(PO_4)_2$(a)，$SrSn(PO_4)_2$(b)和 $BaSn(PO_4)_2$(c)的实验 UV-Vis 吸收光谱，从图中可知它们的紫外吸收边分别为 3.60 eV，3.76 eV

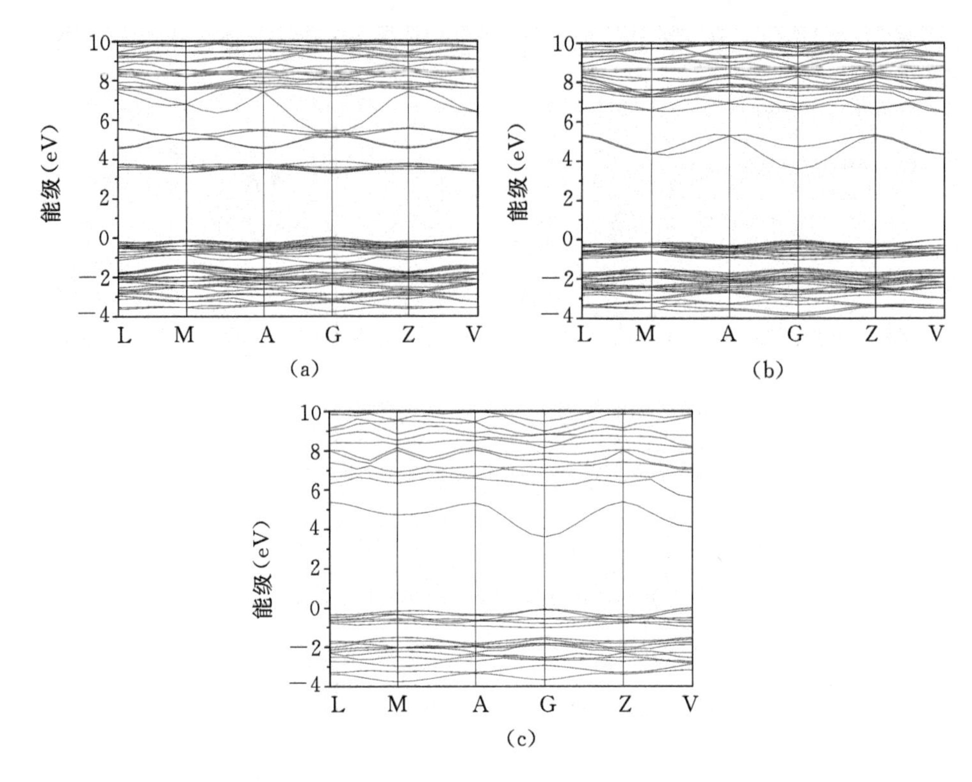

图 8.5 －4.0 eV 到 10.0 eV 范围内化合物 $SrTi(PO_4)_2$(a)，$SrSn(PO_4)_2$(b)和 $BaSn(PO_4)_2$(c)的计算能带结构(费米能级为 0.0 eV)

和 3.65 eV，而它们的相应计算值分别为 3.28 eV，3.60 eV 和 3.60 eV。一般情况下，DFT 的计算方法在处理半导体和绝缘体时会低估带隙值，因此在此我们应用剪刀算符，即相应 0.32 eV，0.16 eV 和 0.05 eV 的值对随后的态密度及光学性质分析进行校正。图 8.7 则为 $SrTi(PO_4)_2$(a)，$SrSn(PO_4)_2$(b)和 $BaSn(PO_4)_2$(c)的总态密度和各类原子的轨道投影态密度。根据图 8.7，对于 $SrTi(PO_4)_2$，在费米能级以下共包含 72 个带并各划分为 5 个区域。价带的底部位于－31.1 eV 的区域主要由 Sr-4*s* 轨道组成，从－20.3 eV 到 －16.3 eV 的价带区域主要包含 P-3*s*3*p* 和 O-2*s* 轨道，－14.3 eV 附近的轨道主要由 Sr-4*p* 轨道组成，从－8.1 eV 到－1.0 eV 的区域主要由 P-3*s*3*p* 和 O-2*p* 轨道组成，而刚好位于费米能级以下的区域则主要由 O-2*p* 轨道组成。$SrTi(PO_4)_2$ 的离费米能级最近的导带部分主要由 Ti-3*d* 轨道组成，而电子未占据的 P-3*p* 和 O-2*p* 轨道也有一定的贡献。对于 $SrSn(PO_4)_2$，在费米能级以下共包含 72 个带并各划分为 5 个区域。价带的底部位于－31.0 eV 的区域主要由 Sr-4*s* 轨道组成，从－20.6 eV 到－16.3 eV 的价带区域主要包含 Sn-5*s*5*p*，P－3*s*3*p* 和 O-2*s* 轨道，－14.4 eV 附近的轨道主要由 Sr-4*p* 轨道组成，从－9.6 eV 到－1.3 eV 的区域主要由 Sn-5*s*5*p*，P-3*s*3*p* 和 O-2*p* 轨道组成，而刚好位于费米能级以下的区域则主要由 O-2*p* 轨道组成。$SrSn(PO_4)_2$ 的离费米能级最近的导带部分主要由 Sn-5*s* 轨道组成。对于 $BaSn(PO_4)_2$，在费米能级以下共包含 36 个带并各划分为 5 个区域。价带的底部位于－24.8 eV 的区域主要由 Ba-5*s* 轨道组成，从－20.5

eV 到 −16.3 eV 的价带区域主要包含 Sn-5*s*5*p*,P-3*s*3*p* 和 O-2*s* 轨道,−10.1 eV 附近的轨道主要由 Ba-5*p* 轨道组成,从−10.1 eV 到−2.8 eV 的区域主要由 Sn-5*s*5*p*,P-3*s*3*p* 和 O-2*p* 轨道组成,而刚好位于费米能级以下的区域则主要由 O-2*p* 轨道组成。$BaSn(PO_4)_2$ 的离费米能级最近的导带部分主要由 Sn-5*s* 轨道组成。

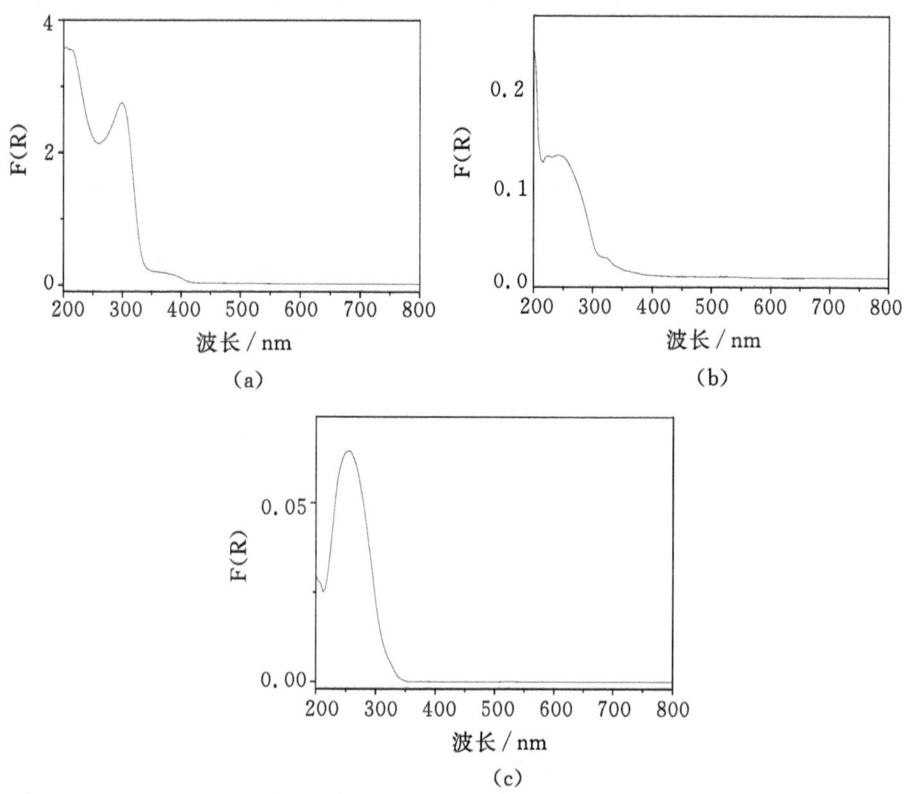

图 8.6　200～800 nm 范围内化合物 $SrTi(PO_4)_2$(a),$SrSn(PO_4)_2$(b)和 $BaSn(PO_4)_2$(c)的紫外可见吸收光谱图

表 8.6　化合物 $AM(PO_4)_2$(A=Sr,M=Ti,Sn;A=Ba,M=Sn)中某些 K 点处的的最低空轨道(L-CB)和最高占据轨道(H-VB)的能级

$SrTi(PO_4)_2$						
k-point	L(−0.5.0.0,0.5)	M(−0.5,−0.5,0.5)	A(−0.5,0.0,0.0)	G(0.0,0.0,0.0)	Z(0.0,−0.5,0.5)	V(0.0,0.0,0.5)
L-CB	3.474	3.334	3.565	3.281	3.476	3.345
H-VB	−0.198	−0.148	−0.274	−0.001	−0.198	0.000
$SrSn(PO_4)_2$						
k-point	L(−0.5.0.0,0.5)	M(−0.5,−0.5,0.5)	A(−0.5,0.0,0.0)	G(0.0,0.0,0.0)	Z(0.0,−0.5,0.5)	V(0.0,0.0,0.5)
L-CB	5.288	4.382	5.277	3.600	5.288	4.333
H-VB	−0.260	−0.192	−0.328	−0.053	−0.260	0.000

续表 8.6

$BaSn(PO_4)_2$						
k-point	L(−0.5.0.0,0.5)	M(−0.5,−0.5,0.5)	A(−0.5,0.0,0.0)	G(0.0,0.0,0.0)	Z(0.0,−0.5,0.5)	V(0.0,0.0,0.5)
L-CB	5.380	4.737	5.331	3.598	5.380	4.102
H-VB	−0.332	−0.156	−0.328	−0.068	−0.332	0.000

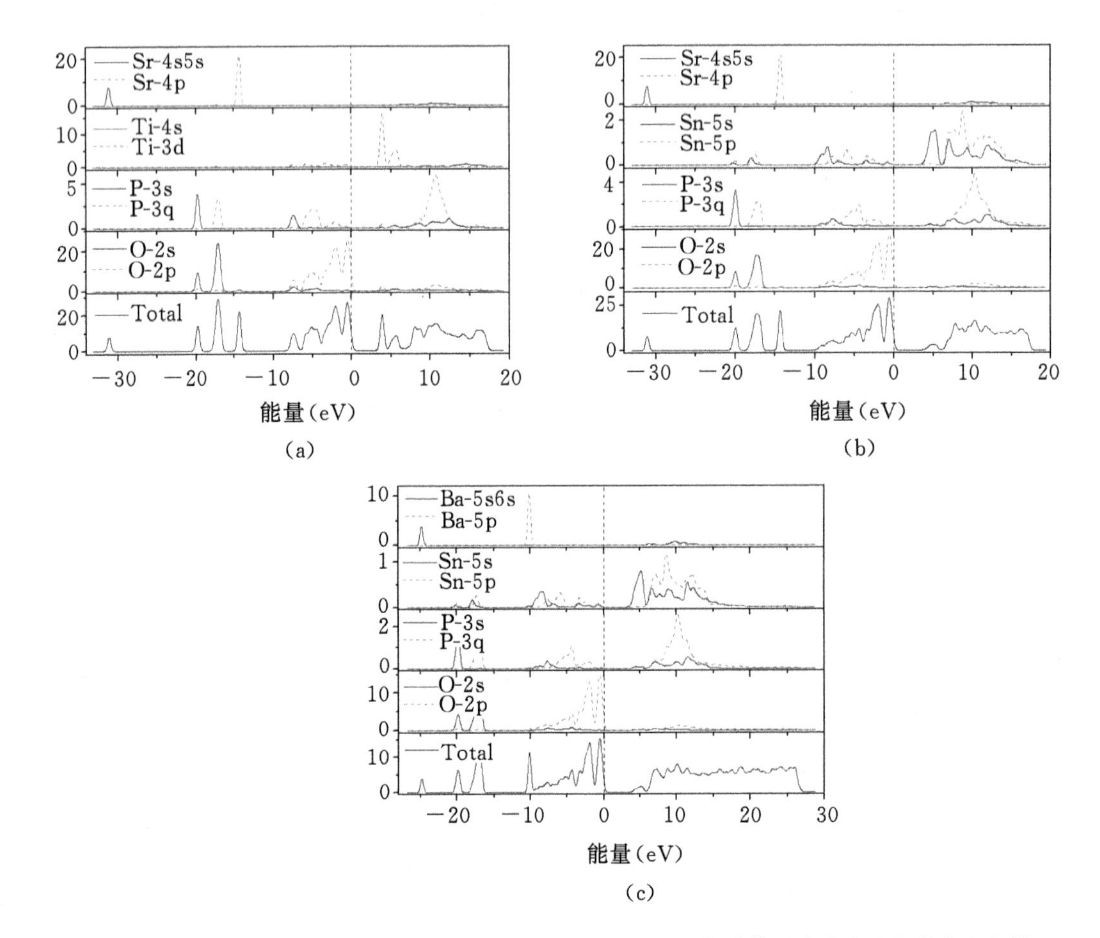

图 8.7 化合物 $SrTi(PO_4)_2$(a),$SrSn(PO_4)_2$(b)和 $BaSn(PO_4)_2$(c)的计算总态密度和部分态密度图

最后,我们计算了 $SrTi(PO_4)_2$(a),$SrSn(PO_4)_2$(b)和 $BaSn(PO_4)_2$(c)在不同方向上的频率相关介电函数的实部 $\varepsilon_1(\omega)$和虚部 $\varepsilon_2(\omega)$,如图 8.8 所示。从该图中的 $\varepsilon_2(\omega)$曲线可以看出,对于 $SrTi(PO_4)_2$,在 x,y 和 z 方向上的最强吸收峰分别位于 4.42 eV,4.30 eV 和 4.35 eV 附近,根据各类原子的轨道投影态密度(图 8.7(a)),这些吸收峰可归属于从 O-2p 到 Ti-3d 轨道的电子跃迁。对于 $SrSn(PO_4)_2$,在 x、y 和 z 方向上的吸收峰分别是 6.00 eV,5.95 eV 和 6.05 eV,根据图 8.7(b),这些吸收峰可归属于从 O-2p 到 Sn-5s 轨道的电子跃迁。对于 $BaSn(PO_4)_2$,在 x、y 和 z 方向上的吸收峰分别是 5.85 eV,5.95 eV 和 5.90 eV,根据图 8.7(c),这些吸收峰也可归属于从 O-2p 到 Sn-5s 轨道的电子跃迁。

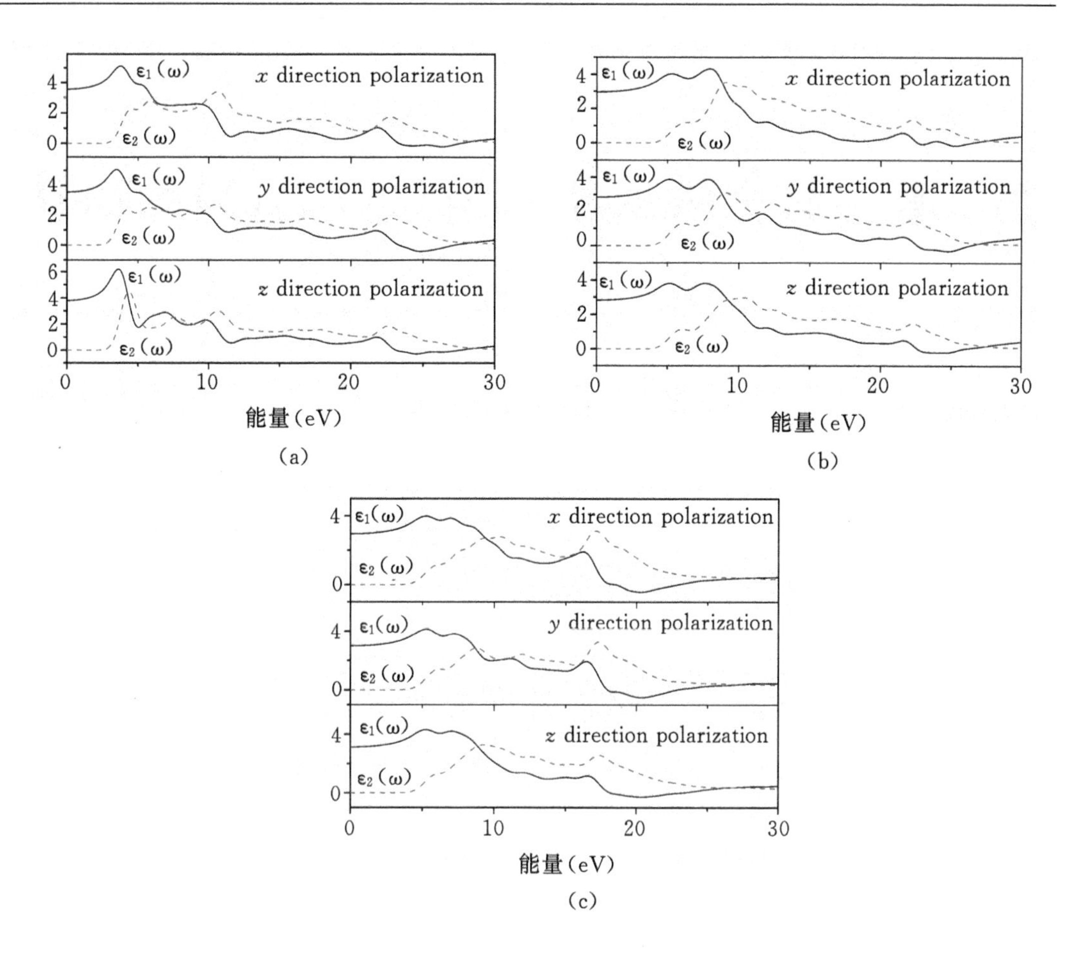

图 8.8　化合物 $SrTi(PO_4)_2$(a)，$SrSn(PO_4)_2$(b)和 $BaSn(PO_4)_2$(c)的计算和介电常数实部和虚部

8.5　本章小结

本节报道了三种化合物 $SrTi(PO_4)_2$，$SrSn(PO_4)_2$ 和 $BaSn(PO_4)_2$ 的晶体结构，能带和态密度分布，三种化合物可作为基质材料掺入稀土离子制备荧光粉。$BaSn(PO_4)_2$ 的结构属于一种斜钾铁矾的结构，空间群为 $C2/m$；$SrM(PO_4)_2(M=Ti, Sn)$ 的结构则是一种稍有扭曲的斜钾铁矾结构。使用 DFT 方法进行能带计算结果表明三种化合物均为接近直接带隙的绝缘体，具体结果发表在了 SCI 期刊 Dalton Trans.，2009，5310－5318。

第9章　稀土磷酸盐 $LiM(PO_3)_4$(M＝Y,Dy)的结构和光谱性能

9.1　前言

稀土多磷酸盐 $ALn(PO_3)_4$(A＝碱金属,Ln＝稀土元素)是一类被广泛研究的发光材料。本章内容是关于其中的两个化合物 $LiM(PO_3)_4$(M＝Y,Dy),首次报道了其晶体结构与光学性质。

9.2　实验主要试剂和仪器设备

9.2.1　试验所使用的试剂

试验所使用的试剂见表9.1。

表9.1　实验试剂表

分子式	中文名	式量	含量	生产公司
Li_2CO_3	碳酸锂	73.8909	分析纯	国药化学试剂有限公司
Y_2O_3	氧化钇	225.8099	分析纯	国药化学试剂有限公司
Dy_2O_3	氧化镝	372.9982	分析纯	国药化学试剂有限公司
$NH_4H_2PO_4$	磷酸二氢铵	367.8641	分析纯	国药化学试剂有限公司

9.2.2　实验所使用的仪器

实验所使用的仪器如表9.2。

表9.2　实验仪器表

仪器名称	仪器型号	生产厂家
高温箱式电阻炉		洛阳西格玛仪器有限公司
单晶衍射仪	BRUKER SMART CCD	德国 BRUKER 公司
粉末衍射仪	Rigaku Dmax-2500/PC	日本理学株式会社理学公司

续表 9.2

仪器名称	仪器型号	生产厂家
荧光光谱仪	FLS920	爱丁堡仪器
连续变倍体视显微镜	ZOOM645	上海光学仪器厂
莱卡显微镜	Leica S6E	易维科技有限公司
玛瑙研钵	LN-CΦ100	辽宁省黑山县新立屯玛瑙工艺厂
电子称量平	BSM120.4	上海卓精科电子科技有限公司

实验中包括一些辅助设备坩埚钳、实验用手套、称量纸、刚玉坩埚等。

本实验最常用的设备箱式电阻炉，该仪器能非常方面设定程序升降温，且温度控制灵敏度高，设定最高温度达至 1300℃，能充分满足实验所需温度。

9.3　实验制备过程

9.3.1　单晶制备

$LiM(PO_3)_4$($M=Y,Dy$)晶体通过 Li_2CO_3，M_2O_3 和 $NH_4H_2PO_4$ 体系反应得到，按照 Li：M：P=7：1：10 的摩尔比例分别称取以上各反应物，倒入玛瑙研钵混合，充分研磨后置于铂坩锅中，放入箱式反应炉先加热到 673K 并恒温 4 小时，将原料取出研磨，再放入箱式反应炉中缓慢加热到 1073K 并恒温 20 小时，然后以每小时 4K 的速率降温到 873K，最后让其自然冷却至室温，在坩锅底部的产物中得到一些无色透明的条形晶体。

9.3.2　单晶结构分析

$LiY(PO_3)_4$ 的单晶衍射数据由 X-射线面探衍射仪(Rigaku Mercury CCD，Mo-Kα radiation，$\lambda=0.71073$ Å)，在室温下以 ω 扫描方式收集完成。数据经 SAINT 还原，使用 Multi-scan 方法进行吸收校正后被用于结构解析。$LiDy(PO_3)_4$ 的单晶衍射数据由 X-射线面探衍射仪(Siemens SMART CCD，Mo-Kα radiation，$\lambda=0.71073$ Å)在室温下以 $\omega/2\theta$ 扫描方式收集完成，数据经 SAINT 还原，使用 empirical 方法进行吸收校正后被用于结构解析。单晶结构解析通过 SHELX-97 程序包在 PC 计算机上完成，采用直接法确定重原子 Y，Dy 的坐标，其余较轻原子的坐标则是由差值傅里叶合成法给出，对所有原子的坐标和各向异性热参数进行基于 F^2 的全矩阵最小二乘方平面精修至收敛。最后，通过 PLATON 程序对其结构进行检查，没有检测到 A 类及 B 类晶体学错误。两个晶体的晶体学数据见表 9.3，全部原子坐标及各向同性温度因子值见表 9.4。

表 9.3 化合物 $LiM(PO_3)_4$ (Ln=Y,Dy)的单晶结构数据

Formula	$LiY(PO_3)_4$	$LiDy(PO_3)_4$
Formula weigh(g. mol^{-1})	411.73	485.32
Wavelength(Å)	0.71073	0.71073
Crystal system	Monoclinic	Monoclinic
Space group	$C2/c$	C2/c
Unit cell dimensions	a=16.236(5) b=7.0183(16) c=9.548(3) β=125.98(3)	a=16.2600(14) b=7.0259(6) c=9.5783(8) β=126.0180(10)
Volume,Z	880.4(4),4	885.05(13),4
Dcal(g · cm^{-3})	3.106	3.642
Absorption corretion	Multi-scan	Empirical
Absorption coeffient(mm^{-1})	7.420	9.234
F(000)	792	900
Crystal size(mm)	0.300×0.300×0.200	0.150×0.150×0.100
θ range(deg)	3.10−27.46	3.10−25.67
Limiting indices	(−20,−8. −12)to(15,9,12)	(−19,−8,−11)to(19,4,11)
R_{int}	0.0409	0.0204
Reflections collected	3139	2359
Independent reflections	1001	838
Parameter/restraints/date(obs)	84/0/967	84/0/833
GOF on F^2	1.003	1.015
Final R indices [$I > 2\sigma(I)$]	R_1=0.0202 R_2=0.0538	R_1=0.0161 R_2=0.0397
R indices(all date)	R_1=0.0208 R_2=0.0539	R_1=0.0164 R_2=0.0399
Largest difference peak and hole(e · A^{-3})	0.674 and −0.668	0.790 and −0.840

$$R_1 = \sum \| F_{obs}|-|F_{calc}\| / \sum |F_{obs}|, \ wR_2 = \left[\sum w\,(F_{obs}^2 - F_{calc}^2)^2 / \sum w(F_o^2)\right]^{1/2}$$

表 9.4　化合物 $LiM(PO_3)_4$(Ln=Y,Dy)的原子坐标和各向同性温度因子

原子	位置	x	y	z	U_{eqa}
$LiY(PO_3)_4$					
Li1	4e	0.5000	0.2943(8)	0.2500	0.0122(12)
Y1	4e	0.0000	0.29695(4)	0.2500	0.00499(14)
P1	8f	0.36249(4)	0.44829(8)	0.34045(7)	0.00486(16)
P2	8f	0.14647(4)	0.34979(8)	0.09709(7)	0.00483(16)
O1	8f	0.38703(14)	0.2847(2)	0.4574(2)	0.0096(4)
O2	8f	0.15711(13)	0.1258(2)	0.0795(2)	0.0084(3)
O3	8f	0.25535(12)	0.4217(2)	0.15812(19)	0.0085(3)
O4	8f	0.12780(13)	0.3840(2)	0.2296(2)	0.0094(3)
O5	8f	0.43489(12)	0.4976(2)	0.2975(2)	0.0082(3)
O6	8f	0.07078(12)	0.4159(2)	−0.08350(19)	0.0086(3)
$LiDy(PO_3)_4$					
Li1	4e	0.50000	0.2941(14)	0.75000	0.016(2)
Dy1	4e	0.50000	0.20284(3)	0.25000	0.00537(14)
P1	8f	0.35320(7)	0.15119(14)	0.40302(12)	0.0058(2)
P2	8f	0.36231(7)	0.55240(14)	0.33977(12)	0.0055(2)
O1	8f	0.3865(2)	0.7167(4)	0.4557(4)	0.0107(6)
O2	8f	0.4288(2)	0.0859(4)	0.5831(3)	0.0094(6)
O3	8f	0.43470(19)	0.5026(4)	0.2974(3)	0.0087(5)
O4	8f	0.25537(19)	0.5786(4)	0.1575(3)	0.0090(6)
O5	8f	0.3717(2)	0.1155(4)	0.2708(3)	0.0105(6)
O6	8f	0.3427(2)	0.3748(4)	0.4192(3)	0.0094(5)

9.3.3　纯相粉末的合成

晶体结构确定之后，根据该化合物分子式的化学计量比合成其纯相粉末。以 Li/M/P=1∶1∶4的摩尔比例分别称取反应物 Li_2CO_3，M_2O_3 和 $NH_4H_2PO_4$，倒入玛瑙研钵混合，充分研磨后置于铂坩锅中，放入箱式反应炉加热到 973K 并恒温 120 小时，期间将原料取出进行多次研磨，最后让其缓慢降至室温，所得产物为白色粉末。使用 DMAX2500 粉末衍射仪(Cu-$K\alpha$ 靶、步长为 0.05°及 2θ 角范围为 10°～65°)对该产物进行分析，得到其粉末衍射实验数据，并与基于单晶结构数据通过 Visualizer 软件模拟的粉末衍射数据作对比，两者吻合得较好，证明在上述实验中的产物为 $LiM(PO_3)_4$(M=Y,Dy)的纯相粉末，见图 9.1。

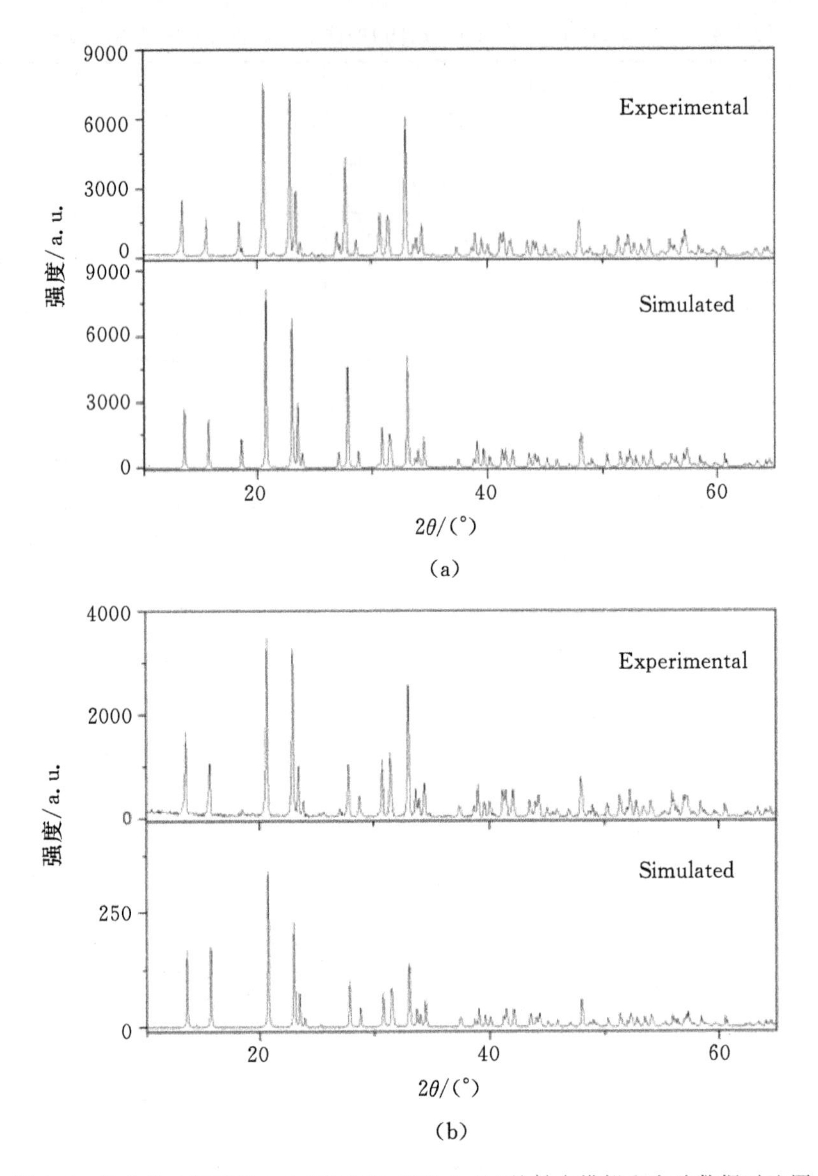

图 9.1 化合物 $LiY(PO_3)_4$(a)和 $LiDy(PO_3)_4$(b)的粉末模拟和实验数据对比图

9.4 结构分析

9.4.1 结构分析与描述

化合物 $LiY(PO_3)_4$ 和 $LiDy(PO_3)_4$ 属于异质同构体，与已报道的 $LiLn(PO_3)_4$(Ln＝La, Nd, Eu, Gd, Tb, Er, Yb)[17-21]，结构相同。单晶 X 射线衍射分析表明它们属于单斜晶系 $C2/c$ 空间群，每个单胞中含有 4 个独立分子，相关的键长和键角列于表 9.5，它们的晶胞参数随着稀土离子半径的减小($Dy^{3+}>Y^{3+}$)而减小。在化合物的三维网络结构中，沿 b 轴方向存在两种不同的结构链：$[PO_4]^{3-}$ 螺旋链以及由 MO_8 多面体和 LiO_4 四面体构成的一维无限链，我们将以 $LiY(PO_3)_4$ 为例详细描述它们的晶体结构。

表 9.5　化合物 $LiM(PO_3)_4$(Ln=Y,Dy)中重要的键长和键角值

$LiY(PO_3)_4$					
Li1—O6^{i}	1.970(5)	Y1—O1^{viii}	2.341(2)	P1—O2^{xiv}	1.5886(17)
Li1—O6^{ii}	1.970(5)	Y1—O6^{ix}	2.4003(17)	P1—O3	1.5916(18)
Li1—O5^{iii}	1.980(4)	Y1—O6^{x}	2.4003(17)	P2—O4	1.4832(17)
Li1—O5	1.980(4)	Y1—O5^{xi}	2.5103(18)	P2—O6	1.4863(17)
Y1—O4	2.2786(18)	Y1—O5^{xii}	2.5103(18)	P2—O3	1.5840(18)
Y1—O4^{vi}	2.2786(18)	P1—O1	1.4832(17)	P2—O2	1.6013(17)
Y1—O1^{vii}	2.341(2)	P1—O5	1.4953(18)		
O6^{i}—Li1—O6^{ii}	82.9(2)	O1—P1—O5	118.58(11)	O4—P2—O6	119.66(11)
O6^{i}—Li1—O5^{iii}	119.46(7)	O1—P1—O2^{xiv}	106.62(10)	O4—P2—O3	112.19(10)
O6^{ii}—Li1—O5^{iii}	126.00(7)	O5—P1—O2^{xiv}	111.27(10)	O6—P2—O3	108.09(10)
O6^{i}—Li1—O5	126.00(7)	O1—P1—O3	111.73(10)	O4—P2—O2	109.71(9)
O6^{ii}—Li1—O5	119.46(7)	O5—P1—O3	104.91(10)	O6—P2—O2	104.57(9)
O5^{iii}—Li1—O5	87.8(2)	O2^{xiv}—P1—O3	102.65(9)	O3—P2—O2	100.70(9)
(i)0.5−x,0.5−y,−z;(ii)0.5+x,0.5−y,0.5+z;(iii)1−x,y,0.5−z;(iv)0.5+x,−0.5+y,z;(v)0.5+x,0.5+y,z;(vi)−x,y,0.5−z;(vii)−0.5+x,0.5−y,−0.5+z;(viii)0.5−x,0.5−y,1−z;(ix)x,1−y,0.5+z;(x)−x,1−y,−z;(xi)0.5−x,−0.5+y,0.5−z;(xii)−0.5+x,−0.5+y,z;(xiii)−0.5+x,0.5+y,z;(xiv)0.5−x,0.5+y,0.5−z.					
$LiDy(PO_3)_4$					
Li1—O2	1.965(8)	Dy1—O1^{vi}	2.357(3)	P1—O4^{viii}	1.584(3)
Li1—O2^{i}	1.965(8)	Dy1—O2^{vii}	2.416(3)	P1—O6	1.598(3)
Li1—O3^{ii}	1.985(8)	Dy1—O2^{iv}	2.416(3)	P2—O1	1.485(3)
Li1—O3^{iii}	1.985(8)	Dy1—O3^{v}	2.517(3)	P2—O3	1.495(3)
Dy1—O5^{v}	2.293(3)	Dy1—O3	2.517(3)	P2—O6	1.589(3)
Dy1—O5	2.293(3)	P1—O2	1.484(3)	P2—O4	1.592(3)
Dy1—O1^{ii}	2.357(3)	P1—O5	1.485(3)		
O2—Li1—O2^{i}	83.8(4)	O2—P1—O5	119.66(16)	O1—P2—O3	118.70(17)
O2—Li1—O3^{ii}	119.23(11)	O2—P1—O4^{viii}	107.98(15)	O1—P2—O6	106.97(16)
O2^{i}—Li1—O3^{ii}	125.67(11)	O5—P1—O4^{viii}	111.97(16)	O3—P2—O6	111.00(16)

续表 9.5

$O2—Li1—O3^{iii}$	125.67(11)	O2—P1—O6	104.70(16)	O1—P2—O4	111.61(16)
$O2^{i}—Li1—O3^{iii}$	119.23(11)	O5—P1—O6	109.62(16)	O3—P2—O4	104.84(15)
$O3^{ii}—Li1—O3^{iii}$	88.0(4)	$O4^{viii}—P1—O6$	101.08(15)	O6—P2—O4	102.60(15)
(i)1−x,y,1.5−z;(ii)1−x,1−y,1−z;(iii)x,1−y,0.5+z;(iv)1−x,−y,1−z;(v)1−x,y,0.5−z;(vi)x,1−y,−0.5+z;(vii)x,−y,−0.5+z;(viii)0.5−x,−0.5+y,0.5−z;(ix)0.5−x,0.5+y,0.5−z.					

图 9.2(a)为 $LiY(PO_3)_4$ 晶体结构沿 b 轴方向的投影图。从该图可知，基本结构单元是 PO_4 基团、LaO_8 多面体和 LiO_4 四面体。P1 原子与 O1、O2、O3 和 O4 原子相连，而 P2 原子四个 O 原子相连，所有 P—O 键键长在 1.4834(4)到 1.5916(18)Å 之间变化，O—P—O 键角值在 104.57(9)～119.66(11)°之间(见表 9.5)，以上数据表明 PO_4 基团是不规则的四面体。O—P—O 桥连中的 P—O 键键长是最长的，而非桥连的 P—O 键键长较短 PO_4 基团之间以共用顶点的方式连接成沿 b 轴方向无限延伸的$(PO_4)^{3-}$ 螺旋链(见图 9.2(b))。这些螺旋链彼此并不相连，而是与邻近的 YO_8 多面体和 LiO_4 四面体连接在一起。此外，LaO_8 多面体和 LiO_4 四面体以共用边的方式沿 b 轴方向交替排列，形成一维无限链，然后这些链再与邻近的四条$(PO_4)^{3-}$ 螺旋链相连接。Y 原子与八个 O 原子相连，Y—O 键键长在 2.2786(18)～2.5103(18)Å 之间，可见所形成的 LaO_8 多面体是不规则的。每个 LaO_8 多面体与八个不同的 PO_4 基团以共用顶点的方式相连，与二个 LiO_4 四面体以共边的方式相连。Li 原子与四个 O 原子相连，Li—O 键键长在 1.970(5)～1.980(4)Å 之间。每个 LiO_4 四面体与邻近的二个 LaO_8 多面体和四个 PO_4 基团共用 O 原子。

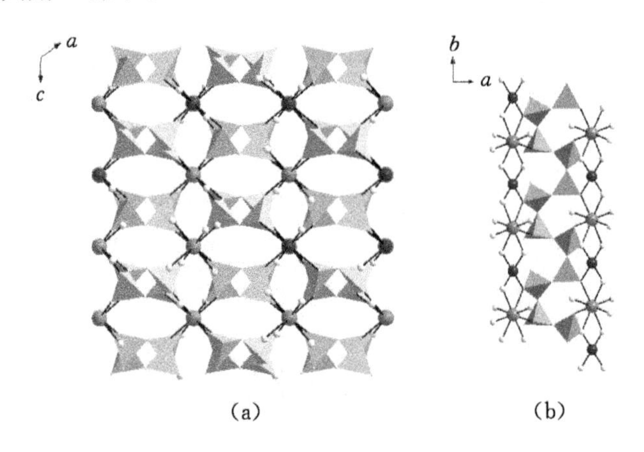

图 9.2　化合物 $LiY(PO_3)_4$ 的结构：分别沿着 b 轴方向(a)和 c 轴方向看(b)

9.4.2　荧光光谱分析

图 9.3 所示为 $LiDy(PO_3)_4$ 的荧光发射光谱，在波长为 388 nm 的光源激发下，LiDy

$(PO_3)_4$ 的荧光发射线可分为 Dy^{3+} 离子的 4 个特征发射区域。位于 473 nm 和 574 nm 附近的强发射峰，分别对应于 Dy^{3+} 的 $^4F_{9/2}$ 能态分别到 $^6H_{15/2}$ 和 $^6H_{13/2}$ 的跃迁，其中 $^4F_{9/2} \to {}^6H_{13/2}$ 的黄光发射(574 nm)是最强发射峰。位于 660 nm 和 750 nm 附近的弱发射峰，分别对应于 Dy^{3+} 离子 $^4F_{9/2} \to {}^6H_{11/2}$ 和 $^4F_{9/2} \to {}^6H_{9/2} + {}^6F_{11/2}$。

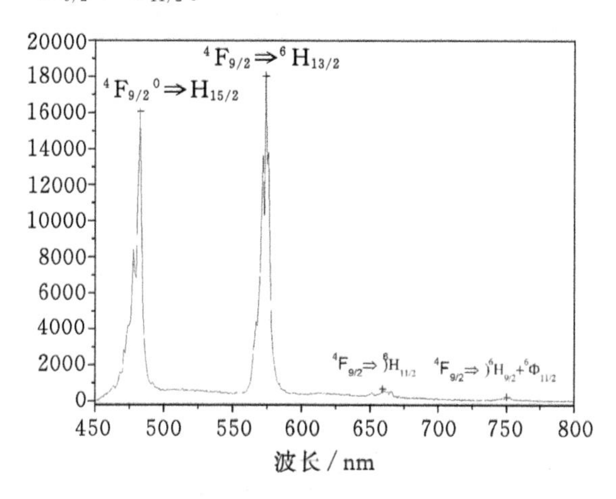

图 9.3 化合物 $LiDy(PO_3)_4$ 的荧光发射光谱(在 388 nm 光激发下)

9.4.3 $LiY(PO_3)_4$ 的电子结构

图 9.4 所示为 $LiY(PO_3)_4$ 的能带结构，$LiY(PO_3)_4$ 的价带顶部较为平坦，接近于费米能级(0.0eV)，而导带底部出现明显的起伏波动，导带的最低点位于布里渊区的 G 点处，而价带的最高点也位于 G 点，因此，我们认为 $LiY(PO_3)_4$ 属于直接带隙的绝缘体，带隙值分别约为 5.03 eV。图 9.5 则为 $LiY(PO_3)_4$ 的总态密度和各类原子的轨道投影态密度，O-2p 轨道形成了从－10.8eV 到费米能级的价带部分，在－21.6～－16.8eV 之间的价带部分则来源于 O-2s 轨道的贡献。Li-1s，Y-4d，5s，P-3s，3p 和 O-2s2p 形成了导带部分。

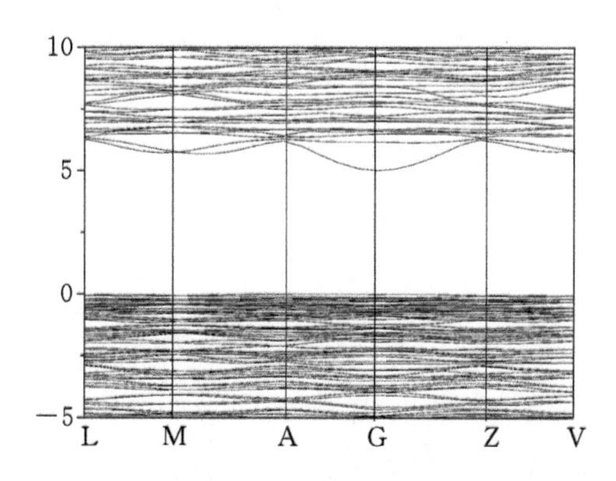

图 9.4 化合物 $LiY(PO_3)_4$ 的计算能带结构

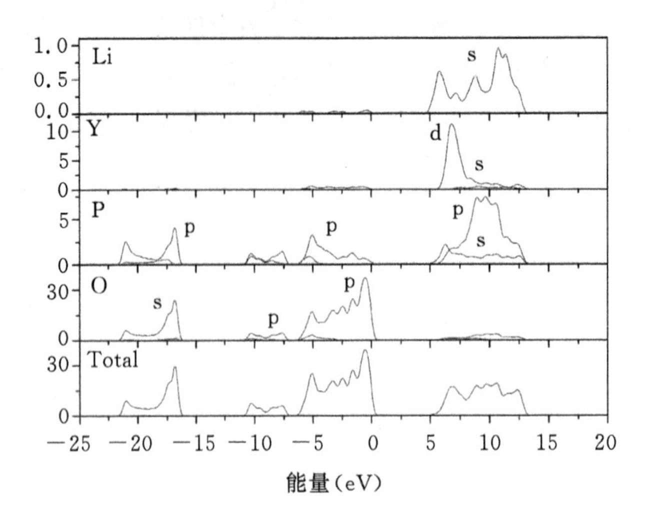

图 9.5 化合物 $LiY(PO_3)_4$ 的 TDOS 和 PDOS 图

9.5 本章小结

本章报道了两个新型稀土磷酸盐化合物 $LiM(PO_3)_4$($Ln=Y$,Dy)的合成方法、晶体结构和荧光性能。结果表明它们属于单斜晶系 $C2/c$ 空间群,每个晶胞中含 4 个分子,其结构由 M-Li 链和 PO4 链相互连接而成。能带结构分析表明,$LiY(PO_3)_4$ 属于直接带隙的绝缘体,带隙值分别约为 5.03 eV。$LiDy(PO_3)_4$ 在波长为 388 nm 的光源激发下,出现位于 473 nm 和 574 nm 附近的强发射峰,分别对应于 Dy^{3+} 的 $^4F_{9/2}$ 能态分别到 $^6H_{15/2}$ 和 $^6H_{13/2}$ 的跃迁。我们可以认为 $LiDy(PO_3)_4$ 粉末在照明和显示中可以作为淡黄色荧光粉应用在白光 LEDs 中。具体结果发表在了 J. Mole. Struc. 2008,892,8-12。

第 10 章　无水钾镁矾结构磷酸盐 $K_2AlTi(PO_4)_3$ 的合成及表征

10.1　前言

无水钾镁矾结构系列硼磷酸盐化合物是一类重要的稀土掺杂基质材料，本章内容是关于高温熔盐法生长一种此种结构类型化合物 $K_2AlTi(PO_4)_3$，单晶合成方法、详细晶体结构及光学性质。

10.2　实验主要试剂和仪器设备

10.2.1　试验所使用的试剂

试验所使用的试剂见表 10.1。

表 10.1　实验试剂表

分子式	中文名	式量	含量	生产公司
K_2CO_3	碳酸钾	138.2055	分析纯	国药化学试剂有限公司
Al_2O_3	氧化铝	101.9613	分析纯	国药化学试剂有限公司
TiO_2	二氧化钛	79.8658	分析纯	国药化学试剂有限公司
$NH_4H_2PO_4$	磷酸二氢铵	115.0257	分析纯	国药化学试剂有限公司

10.2.2　实验所使用的仪器

实验所使用的仪器如表 10.2。

表 10.2　实验仪器表

仪器名称	仪器型号	生产厂家
高温箱式电阻炉		洛阳西格玛仪器有限公司
单晶衍射仪	BRUKER SMART CCD	德国 BRUKER 公司
粉末衍射仪	Rigaku Dmax-2500/PC	日本理学株式会社理学公司

续表 10.2

仪器名称	仪器型号	生产厂家
荧光光谱仪	FLS920	爱丁堡仪器
连续变倍体视显微镜	ZOOM645	上海光学仪器厂
莱卡显微镜	Leica S6E	易维科技有限公司
玛瑙研钵	LN-CΦ100	辽宁省黑山县新立屯玛瑙工艺厂
电子称量平	BSM120.4	上海卓精科电子科技有限公司

实验中包括一些辅助设备坩埚钳、实验用手套、称量纸、刚玉坩埚等。

本实验最常用的设备箱式电阻炉，该仪器能非常方面设定程序升降温，且温度控制灵敏度高，设定最高温度达至 1300℃，能充分满足实验所需温度。

10.3　实验过程

$K_2AlTi(PO_4)_3$ 晶体通过 $K_2CO_3/TiO_2/Al_2O_3/NH_4H_2PO_4$ 体系反应得到，按照 K∶Al∶Ti∶P＝6∶1∶1∶9 的摩尔比例分别称取各反应物，倒入玛瑙研钵混合，充分研磨后置于铂坩锅中，放入箱式反应炉先加热到 400℃并恒温 10 小时，将原料取出研磨，再放入箱式反应炉中缓慢加热到 900℃并恒温 48 小时，然后以每小时 2℃的速率降温到 800℃，再以每小时 6℃的速率降到室温，在坩锅底部的产物中得到一些无色透明的条形晶体。

$K_2AlTi(PO_4)_3$ 的单晶衍射数据由 X-射线面探衍射仪(Siemens Smart 1K CCD，λ＝0.71073 Å)在室温下以 ω 扫描方式收集完成，数据经 SADABS 方法进行吸收校正后被用于结构解析。单晶结构解析通过 SHELX-97 程序包在 PC 计算机上完成，采用直接法确定重原子 K，Al，Ti 和 P 的坐标，其余 O 原子的坐标则是由差值傅里叶合成法给出，对所有原子的坐标和各向异性热参数进行基于 F^2 的全矩阵最小二乘平面精修至收敛，其晶体学数据见表 10.3，全部原子坐标及各向同性温度因子值见表 10.4。此外，通过配置在 JSM6700F 场发射型扫描电镜(SEM)的 X 射线能量分散光谱仪(EDS)对用于单晶 X-射线衍射分析的晶体样品进行元素分析，测得 K∶Al∶Ti∶P＝8.08∶4.24∶4.13∶13.68，由于 EDS 的定量分析结果是近似，所以我们认为其与结构解析所定各元素比例是吻合的。晶体结构确定之后，根据该化合物分子式的化学计量比合成其纯相粉末。以 1∶1∶0.5∶3 的摩尔比例分别称取化学试剂 K_2CO_3，TiO_2，Al_2O_3 和 $NH_4H_2PO_4$，倒入玛瑙研钵混合，充分研磨后置于铂坩锅中，放入箱式反应炉加热到 900℃并恒温 10 天，期间将原料取出进行多次研磨，最后让其缓慢降至室温，所得产物为白色粉末。使用 X'PERT-MPD 粉末衍射仪(Cu-$K\alpha$ 靶、步长为 0.05°及 2θ 角范围为 5°～65°)对该产物进行分析，得到其粉末衍射实验数据，并与基于单晶结构数据通过 Visualizer 软件模拟的粉末衍射数据作对比，两者吻合得较好，证明在上述实验中的产物为 $K_2AlTi(PO_4)_3$ 的纯相粉末，见图 10.1。

表 10.3　化合物 $K_2AlTi(PO_4)_3$ 的晶体学数据

Formula	$K_2AlTi(PO_4)_3$
Formula weigh	437.96
Wavelength(Å)	0.71073
Crystal system	Cubic
Space group	$P2(1)3$
Unitcell dimensions	a=9.76410(10)Å
Volume,Z	4
D_{cal}(g. cm^{-3})	3.125
Absorption corretion	Empirical
Absorption coeffient(mm^{-1})	2.469
$F(000)$	892
Crystal size(mm)	0.150×0.050×0.050
θrange(deg)	0.700 — 0.900
Limiting indices	(−11,−11,−11)to(10,7,11)
R_{int}	0.0301
Reflections collected	5203
Independent reflections	597
Parameter/restraints/date(obs)	61/1/ 591
GOF on F^2	1.042
Final$R$ indices [$I > 2\sigma(I)$]	R_1=0.0299 R_2=0.0987
R indices(all date)	R_1=0.0305 R_2=0.0995
Largest difference peak and hole(e. A^{-3})	0.568　and −1.247

$$R_1 = \sum \| F_{obs}|-|F_{calc}\| / \sum |F_{obs}|,\ wR_2 = \left[\sum w(F_{obs}^2 - F_{calc}^2)^2 / \sum w(F_o^2)\right]^{1/2}$$

表 10.4　化合物 $K_2AlTi(PO_4)_3$ 的晶体的原子坐标和各项同性温度因子

原子	位置	S.O.F	x	y	Z	U_{eq}[a]
K1	4a	1	0.81959(18)	0.18041(18)	0.68041(18)	0.0319(7)
K2	4a	1	0.96065(19)	0.46065(19)	0.03935(19)	0.0283(7)
Ti1	4a	0.566(14)	0.89043(12)	0.60957(12)	0.39043(12)	0.0031(6)

续表 10.4

原子	位置	S.O.F	x	y	Z	U_{eq}[a]
Al1	4a	0.434(14)	0.89043(12)	0.60957(12)	0.39043(12)	0.0031(6)
Ti2	4a	0.434(14)	0.66347(12)	0.16347(12)	0.33653(12)	0.0025(6)
Al2	4a	0.566(14)	0.66347(12)	0.16347(12)	0.33653(12)	0.0025(6)
P1	12b	1	0.97681(15)	0.29420(14)	0.37669(15)	0.0073(4)
O1	12b	1	0.8286(4)	0.2495(4)	0.3967(5)	0.0123(9)
O2	12b	1	0.8296(4)	0.5163(4)	0.5554(4)	0.0122(9)
O3	12b	1	1.0552(5)	0.2730(4)	0.5106(4)	0.0142(10)
O4	12b	1	1.0489(4)	0.2050(5)	0.2686(4)	0.0128(9)

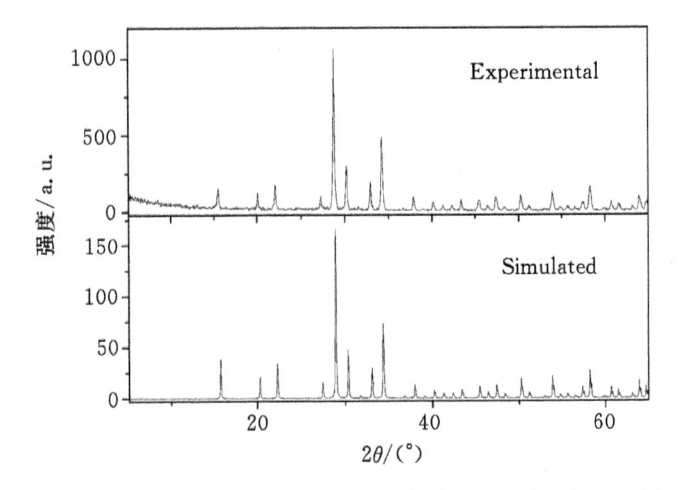

图 10.1 化合物 $K_2AlTi(PO_4)_3$ 的粉末模拟和实验数据对比图

10.4 结构与性质讨论

10.4.1 晶体结构描述

化合物 $K_2AlTi(PO_4)_3$ 的结构属于一种典型的无水钾镁矾($K_2Mg_2(SO_4)_3$)类型结构。文献中有很多这种结构类型的化合物被报道过，如 $KBaFe_2(PO_4)_3$，$K_2Ti_2(PO_4)_3$，$K_2MTi(PO_4)_3$(M=Er，Yb or Y)，$K_2FeZr(PO_4)_3$，$K_2Mn_{0.5}Ti_{1.5}(PO_4)_3$，$K_2SnX(PO_4)_3$(X=Fe，Yb)，$Na_2MTi(PO_4)_3$(M=Fe，Cr)等等。Slobodyanik 等人还报道过非常类似的化合物 $K_{1.388}Ti_{1.885}Al_{0.115}(PO_4)_3$。

X-射线单晶衍射分析表明化合物 $K_2AlTi(PO_4)_3$ 的空间群为立方晶系 198 号 $P2_13$。晶胞参数为 a=9.76410(10)Å，V=930.886(17)Å^3，相关的键长和键角列于表 10.5。从图 10.2 和图 10.3可知，$K_2AlTi(PO_4)_3$ 晶体的是由三维阴离子网络结构$[AlTi(PO_4)_3]^{2-}$通过 K^+ 阳

表 10.5　化合物 $K_2AlTi(PO_4)_3$ 中重要的键长和键角

K1—O1	2.852(5)×3	Ti1|Al1—O4	1.905(4)×3
K1—O4	2.913(5)×3	Ti1|Al1—O2	1.943(5)×3
K1—O3	2.977(5)×3	Al2|Ti2—O1	1.911(4)×3
K1—O3	3.217(5×3)	Al2|Ti2—O3	1.931(4)×3
K2—O2	2.848(5)×3	P1—O1	1.524(4)
K2—O4	3.036(5)×3	P1—O3	1.529(5)
K2—O3	3.093(5)×3	P1—O4	1.539(4)
K2—O4	3.462(4)×3	P1—O2	1.540(4)
O4—Ti1|Al1—O4	90.4(2)×3	O1—Al2|Ti2—O1	91.4(2)×3
O4—Ti1|Al1—O2	178.56(19)×3	O1—Al2|Ti2—O3	172.59(19)×3
O4—Ti1|Al1—O2	88.56(18)×3	O1—Al2|Ti2—O3	84.31(19)×3
O4—Ti1|Al1—O2	90.60(18)×3	O1—Al2|Ti2—O3	94.75(18)×3
O2—Ti1|Al1—O2	90.44(18)×3	O3—Al2|Ti2—O3	90.1(2)×3
O1—P1—O3	109.1(3)	O1—P1—$O2^{vii}$	110.7(2)
O1—P1—O4	111.1(2)	O3—P1—$O2^{vii}$	111.2(2)
O3—P1—O4	106.3(3)	O4—P1—$O2^{vii}$	108.4(2)

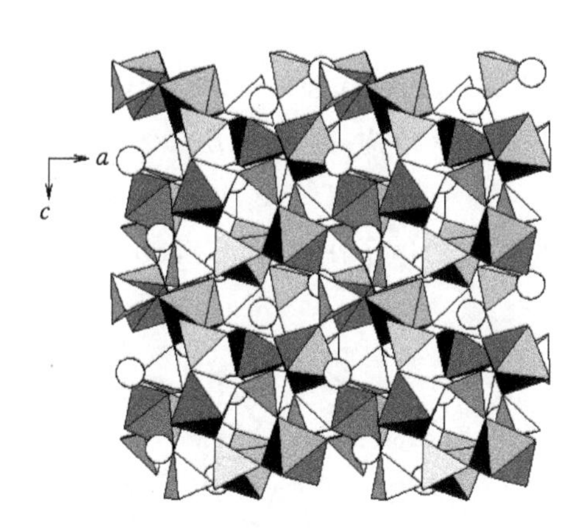

图 10.2　沿着 b 轴方向的 $K_2AlTi(PO_4)_3$ 晶体结构图

离子相互连接构成的，也可以认为是由阴离子$[PO_4]^{3-}$基团和阳离子 K^+、Al^{3+}、Ti^{4+} 相互连接构成的。$K_2AlTi(PO_4)_3$ 的每个晶体学不对称单元包含两个 K 原子，2 个 Al/Ti 原子，1 个 P 原子和 4 个氧原子。每个 P 原子与 4 个氧原子配位，形成四面体结构的$[PO_4]^{3-}$阴离子。P—O 键键长落在 1.524(4)～1.539(4)Å 的范围中，而 O—P—O 的键角在 106.3(3)～111.2(2)°范围中。K(1)和 K(2)原子与 12 个氧原子配位，K(1)—O 的距离在 2.852(5)～3.217(5)Å

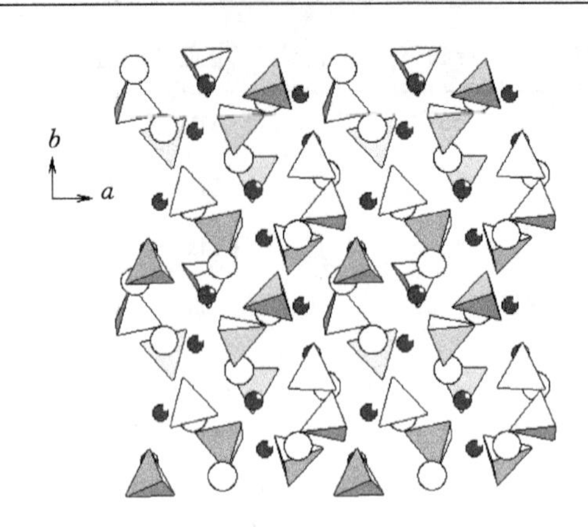

图 10.3 沿着 c 轴方向的 $K_2AlTi(PO_4)_3$ 晶体结构图

范围中，K(2)—O 的距离在 2.848(5)～3.413(2)Å 的范围中。在化合物 $K_2AlTi(PO_4)_3$ 的结构中，Al 和 Ti 原子占据了同一晶体学位置，即处于占有率无序的状态，采用 X 射线单晶衍射的方法无法区分 Al 和 Ti 原子。Al(1)|Ti(1)和 Al(2)|Ti(2)都与六个氧原子配位，形成扭曲的 $X(1)O_6$ 和 $X(2)O_6$(X=Al,Ti)八面体。Ti 原子在 X(1)位置的占有率为 0.566，而在 X(2)位置的占有率为 0.434，可以认为，Ti 原子更多的占据 X(1)的晶体学位置。一般来说，TiO_6 八面体的畸变程度会大于 AlO_6 八面体，由此 $X(1)O_6$ 八面体应该比 $X(2)O_6$ 八面体有更大的畸变程度。事实正是如此，如表 3.7 中所列，X(1)—O 键键长最长和最短值分别为 1.905(4)Å，1.943(5)Å，相差 0.038 Å 而 X(2)—O 键长最长和最短值分别为 1.911(4)Å，1.931(4)Å，相差却只有 0.020Å，即可证明这一点。孤立分布的 $[PO_4]^{3-}$ 被阳离子 X^{n+}($n=3,4$ 分别对于 Al，Ti)连接而成了三维阴离子框架结构 $[AlTi(PO_4)_3]^{2-}$，如图 10.4 所示。在这个结构中，XO_6(X=Al，Ti)八面体通过共用顶点的方式连接了六个 PO_4 四面体。从拓扑学上来看，相互连接的 PO_4，XO_6 基团形成了三种环状结构，即 X－P－X－P 四元环，X－P－X－P－X－P 六元环，X－P－X－P－X－P－X－P 八元环。把六连接的 X(1)原子作为节点，Schläfli 符号为 $4^6 6^9$，把六连接的 X(2)原子作为节点，Schläfli 符号为 $4^6 6^6 8^3$，把四连接的 P 原子作为节点，Schläfli 符号为 $4^3 6^3$。

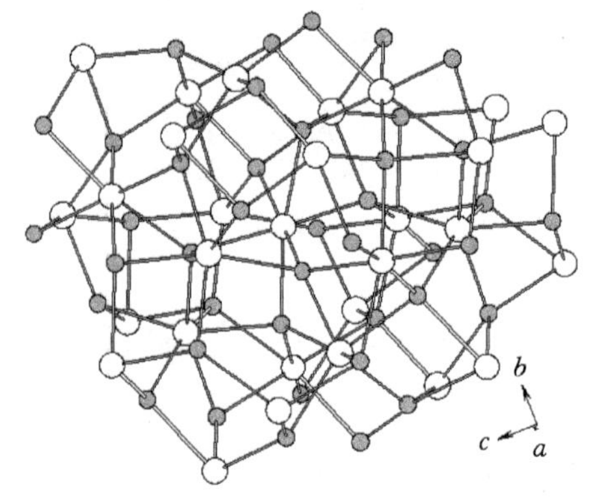

图 10.4 3D $[AlTi(PO_4)_3]^{2-}$ 阴离子网络结构图

10.4.2　光学性质

图 10.5 所示为化合物 $K_2AlTi(PO_4)_3$ 的红外吸收光谱，出现在 1274 cm^{-1}，1150 cm^{-1}，1007 cm^{-1} 附近的强吸收峰可以归结为 PO_4 基团的 P—O 键的伸缩振动特征峰，650～550 cm^{-1} 的吸收带为 P—O 的弯曲振动特征峰，479 cm^{-1} 处的吸收峰可以归结为 X—O(X=Al，Ti)键的振动。图 10.6 为化合物 $K_2AlTi(PO_4)_3$ 的紫外可见吸收光谱，强吸收峰出现在 220 nm 附近。

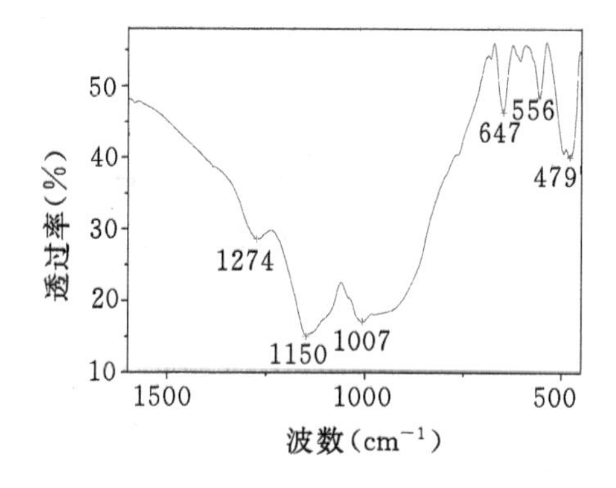

图 10.5　化合物 $K_2AlTi(PO_4)_3$ 的红外光谱图

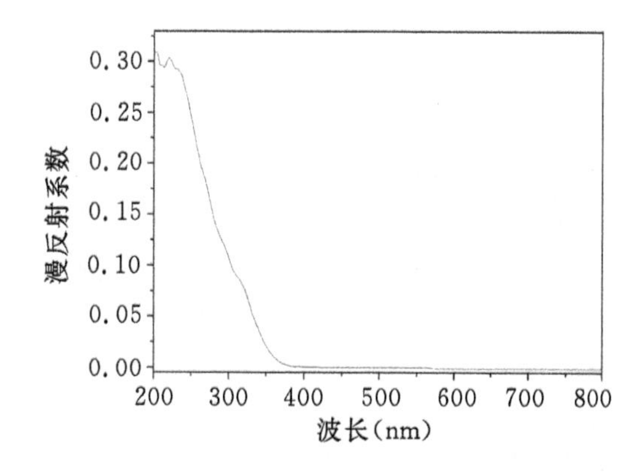

图 10.6　化合物 $K_2AlTi(PO_4)_3$ 的 UV 吸收光谱图

10.4.2　电子结构

图 10.7 为 $K_2AlTi(PO_4)_3$ 的能带结构图，可以看出，它的价带顶部较为平坦，而导带底部出现明显的起伏波动，价带的最底点位于 Y 点(0.00eV)，而导带的最低点位于布里渊区 G 点(4.62eV)处(表 10.6)，因此，我们认为 $K_2AlTi(PO_4)_3$ 属于直接带隙的绝缘体，带隙值为 4.62 eV。图 10.8 为 $K_2AlTi(PO_4)_3$ 的总态密度和各类原子的轨道投影态密度，可以看出，在费米能级以下共包含 192 个带并各划分为 4 个区域。价带的底部位于－27.2 eV 的区域主要由－3s 轨道组成，从－20.5 到－16.6 eV 的价带区域主要包含 Al-3s3p，Ti-4s3d，P-3s3p，O-2s 轨

道，−11.2 eV 附近的轨道主要由 K-3p 轨道组成，从−9.2 eV 到费米能级以下的区域则主要由 O-2p 轨道组成，同时含有少部分 K-3s3p，Al-3s3p，Ti-4s3d，P-3s3p 轨道的贡献。4.6 eV 到 6.5 eV 的导带部分主要由 P-3s，K-4s，Al-3s，Ti-4s 轨道组成，其中 Ti-4s 轨道主要构成了离费米能级最近的部分。因此，实验测得的位于 220 nm(5.65 eV)的紫外吸收峰可以归结为从 O-2p到 Ti-4s 的电子跃迁。

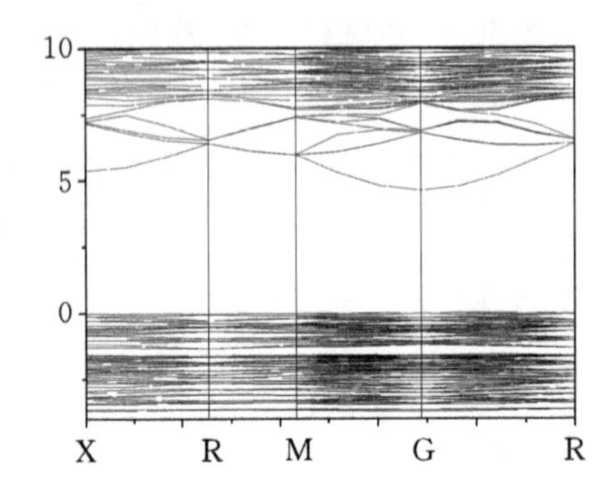

图 10.7　−4.0 eV 到 10.0 eV 范围内化合物 $K_2AlTi(PO_4)_3$ 的能带图。费米能级为 0.0 eV

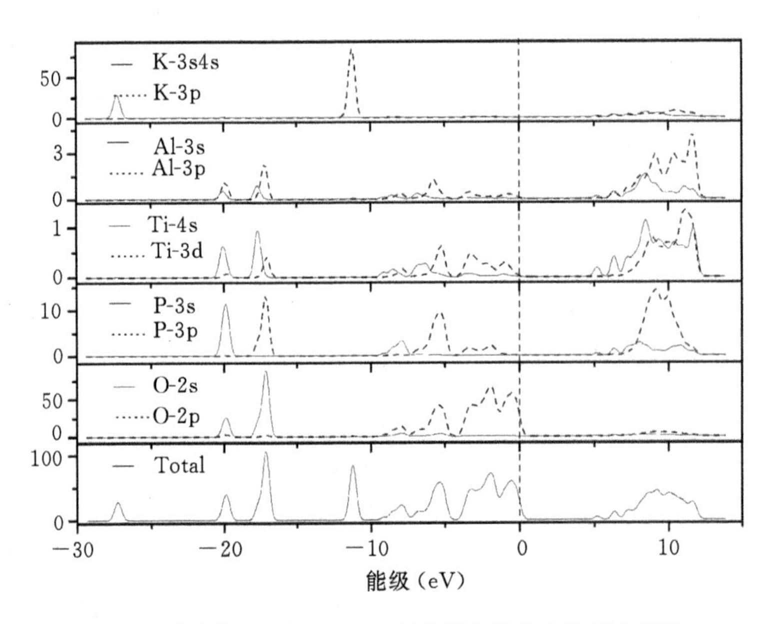

图 10.8　化合物 $K_2AlTi(PO_4)_3$ 的全部和部分态密度示意图

表 10.6　化合物 $K_2AlTi(PO_4)_3$ 中某些 K 点处的的最低空轨道(L-CB)和最高占据轨道(H-VB)的能级

k-point	X	R	M	G
L-CB	5.365	6.419	5.977	4.618
H-VB	−0.034	−0.049	−0.022	−0.015

10.5　本章小结

本章报道了一种新型化合物 $K_2AlTi(PO_4)_3$ 的晶体结构，能带和态密度分布，该化合物可作为基质材料掺入稀土离子制备荧光粉。晶体 $K_2AlTi(PO_4)_3$ 是由化合物 K_2CO_3、Al_2O_3、TiO_2、$NH_4H_2PO_4$ 在 1000℃ 高温下的反应得到，它具有无水钾镁矾（$K_2Mg_2(SO_4)_3$）结构类型，空间群为 $P2_13$。使用 DFT 方法进行能带计算结果表明该化合物属于直接带隙的绝缘体，带隙值为 4.62 eV。具体结果发表在了 SCI 期刊 J. Alloys Compd. 2009，477，795－799。

第 11 章　两种 NASICON 结构磷酸盐的合成及表征

11.1　前言

NASICON($Na_3Zr_2Si_2PO_{12}$)结构系列硼磷酸盐化合物是一类重要的功能晶体材料，被用作超快钠离子导体、离子交换材料及荧光基质材料。本章内容是关于高温熔盐法生长的此种结构类型化合物 $NaGe_2P_3O_{12}$，以及另一种类似化合物 $Cs_2GeP_4O_{13}$，单晶合成方法、详细晶体结构及光学性质。

11.2　实验主要试剂和仪器设备

11.2.1　试验所使用的试剂

试验所使用的试剂见表 11.1。

表 11.1　实验试剂表

分子式	中文名	式量	含量	生产公司
Na_2CO_3	碳酸钠	105.9884	分析纯	国药化学试剂有限公司
Cs_2CO_3	碳酸铯	325.8198	分析纯	国药化学试剂有限公司
GeO_2	二氧化锗	104.6388	分析纯	国药化学试剂有限公司
$NH_4H_2PO_4$	磷酸二氢铵	115.0257	分析纯	国药化学试剂有限公司

11.2.2　实验所使用的仪器

实验所使用的仪器如表 11.2。

表 11.2　实验仪器表

仪器名称	仪器型号	生产厂家
高温箱式电阻炉		洛阳西格玛仪器有限公司
单晶衍射仪	Rigaku Saturn70CCD	日本理学株式会社理学公司
粉末衍射仪	Rigaku Dmax-2500/PC	日本理学株式会社理学公司

续表 11.2

仪器名称	仪器型号	生产厂家
荧光光谱仪	FLS920	爱丁堡仪器
连续变倍体视显微镜	ZOOM645	上海光学仪器厂
莱卡显微镜	Leica S6E	易维科技有限公司
玛瑙研钵	LN-=CΦ100	辽宁省黑山县新立屯玛瑙工艺厂
电子称量平	BSM120.4	上海卓精科电子科技有限公司

实验中包括一些辅助设备坩埚钳、实验用手套、称量纸、刚玉坩埚等。

本实验最常用的设备箱式电阻炉，该仪器能非常方面设定程序升降温，且温度控制灵敏度高，设定最高温度达至 1300℃，能充分满足实验所需温度。

11.3　实验部分

两种化合物的单晶都是通过高温固相熔融法反应得到。对于化合物 $NaGe_2P_3O_{12}$ 按照 Na：Ge：P=5：1：7 的摩尔比例分别称取反应物 Na_2CO_3，GeO_2 和 $NH_4H_2PO_4$，倒入玛瑙研钵混合，充分研磨后置于铂坩锅中，放入箱式反应炉中缓慢加热到 900℃并恒温 2 天，然后以每小时 3℃的速率降温到 400℃，最后在水中煮沸后得到一些无色透明的条形晶体。对于化合物 $Cs_2GeP_4O_{13}$，按照 Cs：Ge：P=5：1：7 的摩尔比例分别称取反应物 Cs_2CO_3，GeO_2 和 $NH_4H_2PO_4$，倒入玛瑙研钵混合，充分研磨后置于铂坩锅中，放入箱式反应炉中缓慢加热到 800℃并恒温 2 天，然后以每小时 3℃的速率降温到 400℃，最后在水中煮沸后得到一些无色透明的条形晶体。

两个化合物的单晶衍射数据由 X 射线面探衍射仪(Rigaku Saturn70CCD，Mo-Kα radiation，$\lambda=0.71073$ Å)在室温下以 ω 扫描方式收集完成。数据经 SAINT 还原，使用 Multi-scan 方法进行吸收校正后被用于结构解析。单晶结构解析通过 SHELX-97 程序包在 PC 计算机上完成，采用直接法确定重原子 Ge，Cs，P 的坐标，其余原子的坐标则是由差值傅里叶合成法给出，对所有原子的坐标和各向异性热参数进行基于 F^2 的全矩阵最小二乘方平面精修至收敛。最后，通过 PLATON 程序对其结构进行检查，没有检测到 A 类及 B 类晶体学错误。两个晶体的晶体学数据见表 11.3，全部原子坐标及各向同性温度因子值见表 11.4。

晶体结构确定之后，根据两个化合物分子式的化学计量比合成其纯相粉末。分别称取反应物 GeO_2，$NH_4H_2PO_4$ 和 Na_2CO_3/Cs_2CO_3，倒入玛瑙研钵混合，充分研磨后置于铂坩锅中，放入箱式反应炉分别加热到 850℃(对于 $NaGe_2P_3O_{12}$)和 650℃(对于 $Cs_2GeP_4O_{13}$)并恒温 5 天，期间将原料取出进行多次研磨，最后让其缓慢降至室温，所得产物为白色粉末。使用 XPERT-MPD 粉末衍射仪(Cu-$K\alpha$ 靶、步长为 0.05°及 2θ 角范围为 5°～65°)对该产物进行分析，得到其粉末衍射实验数据，并与基于单晶结构数据通过 Visualizer 软件模拟的粉末衍射数据作对比，两者吻合得较好，证明在上述实验中的产物为化合物 $NaGe_2P_3O_{12}$ 和 $Cs_2GeP_4O_{13}$ 的纯相粉末，见图 11.1。

表 11.3　化合物 $NaGe_2P_3O_{12}$ 和 $Cs_2GeP_4O_{13}$ 的晶体学数据表

Formula	$NaGe_2P_3O_{12}$	$Cs_2GeP_4O_{13}$
Formula weigh	453.08	670.29
Wavelength(Å)	0.71073	0.71073
Crystal system	Trigonal	triclinic
Space group	*R*-3	*P*-1
Unitcell dimensions	a=8.109(2) c=21.536(8)	a=4.9749(10) b=7.8498(18) c=15.899(4) α=84.310(6) β=84.346(6) γ=81.086(7)
Volume, Z	6	2
D_{cal} (g. cm^{-3})	3.681	3.660
Absorption corretion	Multi-scan	Multi-scan
Absorption coeffient(mm^{-1})	8.071	9.011
F(000)	1296	612
Crystal size(mm)	0.18×0.09×0.08	0.29×0.12×0.04
θrange(deg)	2.84 — 27.43	2.58 — 27.47
Limiting indices	(−10, −10, −25)to(6, 8, 27)	(−6, −9, −20) to (6, 10, 20)
R_{int}	0.0198	0.0207
Reflections collected	2010	4720
Independent reflections	603	2403
Parameter/restraints/date(obs)	57/0/630	181/0/2717
GOF on F^2	1.026	1.003
Final*R* indices [$I > 2\sigma(I)$]	R_1=0.0166 R_2=0.0563	R_1=0.0227 R_2=0.0559
R indices(all date)	R_1=0.0174 R_2=0.0566	R_1=0.0259 R_2=0.0682
Largest difference peak and hole(e. A^{-3})	0.439 and −0.680	1.521 and −1.111

$$R_1 = \sum \| F_{obs} | - | F_{calc} \| / \sum | F_{obs} | \text{ , } wR_2 = \left[\sum w \left(F_{obs}^2 - F_{calc}^2 \right)^2 / \sum w \left(F_o^2 \right) \right]^{1/2}$$

表 11.4　化合物 $NaGe_2P_3O_{12}$ 和 $Cs_2GeP_4O_{13}$ 的原子坐标和各项同性温度因子

atom	Site	x	Y	z	U_{eq} [a]
$NaGe_2P_3O_{12}$					
Na1	3a	0	0	0	0.0194(7)
Na2	3b	1/3	2/3	1/6	0.0304(8)
Ge1	6c	1/3	2/3	0.01894(2)	0.00392(16)
Ge2	6c	0	0	0.14397(2)	0.00411(16)
P1	18f	0.38084(10)	0.33230(11)	0.08280(3)	0.00350(17)
O1	18f	0.4046(3)	0.5298(3)	0.07239(7)	0.0068(4)
O2	18f	0.1694(3)	0.1851(3)	0.08868(7)	0.0062(4)
O3	18f	0.4514(3)	0.2628(3)	0.02860(8)	0.0082(5)
O4	18f	0.4828(3)	0.3476(3)	0.14347(7)	0.0090(4)
$Cs_2GeP_4O_{13}$					
Cs1	2i	0.66741(6)	0.74510(4)	0.48771(2)	0.02212(10)
Cs2	2i	0.27079(6)	0.29483(4)	0.03013(2)	0.02530(10)
Ge1	2i	0.55252(9)	0.93799(5)	0.24112(3)	0.00843(11)
P1	2i	0.3338(2)	0.59136(13)	0.30422(7)	0.0097(2)
P2	2i	0.6857(2)	0.31816(13)	0.21370(7)	0.0107(2)
P3	2i	0.1137(2)	0.78350(13)	0.15195(7)	0.0094(2)
P4	2i	0.9873(2)	0.08737(13)	0.33539(7)	0.0101(2)
O1	2i	0.5574(6)	0.1646(4)	0.19332(19)	0.0130(6)
O2	2i	0.4871(6)	0.4025(4)	0.2885(2)	0.0139(6)
O3	2i	0.9516(6)	0.2446(4)	0.2603(2)	0.0147(6)
O4	2i	0.7404(7)	0.4410(4)	0.1405(2)	0.0191(7)
O5	2i	0.2764(6)	0.9240(4)	0.17181(19)	0.0120(6)
O6	2i	0.1409(6)	0.6350(4)	0.2300(2)	0.0149(6)
O7	2i	0.8296(6)	0.9487(4)	0.31043(19)	0.0117(6)
O8	2i	0.5496(6)	0.7106(4)	0.2902(2)	0.0132(6)
O9	2i	0.1878(7)	0.5807(4)	0.3888(2)	0.0196(7)
O10	2i	0.2067(6)	0.7065(4)	0.0714(2)	0.0194(7)
O11	2i	0.8883(7)	0.1517(4)	0.4184(2)	0.0215(7)
O12	2i	−0.1913(6)	0.8578(4)	0.15537(19)	0.0115(6)
O13	2i	1.2953(6)	0.0204(4)	0.32850(19)	0.0124(6)

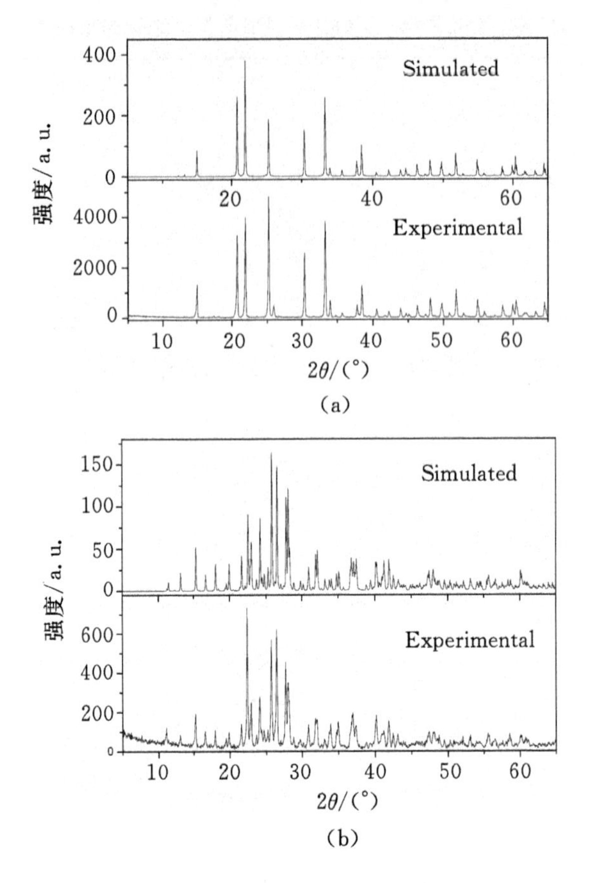

图 11.1 化合物 $NaGe_2P_3O_{12}$(a)和 $Cs_2GeP_4O_{13}$(b)的实验和模拟 XRD 图

11.4 结果与讨论

11.4.1 晶体结构

化合物 $NaGe_2P_3O_{12}$ 属于 Nasicon(Na^+ superionic conductor，钠离子导体，分子式 $Na_3Zr_2Si_2PO_{12}$)或者说是 NZP($NaZr_2(PO_4)_3$)结构类型的化合物，为三方晶系空间群 R-3，晶胞参数为 $a=8.109(2)$，$c=21.536(8)$(Å)，$V=1226.3(6)$ Å^3，$Z=6$；化合物 $Cs_2GeP_4O_{13}$ 与已报道的化合物 $Cs_2TiP_4O_{13}$ 同构，为单斜晶系 P-1 空间群，晶胞参数为 $a=9.420(3)$，$b=10.209(4)$，$c=12.407(4)$(Å)，$\alpha=104.136(6)$，$\beta=108.132(5)$，$\gamma=95.338(6)°$，$V=1081.0(7)$ Å^3，$Z=2$。相关的键长和键角列于表 11.5。

表 11.5　化合物 $NaGe_2P_3O_{12}$ 和 $Cs_2GeP_4O_{13}$ 重要的键长和键角表

$NaGe_2P_3O_{12}$					
Na1—O2^{i}	2.3929(18)	Na2—O1^{x}	2.5159(18)	Ge2—O4^{viii}	1.840(2)
Na1—O2	2.3929(18)	Na2—O1	2.5159(18)	Ge2—O2^{ii}	1.8699(17)
Na1—O2^{ii}	2.3929(18)	Ge1—O3^{xi}	1.8500(19)	Ge2—O2^{v}	1.8699(17)
Na1—O2^{iii}	2.3929(18)	Ge1—O3^{iv}	1.8500(19)	Ge2—O2	1.8699(17)
Na1—O2^{iv}	2.3929(18)	Ge1—O3^{xii}	1.8500(19)	P1—O4	1.5177(18)
Na1—O2^{v}	2.3929(18)	Ge1—O1^{ix}	1.8796(19)	P1—O3	1.5266(18)
Na2—O1^{vi}	2.5160(18)	Ge1—O1^{x}	1.8796(19)	P1—O2	1.527(2)
Na2—O1^{vii}	2.5159(18)	Ge1—O1	1.8796(19)	P1—O1	1.531(2)
Na2—O1^{viii}	2.5159(18)	Ge2—O4^{xiii}	1.840(2)		
Na2—O1^{ix}	2.5159(18)	Ge2—O4^{xiv}	1.840(2)		
O4—P1—O3	113.51(11)	O3—P1—O2	104.87(11)	O3—P1—O1	113.57(11)
O4—P1—O2	110.19(11)	O4—P1—O1	105.19(11)	O2—P1—O1	109.55(12)

(i) $-x, -y, -z$; (ii) $-x+y, -x, z$; (iii) $y, -x+y, -z$; (iv) $x-y, x, -z$; (v) $-y, x-y, z$; (vi) $0.66667-x, 1.33333-y, 0.33333-z$; (vii) $0.66667+x-y, 0.33333+x, 0.33333-z$; (viii) $-0.33333+y, 0.33333-x+y, 0.33333-z$; (ix) $-x+y, 1-x, z$; (x) $1-y, 1+x-y, z$; (xi) $y, 1-x+y, -z$; (xii) $1-x, 1-y, -z$; (xiii) $0.66667-x, 0.33333-y, 0.33333-z$; (xiv) $-0.33333+x-y, -0.66667+x, 0.33333-z$.

$Cs_2GeP_4O_{13}$					
Cs1—O11^{i}	3.036(3)	Cs2—O4^{viii}	3.147(3)	P1—O6	1.573(3)
Cs1—O11^{ii}	3.043(3)	Cs2—O4^{vi}	3.246(3)	P1—O2	1.590(3)
Cs1—O9^{iii}	3.067(3)	Cs2—O10	3.322(3)	P2—O4	1.468(3)
Cs1—O9^{ii}	3.103(3)	Cs2—O12^{vii}	3.371(3)	P2—O1	1.524(3)
Cs1—O7	3.195(3)	Cs2—O4	3.448(3)	P2—O3	1.582(3)
Cs1—O8	3.296(3)	Cs2—O5^{ix}	3.498(3)	P2—O2	1.597(3)
Cs1—O9	3.454(3)	Ge1—O12^{iii}	1.860(3)	P3—O10	1.473(3)
Cs1—O11^{iv}	3.572(4)	Ge1—O7	1.864(3)	P3—O12	1.536(3)
Cs1—O13^{v}	3.620(3)	Ge1—O5	1.866(3)	P3—O5	1.538(3)
Cs1—O13^{i}	3.639(3)	Ge1—O1^{iv}	1.867(3)	P3—O6	1.617(3)
Cs1—O2^{ii}	3.676(3)	Ge1—O8	1.877(3)	P4—O11	1.471(3)
Cs2—O10^{vi}	2.921(3)	Ge1—O13^{v}	1.886(3)	P4—O13	1.538(3)
Cs2—O10^{vii}	3.003(3)	P1—O9	1.465(3)	P4—O7^{ix}	1.540(3)
Cs2—O1	3.092(3)	P1—O8	1.517(3)	P4—O3	1.632(3)

续表 11.5

O9—P1—O8	116.54(19)	O1—P2—O3	107.81(16)	O12—P3—O6	105.17(17)
O9—P1—O6	113.8(2)	O4—P2—O2	113.96(18)	O5—P3—O6	106.46(16)
O8—P1—O6	108.30(17)	O1—P2—O2	105.24(17)	O11—P4—O13	112.75(18)
O9—P1—O2	107.14(18)	O3—P2—O2	101.90(17)	O11—P4—O7ix	113.67(19)
O8—P1—O2	106.44(17)	O10—P3—O12	111.35(17)	O13—P4—O7ix	109.76(17)
O6—P1—O2	103.51(16)	O10—P3—O5	114.51(18)	O11—P4—O3	110.39(19)
O4—P2—O1	114.61(19)	O12—P3—O5	109.07(16)	O13—P4—O3	104.12(17)
O4—P2—O3	112.28(19)	O10—P3—O6	109.75(19)	O7ix—P4—O3	105.48(16)

(i)$2-x,1-y,1-z$;(ii)$1-x,1-y,1-z$;(iii)$1+x,y,z$;(iv)$x,1+y,z$;(v)$-1+x,1+y,z$;(vi)$1-x,1-y,-z$;(vii)$-x,1-y,-z$;(viii)$-1+x,y,z$;(ix)$x,-1+y,z$;(x)$1+x,-1+y,z$.

图 11.2 为化合物 $NaGe_2P_3O_{12}$ 的三维框架结构图,这种结构的基本的结构单元是 GeO_6 八面体和 PO_4 四面体,这两种基团通过共用顶点氧原子的方式相互连接构成了$[Ge_2(PO_4)_3]^-$三维阴离子框架结构,Na^+ 填充于这个框架结构中,并相互连接构成了化合物 $NaGe_2P_3O_{12}$ 的整体的三维框架结构。$NaGe_2P_3O_{12}$ 的每个晶体学不对称单元包含一个 P 原子,2 个 Ge 原子,2 个 Na 原子。每个 P 原子与 4 个氧原子配位,形成四面体结构的$[PO_4]^{3-}$阴离子。P—O 键键长落在 1.5177(18)~1.531(2)Å 的范围中,而 O—P—O 的键角在 1104.87(11)~113.57(11)°范围中。采用价键理论计算确定 P 原子的化合价为+5 价。每个 Ge 原子与六个氧原子配位,形成八面体结构的 GeO_6 基团。Ge—O 键有两组键长,Ge(1)—O 分别为 1.8500(19)Å 和 1.8796(19)Å,Ge(2)—O 分别为 1.840(2)Å 和 1.8699(17)Å。Na(1)和 Na(2)原子分别与六个氧原子配位,六个 Na(1)—O 键的键长均为 2.3929(18)Å,六个 K(2)—O 的距离也均为 2.5159(18)Å。如图 11.3 所示,Na^+ 阳离子位于两个 GeO_6 八面体之间沿着 c 轴方向形成了 Ge—Ge—Na—Ge—Ge—Na—链条结构,采用这种方式填充于$[Ge_2(PO_4)_3]^-$阴离子框架中来平衡电荷构成 $NaGe_2P_3O_{12}$ 总的晶体结构。

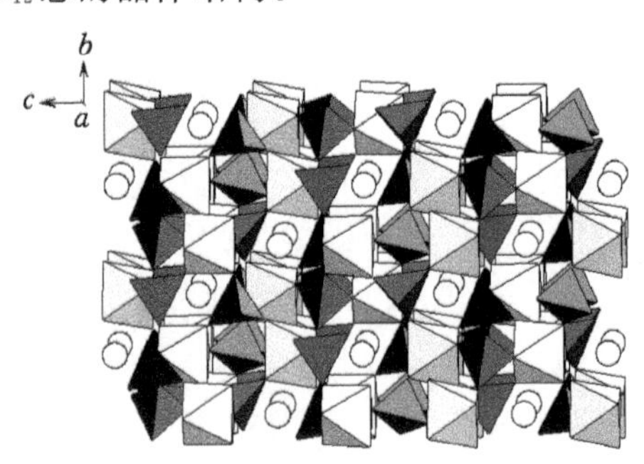

图 11.2 化合物 $NaGe_2P_3O_{12}$ 的晶体结构示意图

图 11.4 为化合物 $Cs_2GeP_4O_{13}$ 的三维框架结构图。每个 P 原子与 4 个氧原子配位,形成四面体结构的 PO_4 四面体。每四个这样的 PO_4 四面体通过共用顶点的方式连接起来,形成了

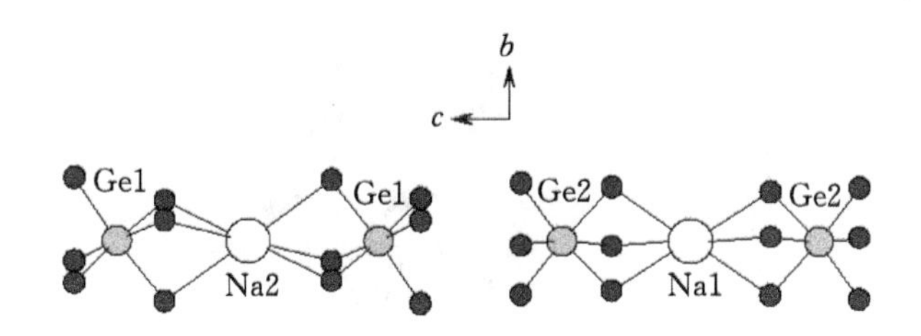

图 11.3　沿着 c 轴方向的 Ge—Ge—Na—Ge—Ge—Na—带结构

$[P_4O_{13}]^{6-}$ 阴离子基团，如图 11.5 所示。这个基团中的 P—O 键键长落在 1.465(3)`1.632(3) Å 的范围中，而 O—P—O 的键角在 101.90(17)～114.61(19)°范围中，而其中的 P—O—P 桥键中的 P—O 键明显长于端基 P—O 键。$[P_4O_{13}]^{6-}$ 基团之间互相孤立，它们之间通过端基氧原子与 Ge^{4+} 阳离子相连，形成了位于 ab 平面上的 $[GeP_4O_{13}]^{2-}$ 二维阴离子层状结构，如图 11.6 所示。其中每个 Ge^{4+} 与来自$[P_4O_{13}]^{6-}$ 阴离子基团中的 O 原子配位形成 GeO_6 八面体结构，Ge—O 键键长位于 1.860(3)Å～1.886(3)Å 的范围中。Cs^+ 填充于这个框架结构中，并相互连接构成了化合物 $Cs_2GeP_4O_{13}$ 的整体的三维框架结构。同时 Cs^+ 也以一种层状的结构沿着 c 轴方向与$[P_4O_{13}]^{6-}$ 阴离子层交替的排布于晶体中。

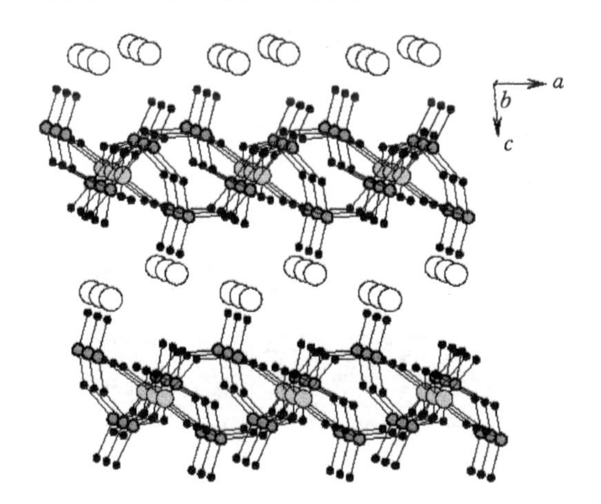

图 11.4　化合物 $Cs_2GeP_4O_{13}$ 的晶体结构示意图

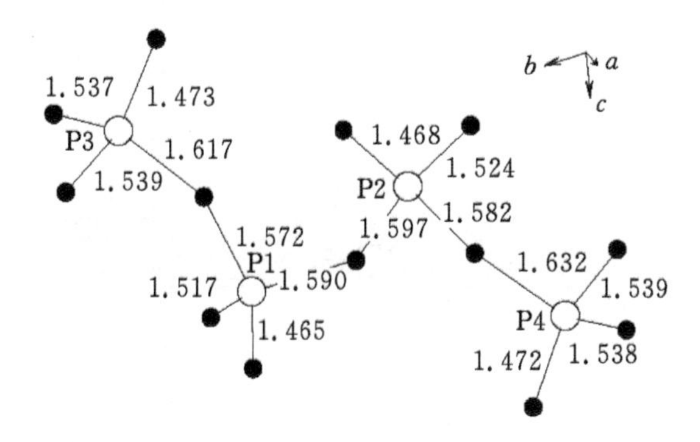

图 11.5　化合物 $Cs_2GeP_4O_{13}$ 中$[P_4O_{13}]^{6-}$ 基团示意图

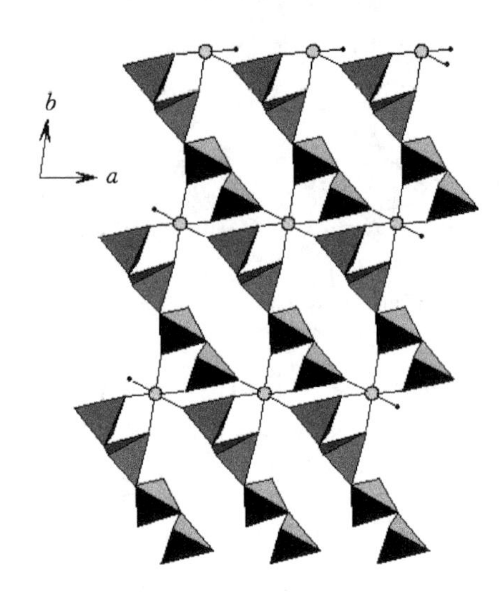

图 11.6 化合物 $Cs_2GeP_4O_{13}$ 中 $2D[GeP_4O_{13}]^-$ 层结构示意图

11.4.2 电子结构

图 11.7 为化合物 $NaGe_2P_3O_{12}$ 和 $Cs_2GeP_4O_{13}$ 的能带结构图,对于两个化合物它们的价带

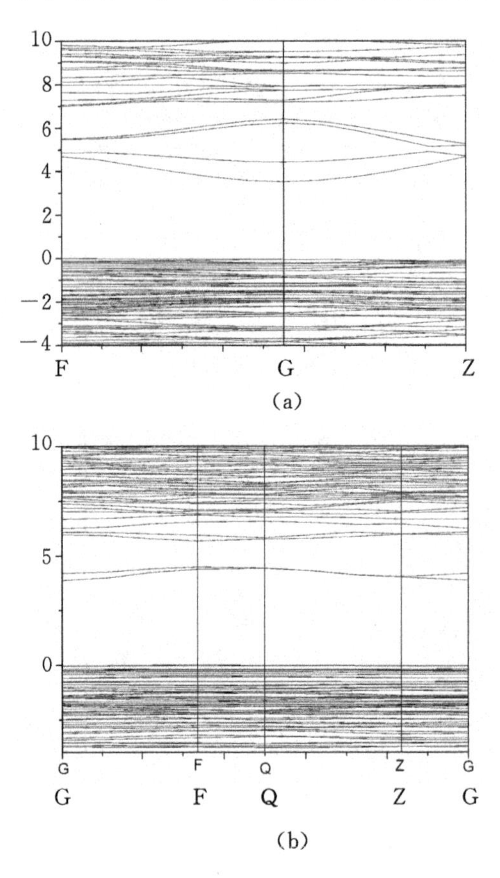

图 11.7 化合物 $NaGe_2P_3O_{12}$(a)和 $Cs_2GeP_4O_{13}$(b)的能带结构图

顶部都较为平坦，接近于费米能级(0.0eV)，导带底部出现明显的起伏波动。导带的最低点 L-CB 和价带最高点 H-VB 列于表 11.6。从表中可知，$NaGe_2P_3O_{12}$ 和 $Cs_2GeP_4O_{13}$ 的导带底部都位于 G 点，而价带顶部都位于 F 点，因此，我们可以认为它们都属于间接带隙的绝缘体，带隙分别为 3.529eV，3.888eV。图 11.8 则为 $NaGe_2P_3O_{12}$ 和 $Cs_2GeP_4O_{13}$ 的总态密度和各类原子的轨道投影态密度。对于 $NaGe_2P_3O_{12}$，在费米能级以下共包含 104 个带并各划分为 4 个区域。价带的底部位于－31.1 eV 的区域主要由 Sr-4*s* 轨道组成，从－22.0 eV 到 －16.6 eV 的价带区域主要包含 Na-2*p*，Ge-4*s*4*p*，P-3*s*3*p*，O-2*s* 轨道，从－11.0eV 到－4.5eV 的价带区域主要包含 Ge-4*s*4*p*，P-3*s*3*p*，O-2*p* 轨道，而刚好位于费米能级以下的区域则主要由 O-2*p* 轨道组成，离费米能级最近的导带部分主要由 Na-2*s*2*p*3*s*，Cs-5*s*5*p*6*s*，Ge-4*s*4*p*，P-3*s*3*p*，O-2*s*2*p* 轨道组成。对于 $Cs_2GeP_4O_{13}$，价带的底部位于－21.7 eV 到－16.5 eV 的区域主要由 Cs-5*s*，Ge-4*s*4*p*，P-3*s*3*p*，O-2*s* s 轨道组成，从－11.0 eV 到－3.0eV 的价带区域主要包含 Cs-5*p*，Ge-4*s*4*p*，P-3*s*3*p*，O-2*p* 轨道，从－3.0eV 到 0.0 eV 的价带区域主要包含 Cs-5*s*5*p*6*s*，Ge-4*s*4*p*，P-3*s*3*p*，O-2*s*2*p* 轨道，离费米能级最近 4.0 eV 到 15.0eV 的导带部分主要由 Cs-5*s*5*p*6*s*，Ge-4*s*4*p*，P-3*s*3*p*，O-2*s*2*p* 轨道组成。

表 11.6　化合物 $NaGe_2P_3O_{12}$ 和 $Cs_2GeP_4O_{13}$ 某些 K 点处最低导带(L-CB)和最高价带(H-VB)的能量

	$NaGe_2P_3O_{12}$			
k-point	F(0.5.0.5,0.0)	G(0.0,0.0,0.0)	Z(0.5,0.5,0.5)	
L-CB	4.696	3.529	4.680	
H-VB	0.000	−0.045	−0.106	
	$Cs_2GeP_4O_{13}$			
k-point	G(0.0,0.0,0.0)	F(0.0,0.5,0.0)	Q(0.0,0.5,0.5)	Z(0.0,0.0,0.5)
L-CB	3.888	4.394	4.438	4.032
H-VB	−0.031	0.000	−0.011	−0.030

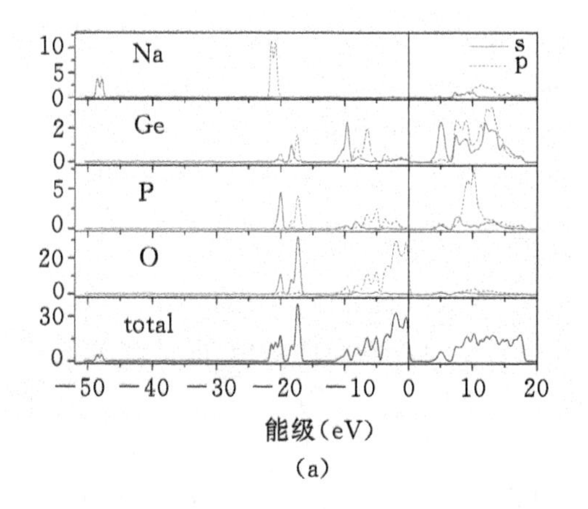

(a)

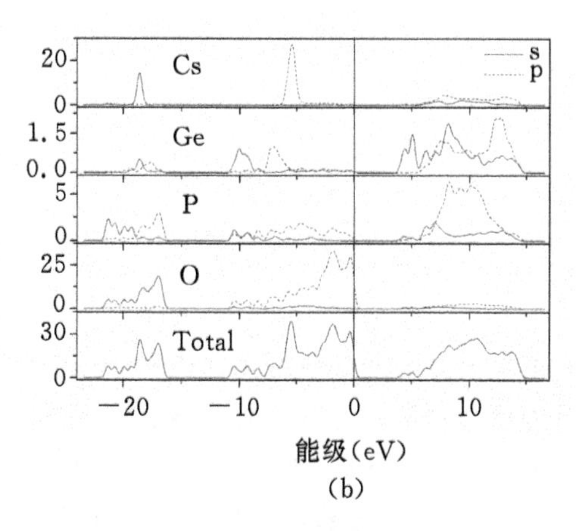

(b)

图 11.8　化合物 $NaGe_2P_3O_{12}$(a)和 $Cs_2GeP_4O_{13}$(b)的全部和部分态密度图

图 11.9 为化合物 $NaGe_2P_3O_{12}$ 和 $Cs_2GeP_4O_{13}$ 的实验 UV-Vis 吸收光谱，从图中可知它们的紫外吸收边分别为 3.529 eV 和 3.888 eV；与此对比，它们相应的计算吸收光谱如图 11.10 所示，与实验图非常类似，证明我们的计算结果是合理的。我们计算的强吸收峰对于两个化合物 $NaGe_2P_3O_{12}$ 和 $Cs_2GeP_4O_{13}$ 均位于 95 nm(13.0 eV)，通过上面讨论过的态密度分布可得知，对于 $NaGe_2P_3O_{12}$，这个吸收峰相应于从 O-2*p* 到 Ge-4*s*4*p*，P-3*s*3*p*，Na-2*s*2*p*3 轨道的电子跃迁，对于 $Cs_2GeP_4O_{13}$，这个吸收峰相应于从 O-2*p* to Ge-4*s*4*p*，P-3*s*3*p* 到 Cs-5*s*5*p*6*s* 轨道的电子跃迁。

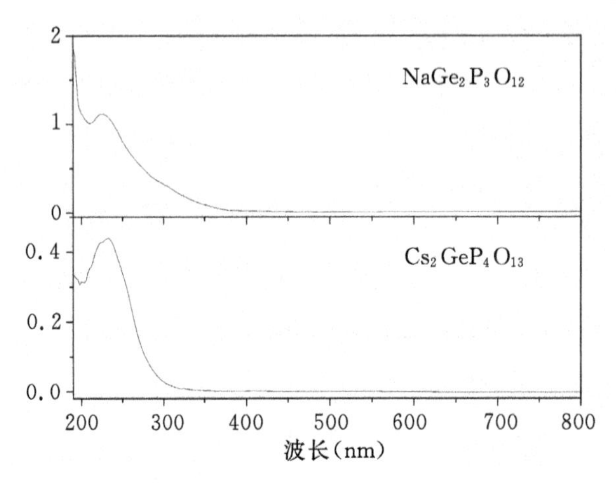

图 11.9　化合物 $NaGe_2P_3O_{12}$(a)和 $Cs_2GeP_4O_{13}$(b)的实验紫外可见吸收光谱图

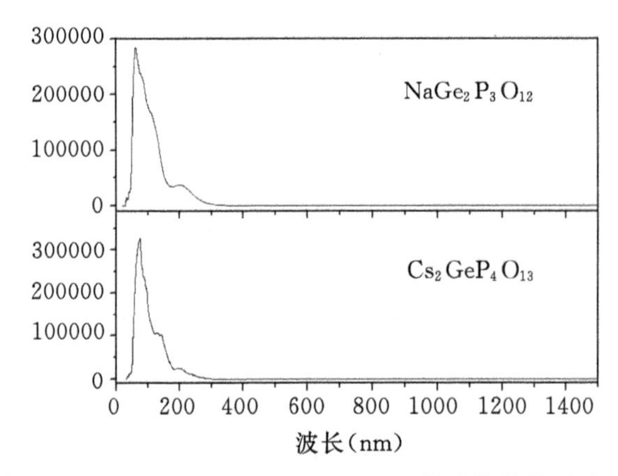

图 11.10　化合物 $NaGe_2P_3O_{12}$(a)和 $Cs_2GeP_4O_{13}$(b)的计算紫外可见吸收光谱图

11.5　本章小结

本章报道了两种新型化合物 $NaGe_2P_3O_{12}$ 和 $Cs_2GeP_4O_{13}$ 的晶体结构、能带和态密度分布，这两种化合物可作为基质材料掺入稀土离子制备荧光粉。化合物 $NaGe_2P_3O_{12}$ 属于 Nasicon 结构类型的化合物，为三方晶系空间群 *R*-3，化合物 $Cs_2GeP_4O_{13}$ 与已报道的化合物 $Cs_2TiP_4O_{13}$ 同构，为单斜晶系 *P*-1 空间群。CASTEP 理论计算表明，它们都属于间接带隙的绝缘体，带隙分别为 3.529 eV、3.888 eV。

第 12 章 两种典型 NASICON 结构磷酸盐 $ASn_2(PO_4)_3(A=K,Rb)$

12.1 前言

NASICON($Na_3Zr_2Si_2PO_{12}$)结构系列硼磷酸盐化合物是一类重要的功能晶体材料，被用作超快钠离子导体、离子交换材料及荧光基质材料。本章内容是关于高温熔盐法生长的两种典型的此种结构类型化合物 $ASn_2(PO_4)_3(A=K,Rb)$，单晶合成方法、详细晶体结构。

12.2 实验主要试剂和仪器设备

12.2.1 试验所使用的试剂

试验所使用的试剂见表 12.1。

表 12.1 实验试剂表

分子式	中文名	式量	含量	生产公司
K_2CO_3	碳酸钾	138.2055	分析纯	国药化学试剂有限公司
Rb_2CO_3	碳酸铷	230.9445	分析纯	国药化学试剂有限公司
SnO_2	二氧化锡	150.7088	分析纯	国药化学试剂有限公司
$NH_4H_2PO_4$	磷酸二氢铵	115.0257	分析纯	国药化学试剂有限公司

12.2.2 实验所使用的仪器

实验所使用的仪器如表 12.2。

表 12.2 实验仪器表

仪器名称	仪器型号	生产厂家
高温箱式电阻炉		洛阳西格玛仪器有限公司
单晶衍射仪	BRUKER SMART APEX2 CCD	德国 BRUKER 公司
粉末衍射仪	Rigaku Dmax-2500/PC	日本理学株式会社理学公司

续表 12.2

仪器名称	仪器型号	生产厂家
荧光光谱仪	FLS920	爱丁堡仪器
连续变倍体视显微镜	ZOOM645	上海光学仪器厂
莱卡显微镜	Leica S6E	易维科技有限公司
玛瑙研钵	LN-CΦ100	辽宁省黑山县新立屯玛瑙工艺厂
电子称量平	BSM120.4	上海卓精科电子科技有限公司

实验中包括一些辅助设备坩埚钳、实验用手套、称量纸、刚玉坩埚等。

本实验最常用的设备箱式电阻炉，该仪器能非常方面设定程序升降温，且温度控制灵敏度高，设定最高温度达至 1300℃，能充分满足实验所需温度。

12.3 实验部分

$ASn_2(PO_4)_3$(A＝K，Rb)晶体通过 $K_2CO_3/RbNO_3$，SnO_2，和 $NH_4H_2PO_4$ 体系反应得到，按照 A∶Sn∶P＝15∶1∶8 的摩尔比例分别称取以上各反应物，倒入玛瑙研钵混合，充分研磨后置于铂坩锅中，放入箱式反应炉先加热到 1000℃并恒温 24 小时，再以每小时 4℃的速率降温到 400℃，最后让其自然冷却至室温，在产物中得到一些无色透明的条形晶体。

$KSn_2(PO_4)_3$ 的单晶衍射数据由 X 射线面探衍射仪(Siemens SMART CCD，Mo-Kα radiation，λ＝0.71073 Å)在室温下以 $\omega/2\theta$ 扫描方式收集完成，数据经 SAINT 还原，使用 empirical 方法进行吸收校正后被用于结构解析。$RbSn_2(PO_4)_3$ 的单晶衍射数据由 X 射线面探衍射仪(Rigaku Mercury CCD，Mo-Kα radiation，λ＝0.71073 Å)，在室温下以 ω 扫描方式收集完成。数据经 SAINT 还原，使用 Multi-scan 方法进行吸收校正后被用于结构解析。单晶结构解析通过 SHELX-97 程序包在 PC 计算机上完成，采用直接法确定重原子 Sn 的坐标，其余原子的坐标则是由差值傅立叶合成法给出，对所有原子的坐标和各向异性热参数进行基于 F^2 的全矩阵最小二乘方平面精修至收敛。最后，通过 PLATON 程序对其结构进行检查，没有检测到 A 类及 B 类晶体学错误。两个晶体的晶体学数据见表 12.3，全部原子坐标及各向同性温度因子值见表 12.4。

晶体结构确定之后，根据分子式的化学计量比合成 $KSn_2(PO_4)_3$ 的纯相粉末。以 1∶4∶6 的摩尔比例分别称取反应物 K_2CO_3，SnO_2 和 $NH_4H_2PO_4$，倒入玛瑙研钵混合，充分研磨后置于铂坩锅中，放入箱式反应炉加热到 800℃并恒温 10 天，期间将原料取出进行多次研磨，最后让其缓慢降至室温，所得产物为白色粉末。使用 DMAX2500 粉末衍射仪(Cu-$K\alpha$ 靶、步长为 0.05°及 2θ 角范围为 10°～65°)对该产物进行分析，得到其粉末衍射实验数据，并与基于单晶结构数据通过 Visualizer 软件模拟的粉末衍射数据作对比，两者大致吻合，大部分的产物为 $KSn_2(PO_4)_3$ 粉末相，出现的杂峰应为未反应的 SnO_2，见图 12.1。

表 12.3　化合物 $ASn_2(PO_4)_3$(A=K,Rb)的晶体学数据

Formula	$KSn_2(PO_4)_3$	$RbSn_2(PO_4)_3$
Formula weigh($g \cdot mol^{-1}$)	561.39	607.76
Wavelength(Å)	0.71073	0.71073
Crystal system	trigonal	trigonal
Space group	*R*-3	*R*-3
Unitcell dimensions	a=8.3381(1) c=23.5508(3)	a=8.340(4) c=24.007(8)
Volume($Å^3$),Z	1417.98(3),6	1446.11(109),6
D_{cal}($g \cdot cm^{-3}$)	3.94429	4.18703
Absorption correction	Empirical	Multi-scan
Absorption coeffient(mm^{-1})	6.301	10.763
F(000)	1560	1668
Crystal size(mm)	0.15×0.15×0.05	0.30×0.10×0.07
θrange(deg)	2.59 — 25.72	2.55 — 27.48
Limiting indices	(−10, −10, −17) to (10, 10,28)	(−9, −10, −29) to (10, 10,31)
R_{int}	0.0637	0.0358
Reflections collected	611	742
Independent reflections	610	711
Parameter/restraints	58/0	57/0
GOF on F^2	1.062	1.079
Final$R$ indices [$I > 2\sigma(I)$]	R_1=0.0474 R_2=0.1331	R_1=0.0258 R_2=0.0512
R indices(all date)	R_1=0.0474 R_2=0.1331	R_1=0.0283 R_2=0.0502
Largest difference peak and hole(e. A^{-3})	2.397 and −3.037	0.668 and −0.707

$$R_1 = \sum \| F_{obs} | - | F_{calc} \| / \sum | F_{obs} |,$$

$$wR_2 = \left[\sum w\,(F_{obs}^2 - F_{calc}^2)^2 / \sum w(F_o^2) \right]^{1/2}$$

表 12.4　化合物 $ASn_2(PO_4)_3$ (A=K,Rb)的原子坐标和各项同性温度因子

Atom	Site	x	y	z	U_{eq}[a]
$KSn_2(PO_4)_3$					
K1	3a	0	0	0	0.0272(11)
K2	3b	1/3	−1/3	1/6	0.0372(13)
Sn1	6c	0	0	0.14807(3)	0.0100(4)
Sn2	6c	1/3	−1/3	0.01307(3)	0.0104(4)
P1	18f	−0.0439(3)	−0.3782(3)	0.08286(8)	0.0113(5)
O1	18f	−0.1210(8)	−0.4808(8)	0.1382(2)	0.0222(13)
O2	18f	−0.1868(7)	−0.4389(8)	0.0360(2)	0.0164(13)
O3	18f	0.1185(8)	−0.4043(9)	0.0665(2)	0.0159(13)
O4	18f	0.0288(7)	−0.1725(7)	0.0930(2)	0.0135(14)
$RbSn_2(PO_4)_3$					
Rb1	3b	1/3	2/3	1/6	0.0165(3)
Rb2	3a	0	0	0	0.0228(3)
Sn1	6c	2/3	1/3	−0.01706(2)	0.00479(16)
Sn2	6c	0	0	0.15529(2)	0.00503(16)
P1	18f	0.3780(2)	0.3318(3)	0.08384(7)	0.0060(2)
O1	18f	0.2174(6)	0.1462(6)	0.10336(15)	0.0094(9)
O2	18f	0.4498(6)	0.2929(6)	0.03010(17)	0.0119(10)
O3	18f	0.3083(6)	0.4664(6)	0.07057(16)	0.0097(9)
O4	18f	0.5247(6)	0.4207(6)	0.12988(15)	0.0107(10)

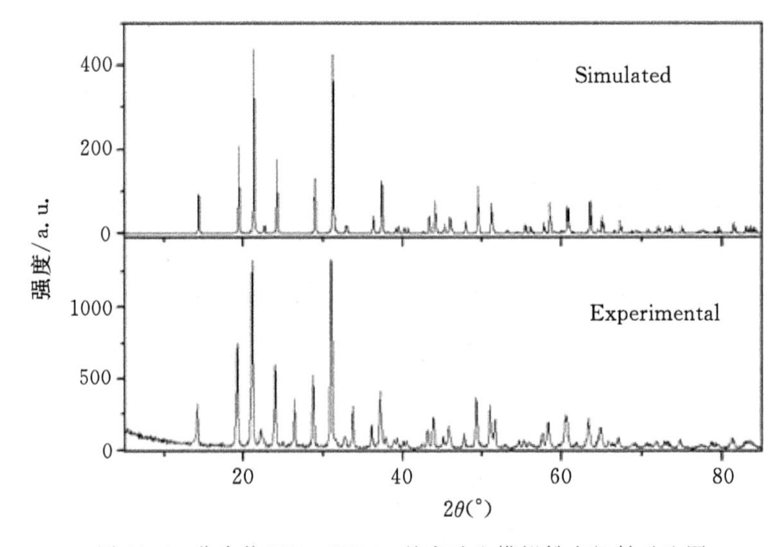

图 12.1　化合物 $KSn_2(PO_4)_3$ 的实验和模拟粉末衍射对比图

12.4　晶体结构

化合物 $KSn_2P_3O_{12}$ 和 $RbSn_2P_3O_{12}$ 同构，它们都属于 Nasicon 或者说是 NZP 结构类型的化合物，空间群为三方晶系 R-3，晶胞参数 $KSn_2P_3O_{12}$ 为 $a=8.3381(1)$，$c=23.5508(3)$(Å)，$V=1417.98(3)$ Å^3，$Z=6$；$RbSn_2P_3O_{12}$ 为 $a=8.340(4)$，$c=24.007(8)$(Å)，$V=1446.11(109)$ Å^3，$Z=6$。相关的键长和键角列于表 12.5。

表 12.5　化合物 $ASn_2(PO_4)_3(A=K,Rb)$ 中重要的键长和键角数据

$KSn_2(PO_4)_3$					
K1—O4^{i}	2.695(5)	K2—O3^{vi}	2.840(5)	Sn1—O1^{vi}	2.005(6)
K1—O4^{ii}	2.695(5)	K2—O3^{vii}	2.840(5)	Sn1—O1^{xi}	2.005(6)
K1—O4^{iii}	2.695(5)	K2—O3^{viii}	2.840(5)	Sn1—O1^{xii}	2.005(6)
K1—O4	2.695(5)	K2—O3	2.840(5)	Sn1—O4	2.039(5)
K1—O4^{iv}	2.695(5)	K2—O3^{ix}	2.840(5)	Sn1—O4^{v}	2.039(5)
K1—O4^{v}	2.695(5)	K2—O3^{x}	2.840(5)	Sn1—O4^{ii}	2.039(5)
K1—O2^{i}	3.292(6)	K2—O1	3.414(6)	Sn2—O3	2.020(5)
K1—O2^{ii}	3.292(6)	K2—O1^{vi}	3.414(6)	Sn2—O3^{ix}	2.020(5)
K1—O2	3.292(6)	K2—O1^{vii}	3.414(6)	Sn2—O3^{x}	2.020(5)
K1—O2^{iii}	3.292(6)	K2—O1^{ix}	3.414(6)	Sn2—O2^{iii}	2.029(6)
K1—O2^{iv}	3.292(6)	K2—O1^{viii}	3.413(6)	Sn2—O2^{xiii}	2.029(6)
K1—O2^{v}	3.292(6)	K2—O1^{x}	3.414(6)	Sn2—O2^{xiv}	2.029(6)
P1—O2	1.513(5)	P1—O3	1.525(6)		
P1—O1	1.515(5)	P1—O4	1.525(6)		
O2—P1—O1	113.4(3)	O1—P1—O3	107.1(4)	O1—P1—O4	108.6(3)
O2—P1—O3	112.0(3)	O2—P1—O4	107.1(3)	O3—P1—O4	108.6(3)

(i) $y, -x+y, -z$; (ii) $-y, x-y, z$; (iii) $x-y, x, -z$; (iv) $-x, -y, -z$; (v) $-x+y, -x, z$; (vi) $0.66667+y, 0.33333-x+y, 0.33333-z$; (vii) $-0.33333+x-y, -0.66667+x, 0.33333-z$; (viii) $0.66667-x, -0.66667-y, 0.33333-z$; (ix) $1-x+y, -x, z$; (x) $-y, -1+x-y, z$; (xi) $-0.33333-x, -0.66667-y, 0.33333-z$; (xii) $-0.33333+x-y, 0.33333+x, 0.33333-z$; (xiii) $-x, -1-y, -z$; (xiv) $1+y, -x+y, -z$. $0.33333-y, 0.33333-z$; (xiv) $-0.33333+x-y, -0.66667+x, 0.33333-z$.

$RbSn_2(PO_4)_3$					
Rb1—O3^{i}	2.794(4)	Rb2—O1	2.953(4)	Sn1—O2^{xii}	2.014(4)

续表 12.5

Rb1—O3^{ii}	2.794(4)	Rb2—O1^{vi}	2.953(4)	Sn1—O2	2.014(4)
Rb1—O3^{iii}	2.794(4)	Rb2—O1^{vii}	2.953(4)	Sn1—O3^{xiii}	2.034(4)
Rb1—O3^{iv}	2.794(4)	Rb2—O1^{viii}	2.953(4)	Sn1—O3^{ix}	2.034(4)
Rb1—O3^{v}	2.794(4)	Rb2—O1^{ix}	2.953(4)	Sn1—O3^{xiv}	2.034(4)
Rb1—O3	2.794(4)	Rb2—O1^{x}	2.953(4)	Sn1—Rb1^{xv}	3.5917(13)
Rb1—O4^{i}	3.288(5)	Rb2—O2	3.376(5)	Sn2—O1^{viii}	2.029(4)
Rb1—O4^{iv}	3.288(5)	Rb2—O2^{vi}	3.376(5)	Sn2—O1	2.029(4)
Rb1—O4^{iii}	3.288(5)	Rb2—O2^{viii}	3.376(5)	Sn2—O1^{vii}	2.029(4)
Rb1—O4^{ii}	3.288(5)	Rb2—O2^{x}	3.376(5)	Sn2—O4^{xvi}	2.033(4)
Rb1—O4^{v}	3.288(5)	Rb2—O2^{vii}	3.376(5)	Sn2—O4^{xvii}	2.033(4)
Rb1—O4	3.288(5)	Rb2—O2^{ix}	3.376(5)	Sn2—O4^{ii}	2.033(4)
P1—O2	1.524(4)	P1—O4	1.537(4)		
P1—O1	1.529(4)	P1—O3	1.533(4)		
O2—P1—O1	106.4(3)	O1—P1—O4	110.6(2)	O1—P1—O3	110.1(3)
O2—P1—O4	114.1(2)	O2—P1—O3	108.2(2)	O4—P1—O3	107.4(2)

(i)0.66667 $-x$,1.33333 $-y$,0.33333 $-z$;(ii) $-0.33333+y$,0.33333 $-x+y$,0.33333 $-z$;(iii)0.66667 $+x-y$,0.33333 $+x$,0.33333 $-z$;(iv) $-x+y$,1 $-x$,z;(v)1 $-y$,1 $+x-y$,z;(vi) $-x$,$-y$,$-z$;(vii) $-y$,$x-y$,z;(viii) $-x+y$,$-x$,z;(ix)y,$-x+y$,$-z$;(x)$x-y$,x,$-z$;(xi)1 $-y$,$x-y$,z;(xii)1 $-x+y$,1 $-x$,z;(xiii)1 $+x-y$,x,$-z$;(xiv)1 $-x$,1 $-y$,$-z$;(xv)0.33333 $+x$,$-0.33333+y$,$-0.33333+z$;(xvi)0.66667 $-x$,0.33333 $-y$,0.33333 $-z$;(xvii) $-0.33333+x-y$,$-0.66667+x$,0.33333 $-z$.

下面以 $KSn_2P_3O_{12}$ 为例阐述两个化合物的三维空间结构。图 12.2 为化合物 $KSn_2P_3O_{12}$ 的整体三维框架结构图,这种结构的基本的结构单元是 SnO_6 八面体和 PO_4 四面体,这两种基团通过共用顶点氧原子的方式相互连接构成了$[Sn_2(PO_4)_3]^-$三维阴离子框架结构,K^+ 填充于这个阴离子框架结构中,并相互连接构成了化合物 $KSn_2P_3O_{12}$ 的整体三维框架结构。$KSn_2P_3O_{12}$ 的每个 P 原子与 4 个氧原子配位,形成几乎理想的正四面体结构的 PO_4 四面体,这可以从键长键角数据看出,P—O 键键长落在 1.513(5)~1.525(6)Å 的范围中,而 O—P—O 的键角在 107.1(3)~113.4(3)°范围中。每个 Sn 原子与六个氧原子配位,形成八面体结构的 SnO_6 基团。Sn—O 键有两组键长,Sn1—O 分别为 2.005(6)Å 和 2.039(5)Å,Sn2—O 分别为 2.020(5)Å 和 2.029(6)Å,可以看出 SnO_6 八面体畸变非常小,是几乎理想的正八面体。

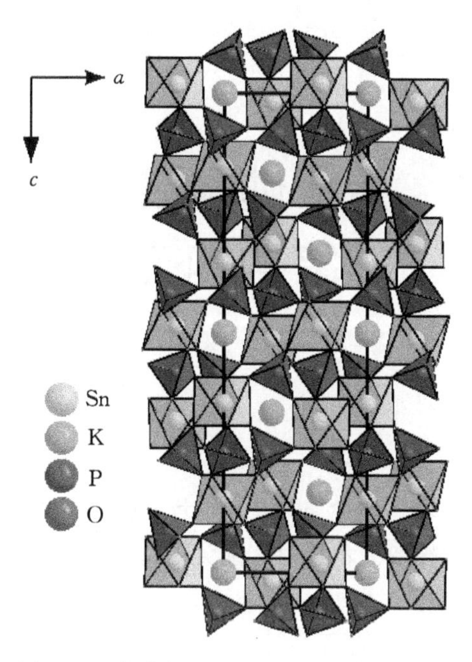

图 12.2　化合物 $KSn_2P_3O_{12}$的晶体结构图

12.5　本章小结

本章报道了两种新型 NASICON 结构化合物 $ASn_2(PO_4)_3$(A=K,Rb),通过高温熔盐法合成了其单晶,并通过单晶衍射法确定了其晶体结构,为下一步掺入稀土离子制备荧光粉奠定了基础。

第 13 章　稀土磷酸盐 $CsDyP_2O_7$ 的结构和光谱性能

13.1　前言

稀土焦磷酸盐 $ALnP_2O_7$（A＝碱金属，Ln＝稀土元素）是重要的磷酸盐化合物，通过调节、掺杂多种稀土离子，可用作荧光粉。本章内容是关于其中的一种新型化合物 $CsDyP_2O_7$，首次报道了其晶体结构与光学性质。

13.2　实验主要试剂和仪器设备

13.2.1　试验所使用的试剂

试验所使用的试剂见表 13.1。

表 13.1　实验试剂表

分子式	中文名	式量	含量	生产公司
Cs_2CO_3	碳酸锂	325.8198	分析纯	国药化学试剂有限公司
Dy_2O_3	氧化镝	372.9982	分析纯	国药化学试剂有限公司
$NH_4H_2PO_4$	磷酸二氢铵	367.8641	分析纯	国药化学试剂有限公司

13.2.2　实验所使用的仪器

实验所使用的仪器如表 13.2。

表 13.2　实验仪器表

仪器名称	仪器型号	生产厂家
高温箱式电阻炉		洛阳西格玛仪器有限公司
单晶衍射仪	BRUKER SMART APEX2 CCD	德国 BRUKER 公司
粉末衍射仪	Rigaku Dmax-2500/PC	日本理学株式会社理学公司

续表 13.2

仪器名称	仪器型号	生产厂家
荧光光谱仪	FLS920	爱丁堡仪器
连续变倍体视显微镜	ZOOM645	上海光学仪器厂
莱卡显微镜	Leica S6E	易维科技有限公司
玛瑙研钵	LN-CΦ100	辽宁省黑山县新立屯玛瑙工艺厂
电子称量平	BSM120.4	上海卓精科电子科技有限公司

实验中包括一些辅助设备坩埚钳、实验用手套、称量纸、刚玉坩埚等。

本实验最常用的设备箱式电阻炉，该仪器能非常方面设定程序升降温，且温度控制灵敏度高，设定最高温度达至 1300℃，能充分满足实验所需温度。

13.3　实验制备过程

13.3.1　单晶制备

$CsDyP_2O_7$ 晶体通过 Cs_2CO_3，Dy_2O_3，$NH_4H_2PO_4$ 体系反应得到，称取反应物 Cs_2CO_3（7.558 g，23.2 mmol）、Dy_2O_3（1.297 g，3.48 mmol）、$NH_4H_2PO_4$（4.000 g，34.8 mmol），倒入玛瑙研钵混合，充分研磨后置于铂坩锅中，放入箱式反应炉先加热到 400℃并恒温 4 小时，将原料取出研磨，再放入箱式反应炉中缓慢加热到 950℃并恒温 24 小时，然后以每小时 2℃的速率降温到 600℃，最后让其自然冷却至室温，在坩锅底部的产物中得到一些无色透明的条形晶体。化学反应方程式可表示为：

$$Cs_2CO_3+Dy_2O_3+4NH_4H_2PO_4 \longrightarrow 2CsDyP_2O_7+CO_2+4NH_3+6H_2O$$

13.3.2　单晶结构分析

$CsDyP_2O_7$ 的单晶衍射数据由 X 射线面探衍射仪（Bruker Smart Apex2 CCD，Mo-Kα radiation，λ=0.71073 Å），在室温下以 ω 扫描方式收集完成。数据经 SAINT 还原，使用 Multi-scan 方法进行吸收校正后被用于结构解析。单晶结构解析通过 SHELX-97 程序包在 PC 计算机上完成，采用直接法确定重原子 P，Dy 的坐标，其余较轻原子的坐标则是由差值傅立叶合成法给出，对所有原子的坐标和各向异性热参数进行基于 F^2 的全矩阵最小二乘方平面精修至收敛。最后，通过 PLATON 程序对其结构进行检查，没有检测到 A 类及 B 类晶体学错误。两个晶体的晶体学数据见表 13.3，全部原子坐标及各向同性温度因子值见表 13.4，各项异性温度因子见表 13.5。

表 13.3　化合物 $CsDyP_2O_7$ 的单晶结构数据

Chemical formula	$CsDyO_7P_2$
M_r	469.3
Crystal system, space group	Monoclinic, $P2_1/c$
Temperature(K)	293
a, b, c(Å)	7.8923, 10.9434, 8.7721
β(°)	104.167
V(Å^3)	734.59
Z	4
Radiation type	Mo$K\alpha$
μ(mm^{-1})	15.48
Crystal size(mm)	0.20 × 0.10 × 0.05
Diffractometer	Bruker Apex2 CCD
Absorption correction	multi-scan
No. of measured, independent and observed [$I > 2\sigma(I)$] reflections	4844, 1781, 1593
R_{int}	0.023
$(\sin\theta/\lambda)_{max}$(Å^{-1})	0.667
$R[F^2 > 2\sigma(F^2)]$, $wR(F^2)$, S	0.021, 0.026, 1.31
No. of reflections/ parameters	1781/101
$\Delta\rho_{max}$, $\Delta\rho_{min}$($e \cdot$ Å^{-3})	1.52, −0.72

表 13.4　化合物 $CsDyP_2O_7$ 的原子坐标和各向同性温度因子

	x	y	z	$U_{iso}*/U_{eq}$
Cs1	0.69942(4)	0.30944(3)	0.05244(4)	0.02111(12)
Dy1	0.26403(3)	0.400841(19)	0.24731(2)	0.00597(8)
P1	0.63202(15)	0.59631(11)	0.32042(13)	0.0073(3)
P2	0.92841(15)	0.63161(11)	0.18246(13)	0.0071(3)
O1	0.5076(4)	0.5030(3)	0.2262(4)	0.0113(10)
O2	0.6499(5)	0.5855(3)	0.4943(4)	0.0195(12)
O3	0.5840(4)	0.7240(3)	0.2587(4)	0.0129(11)

续表 13.4

	x	y	z	$U_{iso}*/U_{eq}$
O4	0.8218(4)	0.5646(3)	0.2933(4)	0.0127(11)
O5	0.8301(5)	0.6072(3)	0.0161(4)	0.0204(13)
O6	1.1062(4)	0.5736(3)	0.2261(4)	0.0134(11)
O7	0.9395(4)	0.7653(3)	0.2250(4)	0.0128(11)

表 13.5　化合物 $CsDyP_2O_7$ 的各向异性温度因子

	U^{11}	U^{22}	U^{33}	U^{12}	U^{13}	U^{23}
Cs1	0.01644(18)	0.0269(2)	0.01821(18)	−0.00063(13)	0.00089(13)	0.00489(13)
Dy1	0.00534(12)	0.00516(13)	0.00736(12)	−0.00009(7)	0.00147(8)	0.00046(7)
P1	0.0065(6)	0.0078(6)	0.0079(5)	−0.0026(4)	0.0021(4)	−0.0004(4)
P2	0.0060(5)	0.0069(6)	0.0082(5)	0.0010(4)	0.0017(4)	−0.0010(4)
O1	0.0092(16)	0.0097(18)	0.0158(17)	−0.0062(13)	0.0045(13)	−0.0042(13)
O2	0.024(2)	0.025(2)	0.0103(17)	−0.0097(16)	0.0040(15)	−0.0019(15)
O3	0.0092(17)	0.0085(18)	0.0218(18)	0.0007(13)	0.0052(14)	−0.0002(14)
O4	0.0088(17)	0.0119(18)	0.0180(17)	0.0009(13)	0.0045(13)	0.0053(14)
O5	0.028(2)	0.021(2)	0.0101(17)	0.0028(16)	0.0010(15)	−0.0018(14)
O6	0.0083(17)	0.0119(18)	0.0215(18)	0.0061(13)	0.0067(14)	0.0033(14)
O7	0.0083(16)	0.0080(17)	0.0229(19)	−0.0014(13)	0.0055(14)	−0.0024(14)

13.3.3　纯相粉末的合成

晶体结构确定之后，根据该化合物分子式的化学计量比合成其纯相粉末。以 Cs∶Dy∶P =1∶1∶2 的摩尔比例分别称取反应物 Cs_2CO_3，Dy_2O_3、$NH_4H_2PO_4$，倒入玛瑙研钵混合，充分研磨后置于铂坩锅中，放入箱式反应炉加热到 800℃并恒温 60 小时，期间将原料取出进行多次研磨，最后让其缓慢降至室温，所得产物为白色粉末。使用 DMAX2500 粉末衍射仪（Cu-$K\alpha$ 靶、步长为 0.05°及 2θ 角范围为 5°～70°）对该产物进行分析，得到其粉末衍射实验数据，并与基于单晶结构数据通过 Visualizer 软件模拟的粉末衍射数据作对比，两者吻合得较好，证明在上述实验中的产物为 $CsDyP_2O_7$ 的纯相粉末，见图 13.1。

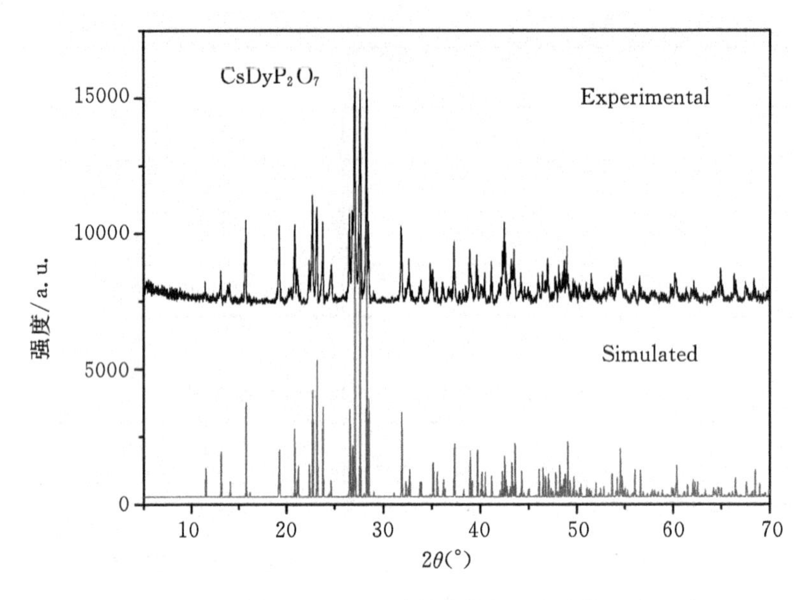

图 13.1 化合物 $CsDyP_2O_7$ 的粉末模拟和实验数据对比图

13.4 结构分析

13.4.1 结构分析与描述

单晶 X-射线衍射分析表明化合物 $CsDyP_2O_7$ 属于单斜晶系 $P2_1/c$ 空间群，具有一个三维的阴离子网络结构$[DyP_2O_7]_\infty$，该网络结构由 PO_4 四面体和 DyO_6 八面体构成，如图 13.2 所示。每个晶体学不对称单元包括 1 个 Cs 原子，1 个 Dy 原子，2 个 P 原子，7 个 O 原子。其中，每个 P 原子分别与 4 个 O 原子配位，形成 PO_4 四面体，然后两个 PO_4 四面体通过共用 O 原子

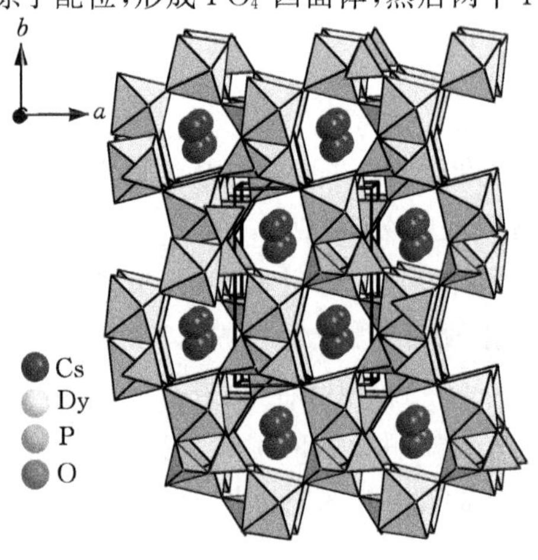

图 13.2 化合物 $CsDyP_2O_7$ 的三维晶体结构

的方式形成一个 P_2O_7 基团；P—O 键键长为 1.500(4)～1.611(4)Å，平均值为 1.532 Å，其中最短的 P—O 键 1.500(4)Å 对应于 P_2O_7 基团中端基 O 原子，最长的的 P—O 键 1.611(4)Å 对应于 P_2O_7 基团中桥基 O 原子，如表 13.6 所列。每个 Dy 原子与 6 个 O 原子连接形成 DyO_6 扭曲八面体，Dy—O 键键长为 2.207(3)～2.284(3)Å，而 O—Dy—O 键角为 80.58(12)～99.67(12)°。P_2O_7 和 DyO_6 基团通过共用顶点 O 原子的方式相互连接形成开放的阴离子网络结构 $[DyP_2O_7]_\infty$，如图 13.3(a)所示。在这个结构中，每个 P_2O_7 基团连接 5 个 DyO_6 八面体，而每个 DyO_6 八面体与 5 个 P_2O_7 基团相连。另一方面，$[DyP_2O_7]_\infty$ 结构中包含很多沿 c 轴方向排列的 1 维管状结构，Cs^+ 离子位于其中，与 9 个 O 原子相连(Cs—O 键键长为 3.198(4)～3.636(4)Å)，使结构保持电中性并维持结构稳定，形成化合物的 $CsDyP_2O_7$ 的三维晶体结构。

价键计算结果表明，Cs、Dy、P 原子都具有合理的化合价＋1、＋3、＋5 价，Cs1、Dy1、P1、P2 原子计算结果分别为 0.945(3)、3.070(12)、5.03(2)、5.10(2)，证明我们的结构模型是正确的。

表 13.6　化合物 $CsDyP_2O_7$ 中重要的键长和键角值

Cs1—O1	3.198(4)	Dy1—$O3^{ii}$	2.284(3)
Cs1—$O1^{i}$	3.302(3)	Dy1—$O5^{i}$	2.249(3)
Cs1—$O2^{ii}$	3.636(4)	Dy1—$O6^{vi}$	2.246(3)
Cs1—$O3^{ii}$	3.231(4)	Dy1—$O7^{ii}$	2.243(3)
Cs1—$O3^{i}$	3.098(3)	P1—O1	1.514(3)
Cs1—O4	3.493(3)	P1—O2	1.501(4)
Cs1—O5	3.456(4)	P1—O3	1.513(3)
Cs1—$O6^{iii}$	3.366(3)	P1—O4	1.611(4)
Cs1—$O6^{iv}$	3.435(4)	P2—O4	1.610(4)
Cs1—$O7^{iii}$	3.073(3)	P2—O5	1.500(4)
Dy1—O1	2.270(3)	P2—O6	1.502(3)
Dy1—$O2^{v}$	2.207(3)	P2—O7	1.507(3)
O1—Dy1—$O2^{v}$	89.80(13)	O1—P1—O2	112.9(2)
O1—Dy1—$O3^{ii}$	87.44(12)	O1—P1—O3	110.83(18)
O1—Dy1—$O5^{i}$	90.51(13)	O1—P1—O4	106.05(19)
O1—Dy1—$O6^{vi}$	92.43(12)	O2—P1—O3	112.9(2)
$O2^{v}$—Dy1—$O3^{ii}$	92.84(13)	O2—P1—O4	105.9(2)
$O2^{v}$—Dy1—$O6^{vi}$	93.05(13)	O3—P1—O4	107.8(2)
$O2^{v}$—Dy1—$O7^{ii}$	88.97(13)	O4—P2—O5	106.5(2)
$O3^{ii}$—Dy1—$O5^{i}$	89.24(13)	O4—P2—O6	104.31(19)
$O3^{ii}$—Dy1—$O7^{ii}$	80.58(12)	O4—P2—O7	107.4(2)

续表 13.6

$O5^{i}$—Dy1—$O6^{vi}$	84.87(13)	O5—P2—O6	113.7(2)
$O5^{i}$—Dy1—$O7^{ii}$	91.16(13)	O5—P2—O7	113.5(2)
$O6^{vi}$—Dy1—$O7^{ii}$	99.67(12)	O6—P2—O7	110.68(18)
Symmetry codes:(i) $-x+1,-y+1,-z$;(ii) $-x+1,y-1/2,-z+1/2$;(iii) $-x+2,y-1/2,-z+1/2$;(iv) $-x+2,-y+1,-z$;(v) $-x+1,-y+1,-z+1$;(vi) $x-1,y,z$.			

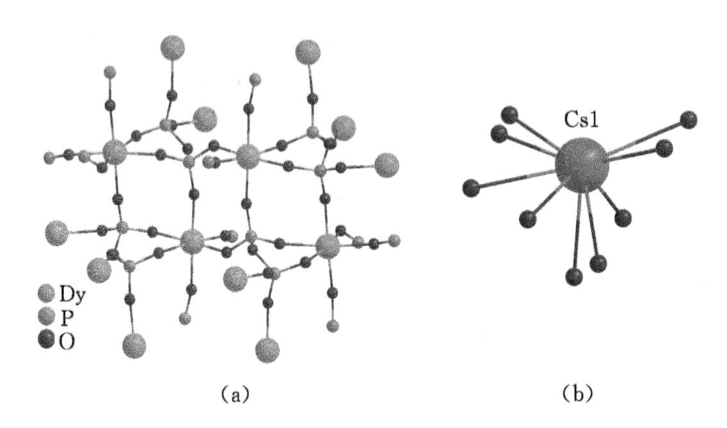

图 13.3 (a)3D 开放网络结构$[DyP_2O_7]_\infty$示意图;(b)Cs^+离子的配位情况图

13.4.2 紫外可见光谱分析

图 13.4 为 $CsDyP_2O_7$ 的紫外可见吸收光谱(200～700 nm)。吸收率通过 KubelkaMunk 方程计算,即 $F(R)=(1-R)^2/2R=K/S$。从图中可以清晰地看到,再 500 nm 到 700 nm 范围内

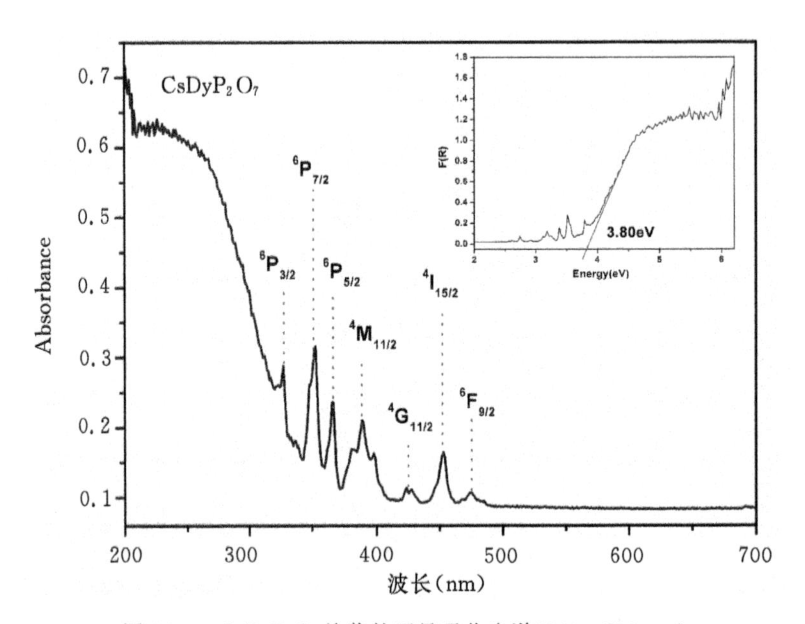

图 13.4 $CsDyP_2O_7$ 的紫外可见吸收光谱(200～700 nm)

没有明显的吸收。通过(K/S)－E 作图，在曲线处做截线并延长与 x 轴相交处为 3.80 eV，即为化合物 $CsDyP_2O_7$ 的带宽值。另一方面，在 323 nm、348 nm、362 nm、382 nm、425 nm、452 nm、473 nm处还存在一系列线状峰，分别归因于 Dy^{3+} 离子 $^6H_{15/2}\rightarrow{}^6P_{3/2}$、$^6H_{15/2}\rightarrow{}^6P_{7/2}$、$^6H_{15/2}\rightarrow{}^6P_{5/2}$、$^6H_{15/2}\rightarrow{}^6M_{11/2}$、$^6H_{15/2}\rightarrow{}^4G_{11/2}$、$^6H_{15/2}\rightarrow{}^4I_{15/2}$、$^6H_{15/2}\rightarrow{}^6F_{9/2}$ 的跃迁。

13.4.3　激发发射光谱分析

图 13.5(a)所示为 $CsDyP_2O_7$ 的激发光谱图，监测波长为 573 nm，扫描范围为 200～460 nm。从图中可以看出，有一系列窄带尖锐激发峰，这是 Dy^{3+} 的 $f\rightarrow f$ 的电子吸收跃迁峰，即 297 nm、323 nm、348 nm、362 nm、382 nm 处 5 个发射峰，分别对应于 Dy^{3+} 的 $^6H_{15/2}$ 能级跃迁至 $^4D_{7/2}$、$^6P_{3/2}$、$^6P_{7/2}$、$^6P_{5/2}$、$^6M_{11/2}$。另一方面，对应于 Dy^{3+} 的电荷跃迁峰非常弱，几乎不可见。从激发谱中可以看出，$CsDyP_2O_7$ 能很好地被基质中 Dy^{3+} 的 $f\rightarrow f$ 跃迁吸收的近紫外光有效地激发，从而很好地与近紫外 LED 芯片相匹配，因此，对 $CsDyP_2O_7$ 的研究对于白光 LED 的开发和应用具有一定的意义。

图 13.5(b)所示为 $CsDyP_2O_7$ 的发射光谱图。激发波发为 348 nm，扫描范围为 400 nm～800 nm。从图中可以看到，在此范围存在一系列发射峰，对应于 Dy^{3+} 离子 $f\rightarrow f$ 的跃迁。其中 484 nm($^4F_{9/2}\rightarrow{}^6H_{15/2}$)蓝光和 574 nm($^4F_{9/2}\rightarrow{}^6H_{13/2}$)黄光处两个发射峰相对强度较大。一般认为当三价稀土离子 Dy^{3+} 在基质晶体中占据对称性较高的反演对称中心格位时，Dy^{3+} 的发射以 $^4F_{9/2}\rightarrow{}^6H_{15/2}$ 磁偶极的允许跃迁为主，发射波长为 484 nm 的蓝色光；如果 Dy^{3+} 在晶体中占据非对称中心的格位时，宇称选择定则可能发生松动，结果 $^4F_{9/2}\rightarrow{}^6H_{13/2}$ 电偶极跃迁占主导地位，发射 574 nm 黄色光。从图中可以看出，574 nm 的较强，证明 Dy^{3+} 占据了非对称中心位置，这个结论与上面讨论过的晶体结构相一致，即 Dy^{3+} 将占据 $CsDyP_2O_7$ 晶格中非对称中心位置，这与单晶分析结果相一致。

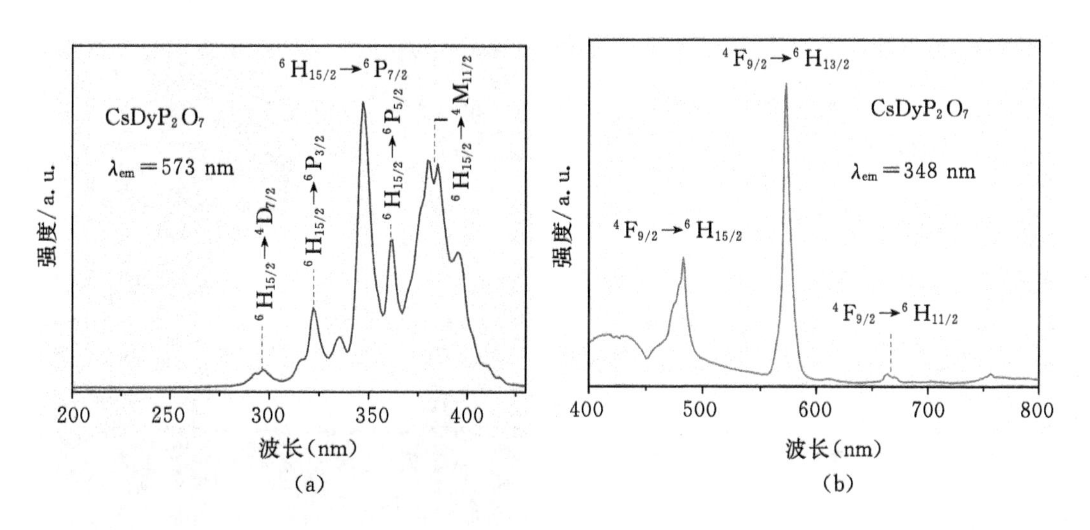

图 13.5　(a)$CsDyP_2O_7$ 的激发光谱图；(b)$CsDyP_2O_7$ 的发射光谱图

13.4.5 瞬态荧光光谱和色度研究

我们分别测定了 $CsDyP_2O_7$ 的瞬态光谱性能，以验证激活离子在基质中的占位情况。图 13.6 为 $CsDyP_2O_7$ 样品的时间分辨光谱，监测波长为 574 nm，激发波长为 348 nm，即对应 $^4F_{9/2} \rightarrow {}^6H_{13/2}$ 的跃迁。用激光脉冲作为激发源的单一体系中，衰减曲线公式为 $I(t)=A_1\exp(-t/\tau)+I(0)$，其中 τ 表示荧光寿命，$I(t)$ 表示 t 时刻的荧光强度，$I(0)$ 表示初始时刻的荧光强度。经单指数拟合得到 Eu^{3+} 在 $^5D_0$ 能级上的荧光寿命 $\tau=0.41$ ms。结果表明，Eu^{3+} 处于激发态的时间相对较短，发光效率相对较高。

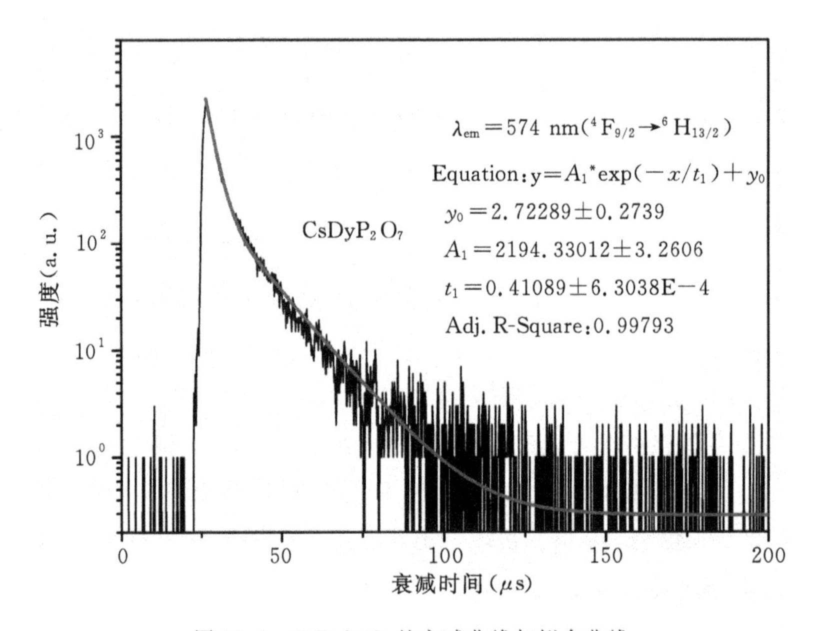

图 13.6 $CsDyP_2O_7$ 的衰减曲线与拟合曲线

任何色光都可以用 (x,y) 坐标形式表现在 CIE 色度图上，为了计算样品的色度坐标，根据样品的发射光谱，利用 CIE1931xy 程序计算了 $CsDyP_2O_7$ 荧光粉的色度坐标。通过 348 nm 光激发，其色坐标分别为 $(x_1=0.2882, y_1=0.3110)$。将其表现在 CIE 色度图上，如图 13.7 所示。从图中可以看出，其坐标位置分别位于白光区域，由此表明，$CsDyP_2O_7$ 是可以被近紫外光激发的荧光粉，在白光 LED 领域有潜在的应用价值。

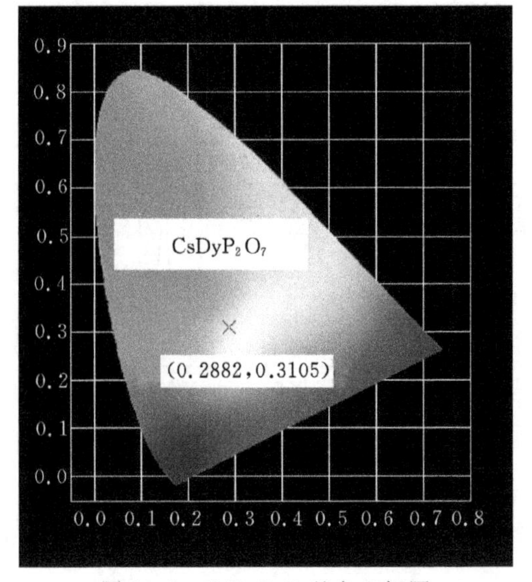

图 13.7 $CsDyP_2O_7$ 的色坐标图

13.5　本章小结

本章报道了一种新型稀土磷酸盐化合物 $CsDyP_2O_7$ 的合成方法、晶体结构和荧光性能。结果表明它们属于单斜晶系 $P2_1/c$ 空间群，具有一个三维的阴离子网络结构 $[DyP_2O_7]_\infty$，该网络结构由 PO_4 四面体和 DyO_6 八面体构成。$CsDyP_2O_7$ 在波长为 348 nm 的光源激发下，出现位于 484 nm 和 574 nm 附近的强发射峰，分别对应于 Dy^{3+} 的 $^4F_{9/2}$ 能态分别到 $^6H_{15/2}$ 和 $^6H_{13/2}$ 的跃迁。我们可以认为 $CsDyP_2O_7$ 粉末在照明和显示中可以作为白色荧光粉应用在白光 LEDs 中。具体结果发表在了 Mater. Res. Bull. 2017，87，202－207。

第 14 章　稀土磷酸盐 $K_3Dy(PO_4)_2$ 的结构和光谱性能

14.1　前言

稀土磷酸盐系列化合物 $A_3Ln(PO_4)_2$（A＝碱金属，Ln＝稀土元素）是重要的磷酸盐化合物，通过调节、掺杂多种稀土离子，可用作荧光粉。本章内容是关于其中的一种新型化合物 $K_3Dy(PO_4)_2$，首次报道了其晶体结构与光学性质。

14.2　实验主要试剂和仪器设备

14.2.1　试验所使用的试剂

试验所使用的试剂见表 14.1。

表 14.1　实验试剂表

分子式	中文名	式量	含量	生产公司
K_2CO_3	碳酸锂	138.2055	分析纯	国药化学试剂有限公司
KF	氟化钾	58.0967	分析纯	国药化学试剂有限公司
Dy_2O_3	氧化镝	372.9982	分析纯	国药化学试剂有限公司
$NH_4H_2PO_4$	磷酸二氢铵	367.8641	分析纯	国药化学试剂有限公司

14.2.2　实验所使用的仪器

实验所使用的仪器如表 14.2。

表 14.2　实验仪器表

仪器名称	仪器型号	生产厂家
高温箱式电阻炉		洛阳西格玛仪器有限公司
单晶衍射仪	BRUKER SMART APEX II CCD	德国 BRUKER 公司
粉末衍射仪	Rigaku Dmax-2500/PC	日本理学株式会社理学公司

续表 14.2

仪器名称	仪器型号	生产厂家
荧光光谱仪	FLS920	爱丁堡仪器
连续变倍体视显微镜	ZOOM645	上海光学仪器厂
莱卡显微镜	Leica S6E	易维科技有限公司
玛瑙研钵	LN-CΦ100	辽宁省黑山县新立屯玛瑙工艺厂
电子称量平	BSM120.4	上海卓精科电子科技有限公司

实验中包括一些辅助设备坩埚钳、实验用手套、称量纸、刚玉坩埚等。

本实验最常用的设备箱式电阻炉,该仪器能非常方面设定程序升降温,且温度控制灵敏度高,设定最高温度达至 1300℃,能充分满足实验所需温度。

14.3 实验制备过程

14.3.1 单晶制备

$K_3Dy(PO_4)_2$ 晶体通过 K_2CO_3,KF,Dy_2O_3,$NH_4H_2PO_4$ 体系反应得到,以 K_2O-KF-P_2O_5 为溶剂。称取反应物 K_2CO_3(1.482 g,10.72 mmol)、Dy_2O_3(1.000 g,2.681 mmol)、$NH_4H_2PO_4$(2.158 g,18.77 mmol)、KF(0.779 g,13.40 mmol),倒入玛瑙研钵混合,充分研磨后置于铂坩锅中,放入箱式反应炉先加热到 400℃并恒温 4 小时,将原料取出研磨,再放入箱式反应炉中缓慢加热到 900℃并恒温 24 小时,然后以每小时 2℃的速率降温到 700℃,最后让其自然冷却至室温,在坩锅底部的产物中得到一些无色透明的条形晶体。

14.3.2 单晶结构分析

$K_3Dy(PO_4)_2$ 的单晶衍射数据由 X-射线面探衍射仪(Bruker Smart Apex2 CCD,Mo-Kα radiation,$\lambda=0.71073$ Å),在室温下以 ω 扫描方式收集完成。数据经 SAINT 还原,使用 Multi-scan 方法进行吸收校正后被用于结构解析。单晶结构解析通过 SHELX-97 程序包在 PC 计算机上完成,采用直接法确定重原子 P,Dy 的坐标,其余较轻原子的坐标则是由差值傅里叶合成法给出,对所有原子的坐标和各向异性热参数进行基于 F^2 的全矩阵最小二乘方平面精修至收敛。最后,通过 PLATON 程序对其结构进行检查,没有检测到 A 类及 B 类晶体学错误。两个晶体的晶体学数据见表 14.3,全部原子坐标及各向同性温度因子值见表 14.4,各项异性温度因子见表 14.5。

表 14.3　化合物 $K_3Dy(PO_4)_2$ 的单晶结构数据

Crystal data	
Chemical formula	$K_3DyP_2O_8$
M_r	469.74
Crystal system,space group	Monoclinic, $P2_1/m$
Temperature(K)	296
a,b,c(Å)	7.3994(9), 5.6136(7), 9.3944(11)
β(°)	90.866(1)
V(Å^3)	390.17(8)
Z	2
Radiation type	Mo$K\alpha$
μ(mm^{-1})	11.60
Crystal size(mm)	0.20 × 0.05 × 0.05
Diffractometer	Bruker Apex2 CCD
Absorption correction	multi-scan
No. of measured,independent and observed [$I>2\sigma(I)$] reflections	4885,1068,1018
R_{int}	0.039
$(\sin\theta/\lambda)_{max}$(Å^{-1})	0.667
$R[F^2>2\sigma(F^2)]$, $wR(F^2)$, S	0.023, 0.056, 1.11
No. of reflections	1068
No. of parameters	79
$\Delta\rho_{max}$, $\Delta\rho_{min}$(e·Å^{-3})	3.58, −1.03

表 14.4　化合物 $K_3Dy(PO_4)_2$ 的原子坐标和各向同性温度因子

$P2_1/m$	x	y	z	$U_{iso}*/U_{eq}$
Dy1	0.99295(3)	0.2500	0.21147(2)	0.00791(10)
P1	0.77105(19)	0.2500	0.58975(14)	0.0074(3)
P2	1.18807(19)	0.2500	−0.07322(14)	0.0083(3)
O1	0.8287(5)	0.2500	0.4324(4)	0.0106(8)
O2	0.8493(4)	0.0266(5)	0.6644(3)	0.0126(6)
O3	0.5672(6)	0.2500	0.6015(5)	0.0167(9)

续表 14.4

$P2_1/m$	x	y	z	$U_{iso}*/U_{eq}$
O4	1.2831(6)	0.2500	0.0738(4)	0.0133(8)
O5	1.2388(4)	0.0263(5)	−0.1590(3)	0.0123(6)
O6	0.9854(6)	0.2500	−0.0428(4)	0.0176(9)
K1	0.20511(18)	0.2500	0.58087(13)	0.0125(2)
K2	0.49627(17)	0.2500	0.30706(13)	0.0156(3)
K3	0.36383(18)	0.7500	0.08918(14)	0.0153(3)

表 14.5　化合物 $K_3Dy(PO_4)_2$ 的各向异性温度因子

	U^{11}	U^{22}	U^{33}	U^{12}	U^{13}	U^{23}
Dy1	0.00731(15)	0.00825(14)	0.00815(14)	0.000	−0.00038(9)	0.000
P1	0.0073(7)	0.0075(6)	0.0072(6)	0.000	0.0003(5)	0.000
P2	0.0086(7)	0.0082(6)	0.0079(6)	0.000	−0.0001(5)	0.000
O1	0.012(2)	0.0138(19)	0.0063(17)	0.000	0.0008(15)	0.000
O2	0.0158(15)	0.0121(13)	0.0100(13)	0.0036(11)	0.0019(11)	0.0012(10)
O3	0.009(2)	0.025(2)	0.016(2)	0.000	0.0000(16)	0.000
O4	0.017(2)	0.014(2)	0.0092(19)	0.000	−0.0023(16)	0.000
O5	0.0163(16)	0.0101(13)	0.0105(13)	−0.0006(11)	0.0003(11)	−0.0021(10)
O6	0.010(2)	0.028(2)	0.014(2)	0.000	−0.0002(16)	0.000
K1	0.0153(6)	0.0115(5)	0.0107(5)	0.000	0.0013(4)	0.000
K2	0.0125(6)	0.0210(7)	0.0133(6)	0.000	−0.0026(5)	0.000
K3	0.0136(6)	0.0159(6)	0.0163(6)	0.000	−0.0004(5)	0.000

14.3.3　纯相粉末的合成

晶体结构确定之后，根据该化合物分子式的化学计量比合成其纯相粉末。以 K_2CO_3 ∶ Dy_2O_3 ∶ $NH_4H_2PO_4$ ＝3 ∶ 1 ∶ 4 的摩尔比例分别称取反应物，倒入玛瑙研钵混合，充分研磨后置于铂坩锅中，放入箱式反应炉加热到 950℃并恒温 24 小时，期间将原料取出进行多次研磨，最后让其缓慢降至室温，所得产物为白色粉末。使用 DMAX2500 粉末衍射仪（Cu-*Ka* 靶、步长为 0.05°及 2θ 角范围为 10°～65°）对该产物进行分析，得到其粉末衍射实验数据，并与基于单晶结构数据通过 Visualizer 软件模拟的粉末衍射数据作对比，两者吻合得较好，证明在上述实验中的产物为 $K_3Dy(PO_4)_2$ 的纯相粉末，见图 14.1。

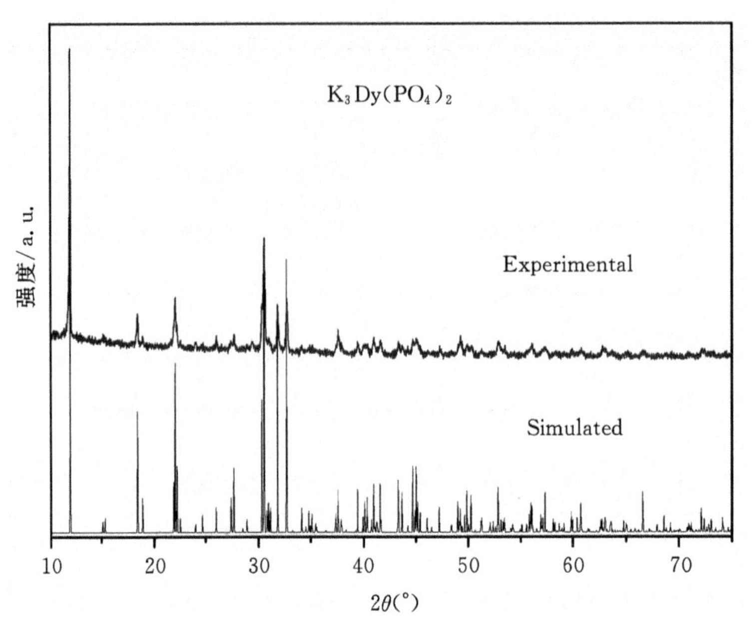

图 14.1　化合物 $K_3Dy(PO_4)_2$ 的粉末模拟和实验数据对比图

14.4　结构分析

14.4.1　结构分析与描述

单晶 X 射线衍射分析表明化合物 $K_3Dy(PO_4)_2$ 属于单斜晶系 $P2_1/m$ 空间群，具有一个 2 维的层状结构，即阴离子层 $[Dy(PO_4)_2]_\infty$ 与 K_∞ 层，二者交替沿着 a 轴方向交替堆叠，如图 14.2(a)所示。每个晶体学不对称单元包括 3 个 K 原子，1 个 Dy 原子，2 个 P 原子，6 个 O 原子。其中，每个 P 原子分别与 4 个 O 原子配位，形成 PO_4 四面体；P—O 键键长为 1.514(4)～1.545(4)Å，O—P—O 键键角为 105.5(2)到 110.93(15)°，如表 14.6 所列。PO_4 四面体之间相互孤立，并通过 Dy 原子连接起来，形成二维阴离子层 $[Dy(PO_4)_2]_\infty$，如图 14.2(b)所示。每个 Dy 原子与 7 个 O 原子配位，Dy—O 键键长为 2.257(3)～2.523(4)Å。K+离子分布于 $[Dy(PO_4)_2]_\infty$ 层间，通过 K^+ 和 O^{2-} 的静电引力相连，构成了化合物 $K_3Dy(PO_4)_2$ 的结构。值得注意的是 3 个不同的晶体学 K 原子具有不同的配位情况，分别是 K(1)O10、K(2)O9、K(3)O11 多面体。K—O 键键长为 2.614(4)～3.255(3)Å。价键计算结果表明，K、Dy、P 原子都具有合理的化合价＋1、＋3、＋5 价，原子计算结果分别为 Dy＝2.44、P＝4.94～4.97、K＝1.06～1.24，证明我们的结构模型是正确的。

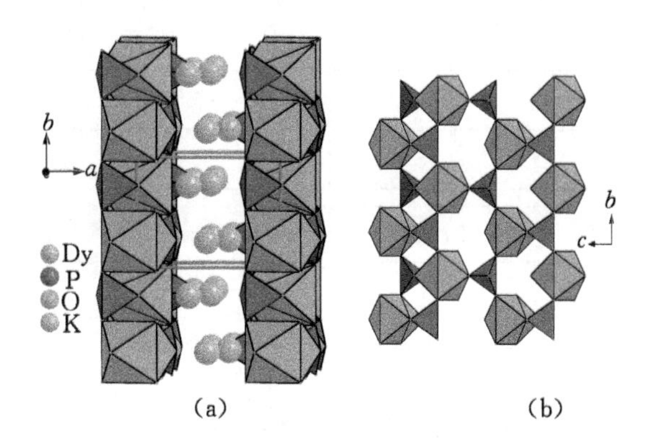

图 14.2　(a)沿着 c 轴方向观察化合物 $K_3Dy(PO_4)_2$ 的三维晶体结构；(b)bc 平面上的$[Dy(PO_4)_2]_\infty$的二维层结构

表 14.6　化合物 $K_3Dy(PO_4)_2$ 中重要的键长键角表

$Dy1—O2^{i}$	2.257(3)	$K1—O1^{xvi}$	3.096(4)
$Dy1—O2^{ii}$	2.257(3)	K1—O3	2.684(5)
$Dy1—O5^{iii}$	2.359(3)	K2—O3	2.808(4)
$Dy1—O5^{iv}$	2.359(3)	$K2—O4^{xvi}$	2.681(4)
Dy1—O6	2.388(4)	$K2—O5^{iv}$	2.875(3)
Dy1—O1	2.421(4)	$K2—O5^{iii}$	2.875(3)
Dy1—O4	2.523(4)	$K2—O3^{v}$	2.9747(15)
P1—O3	1.514(4)	$K2—O3^{vi}$	2.9747(15)
P1—O1	1.545(4)	$K2—O2^{vi}$	3.007(3)
P1—O2	1.545(3)	$K2—O2^{xv}$	3.007(3)
$P1—O2^{viii}$	1.545(3)	K2—O1	2.711(4)
P2—O6	1.531(4)	$K3—O6^{xii}$	2.614(4)
P2—O4	1.540(4)	$K3—O4^{xvi}$	2.8728(10)
P2—O5	1.542(3)	$K3—O4^{xviii}$	2.8728(10)
$P2—O5^{viii}$	1.542(3)	$K3—O5^{xvii}$	2.938(3)
$K1—O5^{xiii}$	2.755(3)	$K3—O5^{xviii}$	2.938(3)
$K1—O5^{xiv}$	2.755(3)	$K3—O3^{v}$	2.943(4)
$K1—O2^{vi}$	2.802(3)	$K3—O4^{x}$	3.048(4)
$K1—O2^{xv}$	2.802(3)	$K3—O2^{v}$	3.087(3)
$K1—O1^{vi}$	2.8205(5)	$K3—O2^{xv}$	3.087(3)
$K1—O1^{v}$	2.8205(5)	$K3—O5^{x}$	3.255(3)

续表 14.6

K1—O2xvi	3.030(3)	K3—O5iv	3.255(3)
K1—O2xvii	3.030(3)		
O3—P1—O1	111.1(2)	O6—P2—O4	105.5(2)
O3—P1—O2	109.50(15)	O6—P2—O5	110.16(15)
O1—P1—O2	109.10(14)	O4—P2—O5	110.93(15)
O3—P1—O2viii	109.50(15)	O6—P2—O5viii	110.16(15)
O1—P1—O2viii	109.09(14)	O4—P2—O5viii	110.93(14)
O2—P1—O2viii	108.5(2)	O5—P2—O5viii	109.1(2)
Symmetry codes: (i) $-x+2, y+1/2, -z+1$; (ii) $-x+2, -y, -z+1$; (iii) $-x+2, -y, -z$; (iv) $-x+2, y+1/2, -z$; (v) $-x+1, -y+1, -z+1$; (vi) $-x+1, -y, -z+1$; (vii) $x+1, y, z$; (viii) $x, -y+1/2, z$; (ix) $x+1, y, z-1$; (x) $-x+2, -y+1, -z$; (xi) $x+1, y-1, z$; (xii) $-x+1, -y+1, -z$; (xiii) $x-1, -y+1/2, z+1$; (xiv) $x-1, y, z+1$; (xv) $-x+1, y+1/2, -z+1$; (xvi) $x-1, y, z$; (xvii) $x-1, -y+1/2, z$; (xviii) $x-1, y+1, z$.			

14.4.2 激发发射光谱分析

图 14.3(a)所示为 $K_3Dy(PO_4)_2$ 的激发光谱图，监测波长为 571 nm，扫描范围为 300～420 nm。从图中可以看出，有一系列窄带尖锐激发峰，这是 Dy^{3+} 的 $f \to f$ 的电子吸收跃迁峰，即 324 nm、350 nm、365 nm、387 nm 处 4 个发射峰，分别对应于 Dy^{3+} 的 $^6H_{15/2}$ 能级跃迁至 $^6P_{3/2}$、$^6P_{7/2}$、$^6P_{5/2}$、$^6M_{11/2}$，其中位于 350 nm 处的峰最强。从激发谱中可以看出，$K_3Dy(PO_4)_2$ 能很好地被基质中 Dy^{3+} 的 $f \to f$ 跃迁吸收的近紫外光有效地激发，从而很好地与近紫外 LED 芯片(InGaN-based LED chip，350～410 nm)相匹配，因此，对 $K_3Dy(PO_4)_2$ 的研究对于白光 LED 的开发和应用具有一定的意义。

图 14.3(b)所示为 $K_3Dy(PO_4)_2$ 的发射光谱图。激发波发为 350 nm，扫描范围为 450 nm～650 nm。从图中可以看到，在此范围存在一系列发射峰，对应于 Dy^{3+} 离子 $f \to f$ 的跃迁。其中 488 nm($^4F_{9/2} \to {}^6H_{15/2}$)蓝光和 571 nm($^4F_{9/2} \to {}^6H_{13/2}$)黄光处两个发射峰相对强度较大。一般认为当三价稀土离子 Dy^{3+} 在基质晶体中占据对称性较高的反演对称中心格位时，Dy^{3+} 的发射以 $^4F_{9/2} \to {}^6H_{15/2}$ 磁偶极的允许跃迁为主，发射波长为 488 nm 的蓝色光；如果 Dy^{3+} 在晶体中占据非对称中心的格位时，宇称选择定则可能发生松动，结果 $^4F_{9/2} \to {}^6H_{13/2}$ 电偶极跃迁占主导地位，发射 571 nm 黄色光。从图中可以看出，571 nm 的较强，证明 Dy^{3+} 占据了非对称中心位置，这个结论与上面讨论过的晶体结构相一致，即 Dy^{3+} 将占据 $K_3Dy(PO_4)_2$ 晶格中非对称中心位置，这与单晶分析结果相一致。上节单晶结构分析中，Dy^{3+} 位于 m 滑移面上，非对称中心位置。

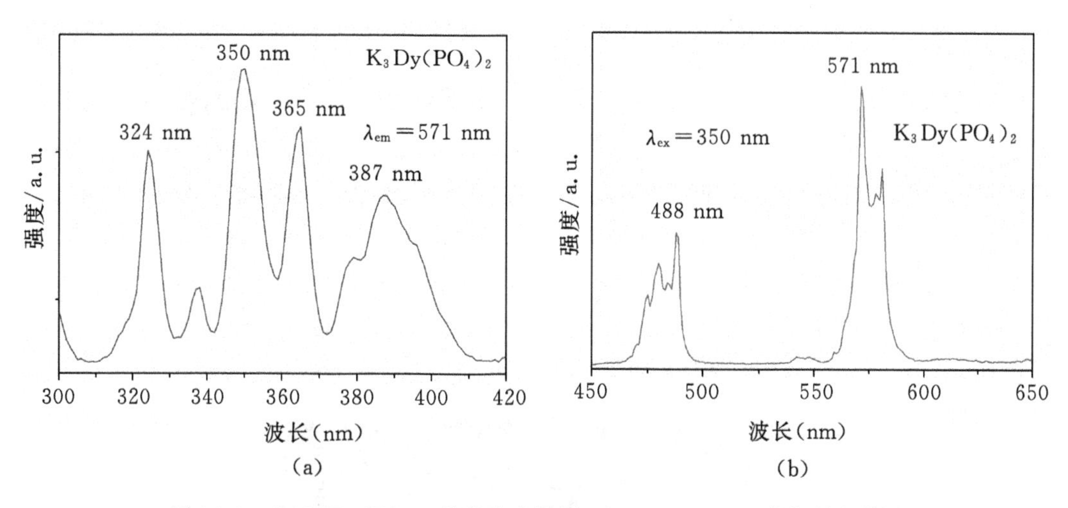

图 14.3　(a)$K_3Dy(PO_4)_2$ 的激发光谱图;(b)$K_3Dy(PO_4)_2$ 的发射光谱图

14.4.3　瞬态荧光光谱和色度研究

我们测定了 $K_3Dy(PO_4)_2$ 的瞬态光谱性能。图 14.4 为 $CsDyP_2O_7$ 样品的时间分辨光谱,监测波长为 571 nm,激发波长为 350 nm,即对应 $^4F_{9/2}\to{}^6H_{13/2}$ 的跃迁。用激光脉冲作为激发源的单一体系中,衰减曲线偏离了单指数形式,可以采用双指数衰减函数拟合:$I(t)=A_1\exp(-t/\tau_1)+A_2\exp(-t/\tau_2)+I(0)$。公式中 $I(t)$ 为样品在 t 时刻的发光强度,A_1、A_2 为拟合参数,τ_1、τ_2 为 Dy^{3+} 激发态到基态跃迁的寿命时间。根据这些拟合数据,Dy^{3+} 发光的平均寿命可通过公式计算:

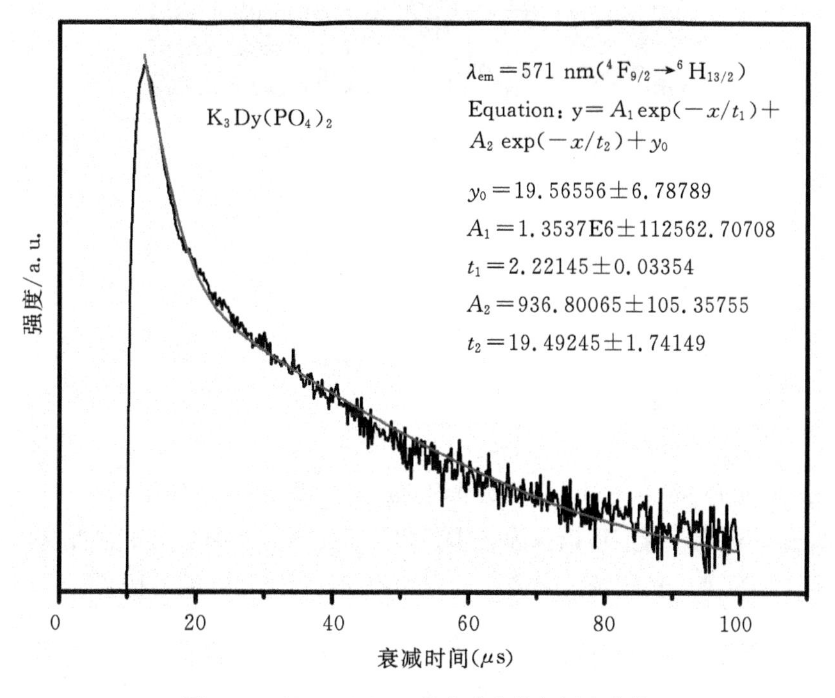

图 14.4　$K_3Dy(PO_4)_2$ 的衰减曲线与拟合曲线

$$\tau = \frac{A_1\tau_1^2 + A_2\tau_2^2}{A_1\tau_1 + A_2\tau_2}$$

计算的结果为τ=3.458 μs，代表了 $K_3Dy(PO_4)_2$ 荧光粉 350 nm 激发，571 nm 发射的荧光寿命。

任何色光都可以用(x,y)坐标形式表现在 CIE 色度图上，为了计算样品的色度坐标，根据样品的发射光谱，利用 CIE1931xy 程序计算了 $K_3Dy(PO_4)_2$ 荧光粉的色度坐标。通过 350 nm 光激发，其色坐标分别为(x_1=0.395，y_1=0.437)。将其表现在 CIE 色度图上，如图 14.5 所示。从图中可以看出，其坐标位置分别位于黄绿色区域，由此表明，$K_3Dy(PO_4)_2$ 是可以被近紫外光激发的荧光粉，在 LED 领域有潜在的应用价值。

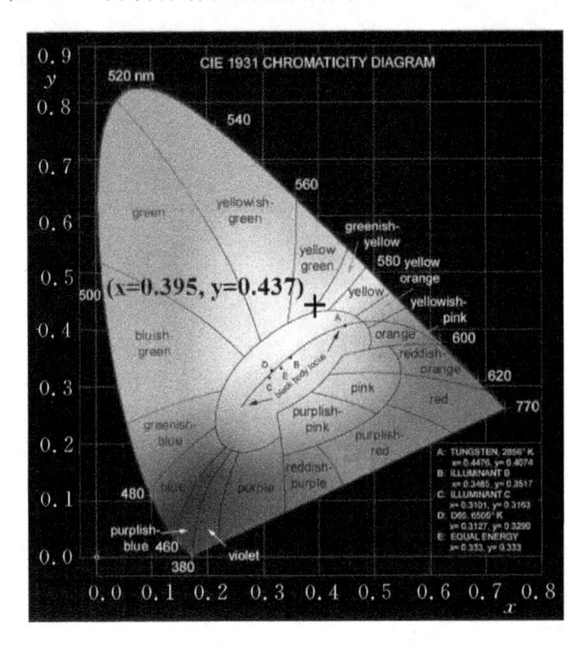

图 14.5 $K_3Dy(PO_4)_2$ 的色坐标图

14.5 本章小结

本章报道了一种新型稀土磷酸盐化合物 $K_3Dy(PO_4)_2$ 的合成方法、晶体结构和荧光性能。结果表明它们属于单斜晶系 $P2_1/m$ 空间群，具有一个 2 维的阴离子网络结构$[Dy(PO_4)_2]_\infty$，该层与 K_∞ 层交替排列构成了化合物 $K_3Dy(PO_4)_2$ 的结构。$K_3Dy(PO_4)_2$ 在波长为 350 nm 的光源激发下，出现位于 488 nm 和 571 nm 附近的强发射峰，分别对应于 Dy^{3+} 的 $^4F_{9/2}$ 能态分别到 $^6H_{15/2}$ 和 $^6H_{13/2}$ 的跃迁。我们可以认为 $K_3Dy(PO_4)_2$ 粉末在照明和显示中可以作为白色荧光粉应用在白光 LEDs 中。具体结果发表在了 Optik 2016，127，10297－10302。

参考文献

[1] Zhao D, Liang P, Su L, Chang H, Yan S. $Al_{0.5}Nb_{1.5}(PO_4)(3)$. Acta Crystallographica Section E-Structure Reports Online[J]. 2011, 67: I23 - U113.

[2] Wang Z, Xia Z, Molokeev M S, Atuchin V V, Liu Q. Blue-shift of Eu^{2+} emission in $(Ba, Sr)_3Lu(PO_4)_3$: Eu^{2+} eulytite solid-solution phosphors resulting from release of neighbouring-cation-induced stress. Dalton Transactions[J]. 2014, 43(44): 16800 - 16804.

[3] Wang Y, Lian Z, Su X, Yang Z, Pan S, Yan Q, Zhang F. $Cs_6RE_2(PO_4)(4)$ (RE=Y and Gd): two new members of the alkali rare-earth double phosphates. New Journal Of Chemistry[J]. 2015, 39(6): 4328 - 4333.

[4] Cho I S, Kim D W, Kim D H, Shin S S, Noh T H, Kim D W, Hong K S. Electronic Band Structure Optical Properties and Photocatalytic Hydrogen Production of Barium Niobium Phosphate Compounds($BaO—Nb_2O_5—P_2O_5$). European Journal Of Inorganic Chemistry [J]. 2011, (14): 2206 - 2210.

[5] Gupta S K, Sahu M, Ghosh P S, Tyagi D, Saxena M K, Kadam R M. Energy transfer dynamics and luminescence properties of Eu^{3+} in $CaMoO_4$ and $SrMoO_4$. Dalton Transactions[J]. 2015, 44(43): 18957 - 18969.

[6] Raju G S R, Pavitra E, Hussain S K, Balaji D, Yu J S. Eu^{3+} ion concentration induced 3D luminescence properties of novel red-emitting $Ba_4La_6(SiO_4)O$: Eu^{3+} oxyapatite phosphors for versatile applications. Journal Of Materials Chemistry C[J]. 2016, 4(5): 1039 - 1050.

[7] Balakrishnaiah R, Kim D W, Yi S S, Kim K. D, Kim S H, Jang K, Lee H S, Jeong J H. Fluorescence Properties of Nd^{3+}—Doped $KNbO_3$ Phosphors. Electrochemical And Solid State Letters[J]. 2009, 12(7): J64 - J68.

[8] Zhong J, Chen D, Zhao W, Zhou Y, Yu H, Chen L, Ji Z. Garnet-based $Li_6CaLa_2Sb_2O_{12}$: Eu^{3+} red phosphors: a potential color-converting material for warm white light-emitting diodes. Journal Of Materials Chemistry C[J]. 2015, 3(17): 4500 - 4510.

[9] Park K, Heo M H, Seo H J. Improvement in Photoluminescence Properties of (Y, Gd) (V1-xPx)O^{-4}: Eu^{3+} Phosphors by Doping Al^{3+}. Electronic Materials Letters[J]. 2016, 12(2): 315 - 322.

[10] Lim C S, Atuchin V V, Aleksandrovsky A S, Molokeev M S, Oreshonkov A S. Incommensurately modulated structure and spectroscopic properties of $CaGd_2(MoO_4)_4$:

Ho^{3+}/Yb^{3+} phosphors for up-conversion applications. Journal of Alloys and Compounds[J].

[11] Alekseev E V, Felbinger O, Wu S, Malcherek T, Depmeier W, Modolo G, Gesing T M, Krivovichev S V, Suleimanov E V, Gavrilova TA, Pokrovsky L D, Pugachev A M, Surovtsev N V, Atuchin V V. K[AsW_2O_9] the first member of the arsenate-tungsten bronze family: Synthesis structure spectroscopic and non-linear optical properties. Journal of Solid State Chemistry[J]. 2013, 204: 59 - 63.

[12] Karsu E C, Popovici E J, Ege A, Morar M, Indrea E, Karali T, Can N. Luminescence study of some yttrium tantalate-based phosphors. Journal of Luminescence[J]. 2011, 131(5): 1052 - 1057.

[13] Lim C S, Aleksandrovsky A, Molokeev M, Oreshonkov A, Atuchin V. Microwave sol-gel synthesis and upconversion photoluminescence properties of $CaGd_2(WO_4)_4:Er^{3+}/Yb^{3+}$ phosphors with incommensurately modulated structure. Journal of Solid State Chemistry[J]. 2015, 228: 160 - 166.

[14] Lim C S, Aleksandrovsky A, Molokeev M, Oreshonkov A, Atuchin V. The modulated structure and frequency upconversion properties of $CaLa_2(MoO_4)_4:Ho^{3+}/Yb^{3+}$ phosphors prepared by microwave synthesis. Physical Chemistry Chemical Physics[J]. 2015, 17(29): 19278 - 19287.

[15] Wu T, Liu Y. F, Lu Y N, Wei L, Gao H, Chen H. Morphology-controlled synthesis characterization and luminescence properties of KEu(MoO_4)(2) microcrystals. Crystengcomm[J]. 2013, 15(14): 2761 - 2768.

[16] Yue D, Li Q, Lu W, Wang Q, Wang M, Li C, Jin L, Shi Y, Wang Z, Hao J. Multi-color luminescence of uniform $CdWO_4$ nanorods through Eu^{3+} ion doping. Journal Of Materials Chemistry C[J]. 2015, 3(12): 2865 - 2871.

[17] Ji H, Huang Z, Xia Z, Molokeev M. S, Atuchin V V, Fang M, Huang S. New Yellow-Emitting Whitlockite-type Structure Sr1. 75Ca1. 25(PO_4)$_2$:Eu^{2+} Phosphor for Near-UV Pumped White Light-Emitting Devices. Inorganic Chemistry[J]. 2014, 53(10): 5129 - 5135.

[18] Shih C. H, Sheu C. F, Kato K, Sugimoto K, Kim J, Wang Y, Takata M. The photo-induced commensurate modulated structure in site-selective spin crossover complex trans-Fe(abpt)(2)(NCS)(2). Dalton Transactions[J]. 2010, 39(41): 9794 - 9800.

[19] Atuchin V V, Bazarov B G, Gavrilova T A, Grossman V G, Molokeev M S, Bazarova Z G. Preparation and structural properties of nonlinear optical borates $K_2(1-x)Rb_2xAl_2B_2O_7$ 0 <x <0. 75. Journal of Alloys and Compounds[J]. 2012, 515: 119 - 122.

[20] Broux T, Prestipino C, Bahout M, Paofai S, Elkaim E, Vibhu V, Grenier J. C, Rougier A, Bassat J M, Hernandez O. Structure and reactivity with oxygen of Pr_2NiO_4 + delta: an in situ synchrotron X-ray powder diffraction study. Dalton Transactions[J]. 2016, 45(7): 3024 - 3033.

[21] Katelnikovas A, Plewa J, Sakirzanovas S, Dutczak D, Enseling D, Baur F, Winkler H, Kareiva A, Justel T. Synthesis and optical properties of $Li_3Ba_2La_3(MoO_4)(8)$: Eu^{3+} powders and ceramics for pcLEDs. Journal Of Materials Chemistry[J]. 2012, 22(41): 22126 - 22134.

[22] Atuchin V V, Aleksandrovsky A S, Chimitova O D, Gavrilova T A, Krylov A S, Molokeev M S, Oreshonkov A S, Bazarov B G, Bazarova J G. Synthesis and Spectroscopic Properties of Monoclinic α-$Eu_2(MoO_4)_3$. The Journal of Physical Chemistry C[J]. 2014, 118(28): 15404 - 15411.

[23] Wang X P, Corbel G, Fang Q F, Lacorre P. Synthesis X-ray diffraction analysis and transport properties of $Bi_{(5-x)}Ln_{(x)}NbO_{(10)}$ (Ln=Gd and Y) oxide-ion conductors. Journal Of Materials Chemistry[J]. 2006, 16(16): 1561 - 1566.

[24] Pazik R, Zawisza K, Watras A, Maleszka-Baginska K, Boutinaud P, Mahiou R, Deren P J. Temperature induced emission quenching processes in Eu^{3+}-doped $La_2CaB_{10}O_{19}$. Journal Of Materials Chemistry[J]. 2012, 22(42): 22651 - 22657.

[25] Li L, Han S, Lei B, Wang Y, Li H, Yang Z, Pan S. Three new phosphates with isolated P_2O_7 units: noncentrosymmetric $Cs_2Ba_3(P_2O_7)(2)$ and centrosymmetric $Cs_2BaP_2O_7$ and $LiCsBaP_2O_7$. Dalton Transactions[J]. 2016, 45(9): 3936 - 3942.

[26] Xiong K C, Jiang F L, Yang M, Wu M Y, Feng R, Xu W T, Hong M C. 2D Sheet-like architectures constructed from main-group metal ions 4,4′-bpno and 1,2-alternate p-sulfonatothiacalix 4 arene. Dalton Transactions[J]. 2012, 41(2): 540 - 545.

[27] Zhao D, Zhang R H, Li F F, Yang J, Liu B G, Fan Y C. (3+1)-Dimensional commensurately modulated structure and photoluminescence properties of diborate $KSbOB_2O_5$. Dalton Transactions[J]. 2015, 44(13): 6277 - 6287.

[28] Tremblay M. S, Halim M, Sames D. Cocktails of Tb^{3+} and Eu^{3+} complexes: A general platform for the design of ratiometric optical probes. Journal Of the American Chemical Society[J]. 2007, 129(24): 7570 - 7577.

[29] Zhang Y, Li G G, Geng D L, Shang M M, Peng C, Lin J. Color-Tunable Emission and Energy Transfer in $Ca_3Gd_7(PO_4)(SiO_4)(5)O$-2: $Ce^{3+}/Tb^{3+}/Mn^{2+}$ Phosphors. Inorganic Chemistry[J]. 2012, 51(21): 11655 - 11664.

[30] Zhu J, Cheng W. D, Wu D. S, Zhang H, Gong Y, Tong H. N, Zhao D. Crystal and band structures and optical characterizations of sodium rare earth phosphates NaLnP(2)O(7)

and $NaLn(PO_3)(4)$(Ln=Ce Eu). Journal Of Alloys And Compounds[J]. 2008,454(1-2):419-426.

[31] Komuro N,Mikami M,Saines P J,Akimoto K,Cheetham A K. Deep red emission in Eu^{2+}—activated Sr-4(PO_4)(2)O phosphors for blue-pumped white LEDs. Journal Of Materials Chemistry C[J]. 2015,3(28):7356-7362.

[32] Yang L,Wan Y P,Huang Y L,Chen C L,Seo H J. Development of $YK_3B_6O_{12}$:RE(RE=Eu^{3+} Tb^{3+} Ce^{3+})tricolor phosphors under near-UV light excitation. Journal Of Alloys And Compounds[J]. 2016,684:40-46.

[33] Wang L,Noh H M,Moon B K,Park S H,Kim K H,Shi J,Jeong J H. Dual-Mode Luminescence with Broad Near UV and Blue Excitation Band from Sr_2CaMoO_6:Sm^{3+} Phosphor for White LEDs. The Journal of Physical Chemistry C[J]. 2015,119(27):15517-15525.

[34] Han B,Li P J,Zhang J T,Zhang J,Xue Y F,Shi H Z. The effect of Li+ions on the luminescent properties of a single-phase white light-emitting phosphor alpha-$Sr_2P_2O_7$:Dy^{3+}. Dalton Transactions[J]. 2015,44(17):7854-7861.

[35] Wu H P,Su X,Han S J,Yang Z H,Pan S L. Effect of the Ba_2BO_3F(infinity)Layer on the Band Gap:Synthesis Characterization and Theoretical Studies of BaZn(2)B(2)O(6 center dot)*n*Ba(2)BO(3)F(*n*=0 1 2). Inorganic Chemistry[J]. 2016,55(10):4806-4812.

[36] Li K,Xu J,Cai X C,Fan J,Zhang Y,Shang M M,Lian H Z,Lin J. An efficient green-emitting alpha-$Ca_{1.65}Sr_{0.35}SiO_4$:Eu^{2+} phosphor for UV/n-UV w-LEDs:synthesis luminescence and thermal properties. Journal Of Materials Chemistry C[J]. 2015,3(24):6341-6349.

[37] Fawad U,Kim H J,Khan M. Emission analysis of Li6LuY(BO3)(3):Tb^{3+},Dy^{3+} phosphors. Radiation Measurements[J]. 2016,90:319-324.

[38] Wu Y B,Sun Z,Ruan K B,Xu Y,Zhang H. Enhancing photoluminescence with Li-doped $CaTiO_3$:Eu^{3+} red phosphors prepared by solid state synthesis. Journal Of Luminescence[J]. 2014,155:269-274.

[39] Guzik M,Tomaszewicz E,Guyot Y,Legendziewicz J,Boulon G. Eu^{3+} luminescence from different sites in a scheelite-type cadmium molybdate red phosphor with vacancies. Journal Of Materials Chemistry C[J]. 2015,3(33):8582-8594.

[40] Roof I P,Smith M D,Park S,zur Loye HC. $EuKNaTaO_5$:Crystal Growth Structure and Photoluminescence Property. Journal Of the American Chemical Society[J]. 2009,131(12):4202.

[41] Shi D Y,Zhao J. W,Chen L. J,Ma P. T,Wang J. P,Niu J Y. Four types of 1D or 2D or-

ganic-inorganic hybrids assembled by arsenotungstates and Cu-II-Ln(III/IV)heterometals. Crystengcomm[J]. 2012,14(9):3108-3119.

[42] Li A M,Li J Z,Chen Z Q,Wu Y H,Wu L. D,Lu G J,Wang C. H,Zhang G. Growth and spectral properties of Yb^{3+}/Ho^{3+} co-doped $NaGd(MoO_4)(2)$crystal. Materials Express [J]. 2015,5(6):527-533.

[43] Song M J,Wu M Y,Zhou W W,Zhou X J,Wei B,Wang G F. Growth structure and spectral properties of Dy^{3+} —doped $Li_3Ba_2La_3(MoO_4)(8)$ crystal for potential use in solid-state yellow lasers. Journal Of Alloys And Compounds[J]. 2014,607:110-117.

[44] Zhao M L,Li L. P,Zheng J,Yang L. S,Li G S. Is $BiPO_4$ a Better Luminescent Host? Case Study on Doping and Annealing Effects. Inorganic Chemistry[J]. 2013,52(2):807-815.

[45] Wen D W,Feng J J,Li J H,Shi J X,Wu M. M,Su Q. $K(2)Ln(PO_4)(WO4):Tb^{3+}Eu^{3+}$ (Ln=Y Gd and Lu)phosphors:highly efficient pure red and tuneable emission for white light-emitting diodes. Journal Of Materials Chemistry C[J]. 2015,3(9):2107-2114.

[46] Morozov V A,Arakcheeva A V,Pattison P,Meert K W,Smet P F,Poelman D,Gauquelin N, Verbeeck J, Abakumov AM, Hadermann J. $KEu(MoO_4)(2)$: Polymorphism Structures and Luminescent Properties. Chemistry Of Materials[J]. 2015,27(16):5519-5530.

[47] Zhong J S,Chen D Q,Wang X,Ding M Y,Huang Y W,Yu H,Lu H W,Ji Z G. $Li_6Sr(La_{1-x}Eu_x)(2)Sb_2O_{12}(0<x<=1.0)$solid-solution red phosphors for white light-emitting diodes. Ceramics International[J]. 2015,41(9):12045-12051.

[48] Watras A,Boutinaud P,Pazik R,Deren P J. Luminescence-structure relationships in $MYP_2O_7:Eu^{3+}$(M=K Rb Cs). Journal Of Luminescence[J]. 2016,175:249-254.

[49] Zhang S,Nakai Y,Tsuboi T,Huang Y,Seo H. J. Luminescence and Microstructural Features of Eu-Activated $LiBaPO_4$ Phosphor. Chemistry of Materials[J]. 2011,23(5):1216-1224.

[50] Cavalli E,Boutinaud P,Mahiou R,Bettinelli M,Dorenbos P. Luminescence Dynamics in Tb^{3+}-Doped $CaWO_4$ and $CaMoO_4$ Crystals. Inorganic Chemistry[J]. 2010,49(11):4916-4921.

[51] Han B,Zhang J,Li P J,Shi H Z. Luminescence properties of novel single-host white-light-emitting phosphor $KBaBP_2O_8:Dy^{3+}$. Optics And Spectroscopy[J]. 2015,118(1):135-141.

[52] Gupta S K,Ghosh P S,Yadav A K,Pathak N,Arya A,Jha S N,Bhattacharyya D,Kadam RM. Luminescence Properties of $SrZrO_3/Tb^{3+}$ Perovskite: Host-Dopant Energy-Transfer Dynamics and Local Structure of Tb^{3+}. Inorganic Chemistry[J]. 2016,55(4):

1728 - 1740.

[53] Jamalaiah B C,Jo M,Zehan J,Shim J J,Il Kim S,Chung WY,Seo H J. Luminescence energy transfer and color perception studies of $Na_3Gd(PO_4)(2)$: Dy^{3+} : Tm^{3+} phosphors. Optical Materials[J]. 2014,36(10):1688 - 1693.

[54] Hakeem D A,Kim Y,Park K. Luminescent Characteristics of $Ba_{1-x}Al_2Si_2O_8$: $xTb^{(3+)}$ Green Phosphors. Journal Of Nanoscience And Nanotechnology[J]. 2016,16(2):1761 - 1764.

[55] Zhang X Y,Li D N,Wu H P,Yang Z H,Pan S L. $M2Ca_3B_{16}O_{28}$ (M=Rb Cs):structures analogous to SBBO with three-dimensional open-framework layers. Rsc Advances[J]. 2016,6(17):14205 - 14210.

[56] Wu T,Liu Y F,Lu Y N,Wei L,Gao H,Chen H. Morphology-controlled synthesis characterization and luminescence properties of $KEu(MoO_4)(2)$ microcrystals. Crystengcomm[J]. 2013,15(14):2761 - 2768.

[57] Zhang Y,Zhang L,Deng R,Tian J,Zong Y,Jin D,Liu X. Multicolor Barcoding in a Single Upconversion Crystal. Journal Of the American Chemical Society[J]. 2014,136(13):4893 - 4896.

[58] Wang S C,Ye N. $Na_2CsBe_6B5O_{15}$:An Alkaline Beryllium Borate as a Deep-UV Nonlinear Optical Crystal. Journal Of the American Chemical Society[J]. 2011,133(30):11458 - 11461.

[59] Saradhi M P,Boudin S,Varadaraju U V,Raveau B. A new $BaB_2Si_2O_8$: Eu^{2+}/Eu^{3+} Tb^{3+} phosphor-Synthesis and photoluminescence properties. Journal Of Solid State Chemistry[J]. 2010,183(10):2496 - 2500.

[60] Li L,Wang Y,Lei B H,Han S J,Yang Z H,Poeppelmeier K R,Pan S L. A New Deep-Ultraviolet Transparent Orthophosphate $LiCs_2PO_4$ with Large Second Harmonic Generation Response. Journal Of the American Chemical Society[J]. 2016,138(29):9101 - 9104.

[61] Hao Y C,Xu X,Kong F,Song J L,Mao J G. $PbCd_2B_6O_{12}$ and $EuZnB_5O_{10}$:syntheses crystal structures and characterizations of two new mixed metal borates. Crystengcomm[J]. 2014,16(33):7689 - 7695.

[62] Raju GS R,Pavitra E,Yu J S. Photoluminescence and electron-beam excitation induced cathodoluminescence properties of novel green-emitting $Ba_4La_6O(SiO_4)(6)$: Tb^{3+} phosphors. Ceramics International[J]. 2016,42(9):11099 - 11103.

[63] Baur F,Glocker F,Justel T. Photoluminescence and energy transfer rates and efficiencies in Eu^{3+} activated $Tb_2Mo_3O_{12}$. Journal Of Materials Chemistry C[J]. 2015,3(9):2054 - 2064.

[64] Tao Z X, Tsuboi T, Huang Y L, Huang W, Cai P Q, Seo H J. Photoluminescence Properties of Eu^{3+} — Doped Glaserite-Type Orthovanadates CsK_2Gd VO_4 (2). Inorganic Chemistry[J]. 2014,53(8):4161－4168.

[65] Huang D C, Zhou Y F, Xu W T, Yang Z F, Liu Z G, Hong M C, Lin Y H, Yu J C. Photoluminescence properties of M^{3+} ($M^{3+}=Bi^{3+}$ Sm^{3+}) activated $Na_5Eu(WO_4)$(4): red-emitting phosphors for white LEDs. Journal Of Alloys And Compounds[J]. 2013,554: 312－318.

[66] Jiang T M, Yu X, Xu X H, Yu H L, Zhou D C, Qiu JB. Realization of tunable emission via efficient Tb^{3+}—Eu^{3+} energy transfer in $K_3Gd(PO_4)$(2): for UV-excited white light-emitting-diodes. Optical Materials[J]. 2014,36(3):611－615.

[67] Lei Z G, Zhang X L, Wang D, Chen J J, Cong L, Meng D W, Wang Y Q. Sol-gel synthesis and photoluminescence properties of a novel Dy^{3+} activated $CaYAl_3O_7$ phosphor. Journal Of Materials Science-Materials In Electronics[J]. 2016,27(7):7089－7094.

[68] Litterscheid C, Kruger S, Euler M, Dreizler A, Wickleder C, Albert B. Solid solution between lithium-rich yttrium and europium molybdate as new efficient red-emitting phosphors. Journal Of Materials Chemistry C[J]. 2016,4(3):596－602.

[69] Hoffmann R D, Stegemann F, Janka O. $SrPt_2Al_2$-$A_{(3+2)}$ D-incommensurately modulated variant of the $CaBe_2Ge_2$ type structure. Zeitschrift Fur Kristallographie-Crystalline Materials[J]. 2016,231(3):127－142.

[70] Mentre O, Ketatni E M, Colmont M, Huve M, Abraham F, Petricek V. Structural features of the modulated $BiCu_2(P_{1-x}V_x)$O-6 solid solution; 4-D treatment of $x=0.87$ compound and magnetic spin-gap to gapless transition in new Cu2＋two-leg ladder systems. Journal Of the American Chemical Society[J]. 2006,128(33):10857－10867.

[71] Xin S Y, Wang Y H, Zhu G, Ding X, Geng W Y, Wang Q. Structure-and temperature-sensitive photoluminescence in a novel phosphate red phosphor $RbZnPO_4:Eu^{3+}$. Dalton Transactions[J]. 2015,44(36):16099－16106.

[72] Zhao D, Ma F. X, Zhang R. J, Li F. F, Zhang L, Yang J, Fan Y. C, Xin X. Structure modulation band structure density of states and luminescent properties of columbite-type ZnNb2O6. Crystengcomm[J]. 2016,18(16):2929－2936.

[73] Zhou Z Y, Xu X, Fei R, Mao J G, Sun J L. Structure modulations in nonlinear optical (NLO) materials $Cs_2TB_4O_9$ (T＝Ge Si). Acta Crystallographica Section B-Structural Science Crystal Engineering And Materials[J]. 2016,72:194－200.

[74] Babu P S, Rao P P, Mahesh S K, Francis T L, Sreena T S. Studies on the photoluminescent properties of a single phase white light emitting phosphor $CaLa_{1-x}NbMoO_8:x$ Dy^{3+} for pc-white LED applications. Materials Letters[J]. 2016,170:196－198.

[75] Zhang W L, Lin C S, He Z Z, Zhang H, Luo Z Z, Cheng W D. Syntheses of three members of A((II))M((IV))(PO_4)(2): luminescence properties of PbGe(PO_4)(2) and its Eu^{3+} —doped powders. Crystengcomm[J]. 2013,15(35):7089 – 7094.

[76] Zou G H, Huang L, Cai H Q, Wang S C, Ye N. Synthesis and characterization of $Cd_4YbO(BO_3)$(3) a congruent melting cadmium ytterbium oxyborate with large nonlinear optical properties. New Journal Of Chemistry[J]. 2014,38(12):6186 – 6192.

[77] Kimani M M, Kolis J W. Synthesis and luminescence studies of a novel white Dy:K_3Y (VO_4)(2) and yellow emitting phosphor Dy, Bi:$K_3Y(VO_4)$(2) with potential application in white light emitting diodes. Journal Of Luminescence[J]. 2014,145:492 – 497.

[78]Gou W B, He Z Z, Yang M, Zhang W L, Cheng W D. Synthesis and Magnetic Properties of a New Borophosphate $SrCo_2BPO_7$ with a Four-Column Ribbon Structure. Inorganic Chemistry[J]. 2013,52(5):2492 – 2496.

[79] Katelnikovas A, Plewa J, Sakirzanovas S, Dutczak D, Enseling D, Baur F, Winkler H, Kareiva A, Justel T. Synthesis and optical properties of $Li_3Ba_2La_3(MoO_4)$(8):Eu^{3+} powders and ceramics for pcLEDs. Journal Of Materials Chemistry[J]. 2012,22(41): 22126 – 22134.

[80] Li H Y, Zhao Y, Pan S L, Wu H P, Yu H W, Zhang F. F, Yang Z H, Poeppelmeier K. R. Synthesis and Structure of $KPbBP_2O_8$-A Congruent Melting Borophosphate with Nonlinear Optical Properties. European Journal Of Inorganic Chemistry[J]. 2013, (18):3185 – 3190.

[81] Chekir-Mzali J, Horchani-Naifer K, Ferid M. Synthesis of Er^{3+}-doped $Na_3La(PO_4)$(2) micro-powders and photoluminescence properties. Superlattices And Microstructures [J]. 2015,85:445 – 453.

[82] Zhu J, Cheng W D, Wu D S, Zhang H, Gong Y J, Tong H N, Zhao D. Synthesis crystal structure and optical properties of $LiGd_5P_2O_{13}$ a layered lithium gadolinium phosphate containing one-dimensional Li chains. Inorganic Chemistry[J]. 2007,46(1):208 – 212.

[83] Leng Z H, Li L L, Liu Y L, Zhang N N, Gan S C. Tunable luminescence and energy transfer properties of $KSr_4(BO_3)$(3):Dy^{3+} Eu^{3+} phosphors for near-UV warm-white LEDs. Journal Of Luminescence[J]. 2016,173:171 – 176.

[84] Lin K, Zhou ZY, Liu L J, Ma H. Q, Chen J, Deng J X, Sun J L, You L, Kasai H, Kato K, Takata M, Xing X R. Unusual Strong Incommensurate Modulation in a Tungsten-Bronze-Type Relaxor $PbBiNb_5O_{15}$. Journal Of the American Chemical Society[J]. 2015,137(42):13468 – 13471.

[85] An D H, Kong QR, Zhang M, Yang Y, Li D N, Yang Z H, Pan SL, Chen HM, Su Z, Sun Y, Mutailipu M. Versatile Coordination Mode of $LiNaB_8O_{13}$ and alpha- and beta-

$LiKB_8O_{13}$ via the Flexible Assembly of Four-Connected B_5O_{10} and B_3O_7 Groups. Inorganic Chemistry[J]. 2016,55(2):552－554.

[86] Ogugua SN,Swart HC,Ntwaeaborwa OM. White light emitting $LaGdSiO_5:Dy^{3+}$ nanophosphors for solid state lighting applications. Physica B-Condensed Matter[J]. 2016,480:131－136.

[87] Abudoureheman M,Han S,Dong X,Lei BH,Wang Y,Yang Z,Long X,Pan S. Syntheses characterization and theoretical studies of three apatite-type phosphates $MPb_4(PO_4)$(3)(M=K Rb Cs). Journal Of Alloys And Compounds[J]. 2017,690:30－336.

[88] Derbel M,Mbarek A,Fourati M. Photoluminescence properties of $CdSrP_2O_7:Eu^{2+}$ blue phosphor for white LED applications. Optik-International Journal for Light and Electron Optics[J]. 2016,127(15):5870－5875.

[89] Fang M,Cheng WD,Zhang H,Zhao D,Zhang WL,Yang SL. A sodium gadolinium phosphate with two different types of tunnel structure:Synthesis crystal structure and optical properties of $Na_3GdP_2O_8$. Journal of Solid State Chemistry[J]. 2008,181(9):2165－2170.

[90] Gupta P,Bedyal AK,Kumar V,Khajuria Y,Lochab SP,Pitale SS,Ntwaeaborwa OM,Swart HC. Photoluminescence and thermoluminescence properties of Tb^{3+} doped $K_3Gd(PO_4)$(2)nanophosphor. Materials Research Bulletin[J]. 2014,60:401－411.

[91] Gupta P,Bedyal AK,Kumar V,Khajuria Y,Sharma V,Ntwaeaborwa OM,Swart HC. Energy transfer mechanism from Gd^{3+} to Sm^{3+} in $K_3Gd(PO_4)$(2):Sm3＋phosphor. Materials Research Express[J]. 2015,2(7).

[92] Hoffmann RD,Stegemann F,Janka O. $SrPt_2Al_2$-$A_{(3+2)}$D-incommensurately modulated variant of the CaBe2Ge2 type structure. Zeitschrift Fur Kristallographie-Crystalline Materials[J]. 2016,231(3):127－142.

[93] Jiang T,Yu X,Xu X,Yu H,Zhou D,Qiu J. Realization of tunable emission via efficient Tb^{3+}-Eu^{3+} energy transfer in $K_3Gd(PO_4)$(2)for UV-excited white light-emitting-diodes. Optical Materials[J]. 2014,36(3):611－615.

[94] Jin Y,Hu Y,Chen L,Wang X,Ju G. Luminescent properties of a red after glow phosphor $Ca_2SnO_4:Pr^{3+}$. Optical Materials[J]. 2013,35(7):1378－1384.

[95] Li J,Chen L,Zhang J,Hao Z,Luo Y,Zhang L. Photoluminescence properties of a novel red-emitting phosphor Eu^{3+} activated scandium molybdate for white light emitting diodes. Materials Research Bulletin[J]. 2016,83:290－293.

[96] Luo X,Shan F,Xu T,Zhang X,Zhang G,Wu Y. Growth and optical properties of Pr^{3+} doped $Na_3La_9O_3(BO_3)_8$ crystal. Journal of Crystal Growth[J]. 2016,455:1－5.

[97] Park K,Kim H,Hakeem DA. Effect of host composition and Eu^{3+} concentration on the

photoluminescence of aluminosilicate$(Ca,Sr)_2Al_2SiO_7$:Eu^{3+} phosphors. Dyes and Pigments[J]. 2017,136:70-77.

[98] Petricek V,Dusek M,Plasil J. Crystallographic computing system Jana 2006:solution and refinement of twinned structures. Zeitschrift Fur Kristallographie-Crystalline Materials[J]. 2016,231(10):583-599.

[99] Rangari VV,Dhoble SJ. Synthesis and photoluminescence studies of $Ba(Gd\ Ln)B_9O_{16}$:Eu^{3+}(Ln=La,Y) phosphors for n-UV LED lighting and display devices. Journal of Rare Earths[J]. 2015,33(2):140-147.

[100] Rao Y,Hu X,Liu T,Zhou X,Zhou X,Li Y. Pr^{3+}—doped Li_2SrSiO_4 red phosphor for white LEDs. Journal of Rare Earths[J]. 2011,29(3):198-201.

[101] Shih HR,Tsai YY,Liu KT,Liao YZ,Chang YS. The luminescent properties of Pr^{3+} ion-doped BaY_2ZnO_5 phosphor under blue light irradiation. Optical Materials[J]. 2013,35(12):2654-2657.

[102] Sun X,Zhang C,Wu J,Zhu P,Zhang X,Hang Y. A novel blue-emitting $KCa_4(BO_3)_3$:Ce^{3+} phosphor for white LED application. Journal of Rare Earths[J]. 2016,34(6):571-575.

[103] Wang J,Zhang ZJ. Luminescence properties and energy transfer studies of color tunable Tb^{3+}-doped $RE1/3Zr_2(PO_4)(3)$(RE=Y La Gd and Lu). Journal Of Alloys And Compounds[J]. 2016,685:841-847.

[104] Wang K,Feng W,Feng X,Li Y,Mi P,Shi S. Synthesis and photoluminescence of novel red-emitting $ZnWO_4$:Pr^{3+} Li^+ phosphors. Spectrochimica Acta Part A:Molecular and Biomolecular Spectroscopy[J]. 2016,154:72-75.

[105] Wang Z,Guo H,Xiao X,Xu Y,Cui X,Lu M,Peng B,Yang A,Yang Z,Gu S. Synthesis and spectroscopy of high concentration dysprosium doped GeS_2—Ga_2S_3—CdI_2 chalcohalide glasses and fiber fabrication. Journal Of Alloys And Compounds[J]. 2017,692:1010-1017.

[106] Watras A,Carrasco I,Pazik R,Wiglusz RJ,Piccinelli F,Bettinelli M,Deren PJ. Structural and spectroscopic features of $Ca_9M(PO_4)_7$($M=Al^{3+}$ Lu^{3+}) whitlockites doped with Pr^{3+} ions. Journal of Alloys and Compounds[J]. 2016,672:45-51.

[107] Wen M,Su X,Wu H,Lu J,Yang Z,Pan S. $NaBa_4(GaB_4O_9)(2)X$—3(X=Cl Br)with NLO-Active GaO_4 Tetrahedral Unit:Experimental and ab Initio Studies. Journal Of Physical Chemistry C[J]. 2016,120(11):6190-6197.

[108] Yan D,Hu CL,Mao JG. $A_{(2)}SbB_{(3)}O_{(8)}$(A=Na K Rb)and beta-$RbSbB_2O_6$:two types of alkali boroantimonates with 3D anionic architectures composed of SbO6 octahedra and borate groups. Crystengcomm[J]. 2016,18(9):1655-1664.

[109] Yan D, Mao FF, Mao JG. $LnBSb_{(2)}O_{(8)}$ (Ln=Sm Eu Gd Tb): A Series of Lanthanide Boroantimonates with Unusual 3D Anionic Structures. Inorganic Chemistry[J]. 2016, 55(20): 10558-10566.

[110] Yue C, Wang W, Wang Q, Jin Y. Synthesis and luminescence properties of $Ba_2Gd_2Si_4O_{13}:Ce^{3+}$ phosphor for UV light-emitting diodes. Journal Of Alloys And Compounds[J]. 2016, 683: 575-578.

[111] Zhang WL, Lin CS, He ZZ, Zhang H, Luo ZZ, Cheng WD. Syntheses of three members of A((II))M((IV))(PO_4)(2): luminescence properties of PbGe(PO_4)(2) and its Eu^{3+} —doped powders. Crystengcomm[J]. 2013, 15(35): 7089-7094.

[112] Zhang X, Chen M, Zhang J, Qin X, Gong M. Photoluminescence studies of high-efficient red-emitting $K_2Y(WO_4)(PO_4):Eu^{3+}$ phosphor for NUV LED. Materials Research Bulletin[J]. 2016, 73: 219-225.

[113] Zhao D, Cheng WD, Zhang H, Huang SP, Xie Z, Zhang WL, Yang SL. $KMBP_2O_8$ (M=Sr Ba): A New Kind of Noncentrosymmetry Borophosphate with the Three-Dimensional Diamond-like Framework. Inorganic Chemistry[J]. 2009, 48(14): 6623-6629.

[114] Zhao D, Cui JY, Han HX, Li C. K8Nb7P7O39: a new type of complicated incommensurately modulated structure and photoluminescence properties of Eu^{3+} —doped solid solutions. Journal Of Materials Chemistry C[J]. 2016, 4(48): 11436-11448.

[115] Zhao D, Zhang H, Huang SP, Zhang WL, Yang SL, Cheng WD. Crystal and band structure of $K_{(2)}AlTi(PO_{(4)})_{(3)}$ with the langbeinite-type structure. Journal Of Alloys And Compounds[J]. 2009, 477(1-2): 795-799.

[116] Zhou Z, Xu X, Fei R, Mao J, Sun J. Structure modulations in nonlinear optical (NLO) materials $Cs_2TB_4O_9$ (T=Ge Si). Acta Crystallographica Section B-Structural Science Crystal Engineering And Materials[J]. 2016, 72: 194-200.

[117] Capitelli F, Dridi N, Arbib EH, Valentini V, Mattei G. New monodiphosphate $Li_9Cr_3(P_2O_7)_{(3)}(PO_4)_{(2)}$: X-ray crystal structure and vibrational spectroscopy. Zeitschrift Fur Kristallographie[J]. 2007, 222(10): 521-526.

[118] Tahiri AA, El Bali B, Lachkar M, Piniella JF, Capitelli F. Crystal structure of new lanthanide diphosphates $KLnP_{(2)}O_{(7)}$ center dot 2 H_2O (Ln=Gd Tb Yb). Zeitschrift Fur Kristallographie[J]. 2006, 221(3): 173-177.

[119] Hakeem DA, Park K. Photoluminescence Properties of Red-Emitting $Ca_3Sr_{3-x}(PO_4)$ (4): $xEu^{(3+)}$ Phosphors for White Light-Emitting Diodes. Journal Of Nanoscience And Nanotechnology[J]. 2015, 15(7): 5155-5158.

[120] Wawrzynczyk D, Samoc M, Nyk M. Controlled synthesis of luminescent $Gd_2O_3:Eu^{3+}$ nanoparticles by alkali ion doping. Crystengcomm[J]. 2015, 17(9): 1997-2003.

[121] Xiao W, Zhang X, Hao Z, Pan GH, Luo Y, Zhang L, Zhang J. Blue-Emitting $K_2Al_2B_2O_7$:$Eu^{(2+)}$ Phosphor with High Thermal Stability and High Color Purity for Near-UV-Pumped White Light-Emitting Diodes. Inorganic chemistry[J]. 2015, 54(7):3189 - 95.

[122] Xu X, Dong W, Ding J, Feng Y, Zhang F, Ma L, Peng Z. Photoluminescence Properties of $SrMoO_4$:Eu^{3+} Sm^{3+} Nanophosphors Prepared by Sol-Gel Method. Journal Of Nanoscience And Nanotechnology[J]. 2015, 15(7):5434 - 5437.

[123] Zhang WL, Lin CS, He ZZ, Zhang H, Luo ZZ, Cheng WD. Syntheses of three members of A((II))M((IV))(PO_4)(2): luminescence properties of PbGe(PO_4)(2)and its Eu^{3+} —doped powders. Crystengcomm[J]. 2013, 15(35):7089 - 7094.

[124] Bian L, Wang T, Liu SJ, Yang SS, Liu QL. The crystal structure and luminescence of phosphor $Ba_9Sc_2Si_6O_{24}$:Eu^{2+} Mn^{2+} for white light emitting diode. Materials Research Bulletin[J]. 2015, 64:279 - 282.

[125] Gou J, Wang J, Yu BX, Duan DY, Ye SF, Liu SZ. Li doping effect on the photoluminescence behaviors of $KSrPO_4$:Dy^{3+} phosphors for WLED light. Materials Research Bulletin[J]. 2015, 64:364 - 369.

[126] Gupta P, Bedyal AK, Kumar V, Khajuria Y, Sharma V, Ntwaeaborwa OM, Swart HC. Energy transfer mechanism from Gd^{3+} to Sm^{3+} in $K_3Gd(PO_4)$(2):Sm^{3+} phosphor. Materials Research Express[J]. 2015, 2(7).

[127] Hao Y, Cao J. Structure and luminescence of Dy^{3+} doped CaO—B_2O_3—SiO_2 glasses. Physica B-Condensed Matter[J]. 2016, 493 68 - 71.

[128] Jain A, Kumar A, Dhoble SJ, Peshwe DR. Optical property investigations of polystyrene capped Ca2P2O7: Dy^{3+} persistent phosphor. Materials Research Bulletin [J]. 2015, 70 980 - 987.

[129] Litterscheid C, Kruger S, Euler M, Dreizler A, Wickleder C, Albert B. Solid solution between lithium-rich yttrium and europium molybdate as new efficient red-emitting phosphors. Journal Of Materials Chemistry C[J]. 2016, 4(3):596 - 602.

[130] Liu WJ, Wang D, Wang YH, Zhang JC, Tao HB. Investigation on Energy Transfer and Luminescent Properties of $K_3Gd(PO_4)$(2):RE3+(RE=Eu Tb)Under UV and VUV Excitation. Journal Of the American Ceramic Society[J]. 2013, 96(7):2257 - 2263.

[131] Palatinus L, Chapuis G. SUPERFLIP-a computer program for the solution of crystal structures by charge flipping in arbitrary dimensions. Journal Of Applied Crystallography[J]. 2007, 40:786 - 790.

[132] Petricek V, Dusek M, Palatinus L. Crystallographic Computing System JANA2006: General features. Zeitschrift Fur Kristallographie[J]. 2014, 229(5):345 - 352.

[133] Zeng C, Huang HW, Hu YM, Miao SH, Zhou J. A novel blue-greenish emitting phosphor $Ba_3LaK(PO_4)(3)F:Tb^{3+}$ with high thermal stability. Materials Research Bulletin[J]. 2016,76:62-66.

[134] Zhang WL, Chai GL, Zhang H, Lin CS, He CZ, Cheng WD. Two new barium indium phosphates with intersecting tunnel structures: BaIn2P4O14 and Ba3In2P4O16. Materials Research Bulletin[J]. 2010,45(12):1796-1802.

[135] Zhang WL, Lin CS, He ZZ, Zhang H, Luo ZZ, Cheng WD. Syntheses of three members of A((II))M((IV))(PO_4)(2): luminescence properties of PbGe(PO_4)(2) and its Eu^{3+}-doped powders. Crystengcomm[J]. 2013,15(35):7089-7094.

[136] Zhao D, Ma FX, Zhang RJ, Li FF, Zhang L, Yang J, Fan YC, Xin X. Structure modulation band structure density of states and luminescent properties of columbite-type $ZnNb_2O_6$. Crystengcomm[J]. 2016,18(16):2929-2936.

[137] Zhao D, Zhang RH, Li FF, Yang J, Liu BG, Fan Y. C. (3+1)-Dimensional commensurately modulated structure and photoluminescence properties of diborate KSbOB2O5. Dalton Transactions[J]. 2015,44(13):6277-6287.

[138] Zhao D, Zhang RH, Ma FX, Li FF. (3+1)-Dimensional incommensurately modulated structure and photoluminescence property of polyphosphate Ho(PO_3)(3). Materials Letters[J]. 2015,157:219-221.

[139] Zheng JH, Cheng QJ, Wu JY, Cui X, Chen R, Chen WZ, Chen C. A novel single-phase white phosphor $NaBaBO_3:Dy^{3+}, K^+$ for near-UV white light-emitting diodes. Materials Research Bulletin[J]. 2016,73:38-47.

[140] Zhu J, Cheng WD, Wu DS, Zhang H, Gong Y, Tong HN, Zhao D. Crystal and band structures and optical characterizations of sodium rare earth phosphates $NaLnP_{(2)}O_{(7)}$ and $NaLn(PO_3)_{(4)}$ (Ln=Ce Eu). Journal Of Alloys And Compounds[J]. 2008,454(1-2):419-426.

[141] Shang S, Zhao J, Chen L, Li Y, Zhang J, Li Y, Niu J. 2-D and 3-D phosphotungstate-based TM-Ln heterometallic derivatives constructed from dimeric Ln (alpha-PW11O39)(2)(11-) fragments and copper-organic complex linkers. Journal Of Solid State Chemistry[J]. 2012,196:29-39.

[142] Zhao D, Zhang RH, Li FF, Yang J, Liu BG, Fan YC. (3+1)-Dimensional commensurately modulated structure and photoluminescence properties of diborate KSbOB2O5. Dalton Transactions[J]. 2015,44(13):6277-6287.

[143] Zhao D, Zhang RH, Ma FX, Li FF. (3+1)-Dimensional incommensurately modulated structure and photoluminescence property of polyphosphate Ho(PO_3)(3). Materials Letters[J]. 2015,157:219-221.

[144] He Z,Guo W,Cheng W,Itoh M. Anisotropic magnetic behaviors of monoclinic $Li_3Fe_2(PO_4)(3)$. Journal Of Solid State Chemistry[J]. 2014,215:189 - 192.

[145] Bednarkiewicz A,Deren PJ,Lemanski K. Anomalous decays in Nd^{3+} doped $LaAlO_3$ single crystal. Journal Of Physics And Chemistry Of Solids[J]. 2015,85:102 - 105.

[146] Kumar A,Dhoble SJ,Peshwe DR,Bhatt J,Terblans JJ,Swart HC. Crystal structure energy transfer mechanism and tunable luminescence in Ce^{3+}/Dy^{3+} co-activated $Ca_{20}Mg_3Al_{26}Si_3O_{68}$ nanophosphors. Ceramics International[J]. 2016,42(9):10854 - 10865.

[147] Mori K,Kojima Y,Nishimiya N. EFFECT OF REDUCING ATMOSPHERE ON THE AFTERGLOW PROPERTIES OF RED-EMITTING CaS: Eu^{2+}, Pr^{3+} PHOSPHORS. Functional Materials Letters[J]. 2012,5(2).

[148] Gupta P,Bedyal AK,Kumar V,Khajuria Y,Sharma V,Ntwaeaborwa OM,Swart HC. Energy transfer mechanism from Gd^{3+} to Sm^{3+} in $K_3Gd(PO_4)(2)$:Sm^{3+} phosphor. Materials Research Express[J]. 2015,2(7).

[149] Palvi G,Bedyal AK,Vinay K,Khajuria Y,Vishal S,Ntwaeaborwa OM,Swart HC. Energy transfer mechanism from Gd^{3+} to Sm^{3+} in $K_3Gd(PO_4)_2$:Sm^{3+} phosphor. Materials Research Express[J]. 2015,2(7):076202.

[150] Yang M,Zhang S,Guo W,He Z. Hydrothermal synthesis and magnetic properties of a new phase of $SrCo_2(PO_4)(2)$. Solid State Sciences[J]. 2016,52:72 - 77.

[151] Han B,Zhang J,Li P,Shi H. Luminescence properties of novel single-host white-light-emitting phosphor $KBaBP_2O_8$:Dy^{3+}. Optics And Spectroscopy[J]. 2015,118(1):135 - 141.

[152] Han B,Zhang J,Li P,Shi H. Luminescence properties of novel yellowish-green-emitting phosphor $KBaBP_2O_8$:Tb^{3+}. Physica Status Solidi a-Applications And Materials Science[J]. 2014,211(11):2483 - 2487.

[153] Jamalaiah BC,Jo M,Zehan J,Shim JJ,Il Kim S,Chung WY,Seo HJ. Luminescence energy transfer and color perception studies of $Na_3Gd(PO_4)(2)$: Dy3 +: Tm^{3+} phosphors. Optical Materials[J]. 2014,36(10):1688 - 1693.

[154] Wang S,Ye N,Zou G. A new alkaline beryllium borate $KBe_4B_3O_9$ with ribbon alveolate Be_2BO_5(infinity) layers and the structural evolution of $ABe_{(4)}B_{(3)}O_{(9)}$ (A=K Rb and Cs). Crystengcomm[J]. 2014,16(19):3971 - 3976.

[155] Jiang TM,Yu X,Xu XH,Zhou DC,Yu HL,Yang PH,Qiu JB. A novel strong green phosphor: $K_3Gd(PO_4)(2)$:Ce^{3+} Tb^{3+} for a UV-excited white light-emitting-diode. Chinese Physics B[J]. 2014,23(2).

[156] Matraszek A,Godlewska P,Macalik L,Hermanowicz K,Hanuza J,Szczygiel I. Optical

and thermal characterization of microcrystalline $Na_3RE(PO_4)(2)$: Yb orthophosphates synthesized by Pechini method(RE=Y La Gd). Journal Of Alloys And Compounds [J]. 2015,619:275-283.

[157] Hao YC, Xu X, Kong F, Song JL, Mao JG. $PbCd_2B_6O_{12}$ and $EuZnB_5O_{10}$: syntheses crystal structures and characterizations of two new mixed metal borates. Crystengcomm[J]. 2014,16(33):7689-7695.

[158] Kim CH, Park HL, Mho Si. Photoluminescence of Eu^{3+} and Bi^{3+} in $Na_3YSi_3O_9$. Solid State Communications 1997 101(2):109-113.

[159] Jiang T, Yu X, Xu X, Yu H, Zhou D, Qiu J. Realization of tunable emission via efficient $Tb^{3+}-Eu^{3+}$ energy transfer in $K_3Gd(PO_4)(2)$ for UV-excited white light-emitting-diodes. Optical Materials[J]. 2014,36(3):611-615.

[160] Zhang F, Zhang T, Li G, Zhang W. Single phase M+(M=Li Na K) Dy^{3+} co-doped $KSrBP_2O_8$ white light emitting phosphors. Journal Of Alloys And Compounds[J]. 2015,618:484-487.

[161] Litterscheid C, Krueger S, Euler M, Dreizler A, Wickleder C, Albert B. Solid solution between lithium-rich yttrium and europium molybdate as new efficient red-emitting phosphors. Journal Of Materials Chemistry C[J]. 2016,4(3):596-602.

[162] Srinivasan R, Bose AC. STRUCTURAL AND OPTICAL PROPERTIES OF Eu^{3+} DOPED CERIUM OXIDE NANOPHOSPHORS. Functional Materials Letters[J]. 2011,4(1):13-16.

[163] Ekmekci MK, Erdem M, Basak AS, Danis O. Structural and optical properties of Nd^{3+} doped columbite $SrNb_2O_6$. Optik[J]. 2016,127(8):4123-4126.

[164] Yang G, Peng G, Ye N, Wang J, Luo M, Yan T, Zhou Y. Structural Modulation of Anionic Group Architectures by Cations to Optimize SHG Effects: A Facile Route to New NLO Materials in the ATCO(3)F(A=K Rh; T=Zn Cd) Series. Chemistry Of Materials[J]. 2015,27(21):7520-7530.

[165] Cao L, Liu J, Wu ZC, Kuang SP. Study on the photoluminescence properties of a color-tunable $Ca_9ZnK(PO_4)(7)$: Eu^{3+} phosphor. Optik[J]. 2016,127(8):4039-4042.

[166] Zhang WL, Lin CS, He ZZ, Zhang H, Luo ZZ, Cheng WD. Syntheses of three members of A((II))M((IV))$(PO_4)(2)$: luminescence properties of $PbGe(PO_4)(2)$ and its Eu^{3+}-doped powders. Crystengcomm[J]. 2013,15(35):7089-7094.

[167] Liu Y, Li H, Zhang J, Zhao J, Chen L. Synthesis structure spectroscopic and ferroelectric properties of an acentric polyoxotungstate containing 1:2-type Sm(alpha-$PW_{11}O_{39}$)(2)(11-)fragment and D-proline components. Spectrochimica Acta Part a-Molecular And Biomolecular Spectroscopy[J]. 2015,134:101-108.

[168] Zhu J, Cheng WD, Zhang H, Wang YD. Two potassium rare-earth polyphosphates $KLn(PO_3)(4)$ (Ln=Ce Eu): Structural optical and electronic properties. Journal Of Luminescence[J]. 2009, 129(11): 1326-1331.

[169] He Z, Guo W, Cheng W, Itoh M. Anisotropic magnetic behaviors of monoclinic $Li_3Fe_2(PO_4)(3)$. Journal Of Solid State Chemistry[J]. 2014, 215: 189-192.

[170] Klimm D, Guguschev C, Kok DJ, Naumann M, Ackermann L, Rytz D, Peltz M, Dupre K, Neumann MD, Kwasniewski A, Schlom DG, Bickermann M. Crystal growth and characterization of the pyrochlore $Tb_2Ti_2O_7$. Crystengcomm[J]. 2017, 19(28): 3908-3914.

[171] Zhao D, Ma F, Zhang R, Zhang R, Zhang L, Fan Y. Crystal structure and luminescence properties of self-activated phosphor $CsDyP_2O_7$. Materials Research Bulletin [J]. 2017, 87: 202-207.

[172] Zhao D, Ma FX, Zhang RH, Li FF, Zhang AY. Disorder pseudo symmetry and photoluminescence properties of a new diphosphate $K_2Ba_3(P_2O_7)(2)$. Zeitschrift Fur Kristallographie-Crystalline Materials[J]. 2015, 230(9-10): 605-610.

[173] Zhao D, Ma FX, Ma SQ, Zhang AY, Nie CK, Huang M, Zhang L, Fan YC. Four-Dimensional Incommensurate Modulation and Luminescent Properties of Host Material $Na_3La(PO_4)(2)$. Inorganic Chemistry[J]. 2017, 56(4): 1835-1845.

[174] Luchechko A, Kostyk L, Varvarenko S, Tsvetkova O, Kravets O. Green-Emitting $Gd_3Ga_5O_{12}$: Tb^{3+} Nanoparticles Phosphor: Synthesis Structure and Luminescence. Nanoscale research letters[J]. 2017, 12(1): 263-263.

[175] Zhu Y, Liang Y, Liu S, Li K, Wu X, Xu R. High thermal stability and quantum yields of green-emitting $Sr_3Gd_2(Si_3O_9)(2)$: Tb^{3+} phosphor by co-doping Ce^{3+}. Journal Of Rare Earths[J]. 2017, 35(1): 41-46.

[176] Krüger H, Kahlenberg V, Petříček V, Phillipp F, Wertl W. High-temperature structural phase transition in studied by in-situ X-ray diffraction and transmission electron microscopy. Journal of Solid State Chemistry[J]. 2009, 182(6): 1515-1523.

[177] Wang D, Wang Y, He J. Investigation of energy absorption and transfer process of Tb^{3+} or Eu^{3+} excited $Na_3Gd(PO_4)(2)$ in the VUV region. Materials Research Bulletin [J]. 2012, 47(1): 142-145.

[178] Liu W, Wang D, Wang Y, Zhang J, Tao H. Investigation on Energy Transfer and Luminescent Properties of $K_3Gd(PO_4)(2)$: RE^{3+} (RE=Eu Tb) Under UV and VUV Excitation. Journal Of the American Ceramic Society[J]. 2013, 96(7): 2257-2263.

[179] Sun J, Sun Y, Junhuizeng; Du H. Luminescence properties and energy transfer investigations of $Sr_3Gd(PO_4)(3)$: Ce^{3+}, Tb^{3+} phosphors. Journal Of Physics And Chemistry

Of Solids[J]. 2013,74(7):1007 - 1011.

[180] Chengaiah T, Jamalaiah BC, Moorthy LR. Luminescence properties of Eu^{3+} —doped $Na_3Gd(PO_4)(2)$ red-emitting nanophosphors for LEDs. Spectrochimica Acta Part a-Molecular And Biomolecular Spectroscopy[J]. 2014,133:495 - 500.

[181] Han B, Zhang J, Li P, Shi H. Luminescence properties of novel single-host white-light-emitting phosphor $KBaBP_2O_8$:Dy^{3+}. Optics And Spectroscopy[J]. 2015,118(1): 135 - 141.

[182] Hou D, Pan X, Lai H, Li JY, Zhou W, Ye X, Liang H. Luminescence energy transfer and thermal stability of Eu^{2+} and Tb^{3+} in the $BaCa_2MgSi_2O_8$ host. Materials Research Bulletin[J]. 2017,89:57 - 62.

[183] Li L, Schoenleber A, van Smaalen S. Modulation functions of incommensurately modulated $Cr_2P_2O_7$ studied by the maximum entropy method(MEM). Acta Crystallographica Section B-Structural Science[J]. 2010,66:130 - 140.

[184] Ma FX, Zhao D, Zhang RH, Li FF, Zhang AY. A New Coordination Polymer $Pb(C_{12}H_6O_4)$: Structure Resolution of Non-merohedral Twinning Crystal. Chinese Journal Of Structural Chemistry[J]. 2016,35(3): 437 - 441.

[185] Deyneko DV, Aksenov SM, Morozov VA, Stefanovich SY, Dimitrova OV, Barishnikova OV, Lazoryak BI. A new hydrogen-containing whitlockite-type phosphate Ca-9($Fe_{0.63}Mg_{0.37}$)H-0. 37(PO_4)(7): hydrothermal synthesis and structure. Zeitschrift Fur Kristallographie[J]. 2014,229(12): 823 - 830.

[186] Wang G, Mudring AV. A New Open-framework Iron Borophosphate from Ionic Liquids: KFe $BP_2O_8(OH)$. Crystals[J]. 2011,1(2): 22 - 27.

[187] Zeng C, Huang H, Hu Y, Miao S, Zhou J. A novel blue-greenish emitting phosphor $Ba_3LaK(PO_4)(3)F$:Tb^{3+} with high thermal stability. Materials Research Bulletin[J]. 2016,76:62 - 66.

[188] Hao YC, Xu X, Kong F, Song JL, Mao JG. $PbCd_2B_6O_{12}$ and $EuZnB_5O_{10}$: syntheses crystal structures and characterizations of two new mixed metal borates. Crysteng-comm[J]. 2014,16(33): 7689 - 7695.

[189] Dalal M, Taxak VB, Chahar S, Khatkar A, Khatkar SP. A promising novel orange-red emitting $SrZnV_2O_7$: Sm^{3+} nanophosphor for phosphor-converted white LEDs with near-ultraviolet excitation. Journal Of Physics And Chemistry Of Solids[J]. 2016,89: 45 - 52.

[190] Chen X, Xia Z, Yi M, Wu X, Xin H. Rare-earth free self-activated and rare-earth activated $Ca_2NaZn_2V_3O_{12}$ vanadate phosphors and their color-tunable luminescence properties. Journal Of Physics And Chemistry Of Solids[J]. 2013,74(10): 1439 - 1443.

[191] Fang M, Cheng WD, Zhang H, Zhao D, Zhang WL, Yang SL. A sodium gadolinium phosphate with two different types of tunnel structure: Synthesis crystal structure and optical properties of $Na_3GdP_2O_8$. Journal Of Solid State Chemistry[J]. 2008, 181(9): 2165 - 2170.

[192] Abdelhedi M, Horchani-Naifer K, Dammak M, Ferid M. Structural and spectroscopic properties of pure and doped $LiCe(PO_3)(4)$. Materials Research Bulletin[J]. 2015, 70: 303 - 308.

[193] Zhou Z, Xu X, Fei R, Mao J, Sun J. Structure modulations in nonlinear optical(NLO) materials $Cs_2TB_4O_9$ (T=Ge Si). Acta Crystallographica Section B-Structural Science Crystal Engineering And Materials[J]. 2016, 72: 194 - 200.

[194] Zhao D, Ma FX, Yang H, Wei W, Fan YC, Zhang L, Xin X. Structure twinning electronic and photoluminescence yavapaiite-type orthophosphate $BaTi(PO_4)(2)$. Journal Of Physics And Chemistry Of Solids[J]. 2016, 99: 59 - 65.

[195] Zhao D, Ma FX, Zhang RJ, Huang M, Chen PF, Zhang RH, Wei W. Substitution disorder and photoluminescent property of a new rare-earth borate: $K_3TbB_6O_{12}$. Zeitschrift Fur Kristallographie-Crystalline Materials[J]. 2016, 231(9): 525 - 530.

[196] Guo W, He Z, Zhang S. Syntheses and magnetic properties of new compounds $Ca_3M_3(PO_4)(4)$ (M=Ni Co) with a wave-like layer structure built by zigzag M-chains. Journal Of Alloys And Compounds[J]. 2017, 717: 14 - 18.

[30] Zhang WL, Lin CS, He ZZ, Zhang H, Luo ZZ, Cheng WD. Syntheses of three members of A((II))M((IV))$(PO_4)(2)$: luminescence properties of $PbGe(PO_4)(2)$ and its Eu^{3+} —doped powders. Crystengcomm[J]. 2013, 15(35): 7089 - 7094.

[197] Zhang SY, Mao JG. Syntheses Crystal Structures Magnetic and Luminescent Properties of two Classes of Molybdenum(VI) Rich Quaternary Lanthanide Selenites. Inorganic Chemistry[J]. 2011, 50(11): 4934 - 4943.

[198] Rajesh D, Naidu MD, Ratnakaram YC. Synthesis and photoluminescence properties of $NaPbB_5O_9$: Dy^{3+} phosphor materials for white light applications. Journal Of Physics And Chemistry Of Solids[J]. 2014, 75(11): 1210 - 1216.

[199] Chekir-Mzali J, Horchani-Naifer K, Ferid M. Synthesis of Er^{3+}-doped $Na_3La(PO_4)(2)$ micro-powders and photoluminescence properties. Superlattices And Microstructures [J]. 2015, 85: 445 - 453.

[200] Barsukova M, Goncharova T, Samsonenko D, Dybtsev D, Potapov A. Synthesis Crystal Structure and Luminescent Properties of New Zinc(II) and Cadmium(II) Metal-Organic Frameworks Based on Flexible Bis(imidazol-1-yl)alkane Ligands. Crystals[J]. 2016, 6 (10).

[201] Sebai S, Hammami S, Megriche A, Zambon D, Mahiou R. Synthesis structural characterization and VUV excited luminescence properties of $Li_xNa_{(1-x)}$ Sm (PO_3) (4) polyphosphates. Optical Materials[J]. 2016, 62: 578 - 583.

[202] Yan D, Hu CL, Mao JG. $A_{(2)}SbB_{(3)}O_{(8)}$ (A=Na K Rb) and beta-$RbSbB_2O_6$: two types of alkali boroantimonates with 3D anionic architectures composed of SbO6 octahedra and borate groups. Crystengcomm[J]. 2016, 18(9): 1655 - 1664.

[203] Zhao J, Kang L, Lin Z, Li RK. $Ba_{1.31}Sr_{3.69}(BO_3)(3)Cl$: A new structure type in the M-5(BO_3)(3)Cl(M= bivalent cation) system. Journal Of Alloys And Compounds[J]. 2017, 699: 136 - 143.

[204] Liu L, Su X, Yang Y, Pan S, Dong X, Han S, Zhang M, Kang J, Yang Z. $Ba_2B_{10}O_{17}$: a new centrosymmetric alkaline-earth metal borate with a deep-UV cut-off edge. Dalton Transactions[J]. 2014, 43(23): 8905 - 8910.

[205] Li Q, Cong R, Zhou X, Gao W, Yang T. Ba-6(Bi-1-Eu-x(x))(9)$B_{79}O_{138}$ (0<=x<=1): synergetic changing of the wavelength of Bi^{3+} absorption and the red-to-orange emission ratio of Eu^{3+}. Journal Of Materials Chemistry C[J]. 2015, 3(26): 6836 - 6843.

[206] Du P, Guo Y, Lee SH, Yu JS. Broad near-ultraviolet and blue excitation band induced dazzling red emissions in Eu^{3+} —activated Gd_2MoO_6 phosphors for white light-emitting diodes. Rsc Advances[J]. 2017, 7(6): 3170 - 3178.

[207] Zhang F, Xie J, Li G, Zhang W, Wang Y, Huang Y, Tao Y. Cation composition sensitive visible quantum cutting behavior of high efficiency green phosphors Ca(9)Ln (PO_4)(7): Tb^{3+} (Ln=Y La Gd). Journal Of Materials Chemistry C[J]. 2017, 5(4): 872 - 881.

[208] Han B, Zhang J, Liu B, Zhang J, Shi H. $Ce^{3+} \rightarrow Tb^{3+}$ energy transfer induced emission-tunable properties of $Ba_3La(PO_4)(3)$: Ce^{3+}, Tb^{3+} phosphors. Materials Letters[J]. 2016, 181: 305 - 308.

[209] Ji HP, Huang ZH, Xia ZG, Molokeev MS, Jiang XX, Lin ZS, Atuchin VV. Comparative investigations of the crystal structure and photoluminescence property of eulytite-type $Ba_3Eu(PO_4)(3)$ and $Sr_3Eu(PO_4)(3)$. Dalton Transactions[J]. 2015, 44(16): 7679 - 7686.

[210] Yi H, Wu L, Wu L, Zhao L, Xia Z, Zhang Y, Kong Y, Xu J. Crystal Structure of High-Temperature Phase beta-$NaSrBO_3$ and Photoluminescence of beta-$NaSrBO_3$: Ce^{3+}. Inorganic Chemistry[J]. 2016, 55(13): 6487 - 6495.

[211] Han B, Li P, Zhang J, Zhang J, Xue Y, Shi H. The effect of Li+ions on the luminescent properties of a single-phase white light-emitting phosphor alpha-$Sr_2P_2O_7$: Dy^{3+}.

Dalton Transactions[J]. 2015,44(17):7854-7861.

[212] Yawalkar MM, Nair GB, Zade GD, Dhoble SJ. Effect of the synthesis route on the luminescence properties of Eu^{3+} activated $Li_6M(BO_3)(3)$(M=Y Gd)phosphors. Materials Chemistry And Physics[J]. 2017,189:136-145.

[213] Zhang Y, Ding N, Zheng T, Jiang S, Han B, Lv JW. Effects of Ce^{3+} sensitizer on the luminescent properties of Tb^{3+}-activated silicate oxyfluoride scintillating glass under UV and X-ray excitation. Journal Of Non-Crystalline Solids[J]. 2016,441:74-78.

[214] Zhang X, Zhang J, Chen Y, Gong M. Energy transfer and multicolor tunable emission in single-phase Tb^{3+} Eu^{3+} co-doped $Sr_3La(PO_4)_3$ phosphors. Ceramics International [J]. 2016,42(12):13919-13924.

[215] Chen Z, Pan S, Dong X, Yang Z, Zhang M, Su X. Exploration of a new compound in the M-B-O-X(M: alkali metals; X: halogen) system: Preparation crystal and electronic structures and optical properties of $Na_3B_6O_{10}Br$. Inorganica Chimica Acta[J]. 2013, 406:205-210.

[216] Han L, Pan M, Lv Y, Gu Y, Wang X, Li D, Kong Q, Dong X. Fabrication of Y_2O_2S: Eu^{3+} hollow nanofibers by sulfurization of Y_2O_3: Eu^{3+} hollow nanofibers. Journal Of Materials Science-Materials In Electronics[J]. 2015,26(2):677-684.

[217] Morrison G, Smith MD, zur Loye HC. Flux versus Hydrothermal Growth: Polymorphism of $A(2)(UO_2)Si_2O_6$(A=Rb Cs). Inorganic Chemistry[J]. 2017,56(3):1053-1056.

[218] Yuan G, Li M, Yu M, Tian C, Wang G, Fu H. In situ synthesis enhanced luminescence and application in dye sensitized solar cells of Y_2O_3/Y_2O_2S: Eu^{3+} nanocomposites by reduction of Y_2O_3: Eu^{3+}. Scientific Reports[J]. 2016,6.

[219] Shang M, Liang S, Qu N, Lian H, Lin J. Influence of Anion/Cation Substitution(Sr^{2+} $\rightarrow Ba^{2+}$ $Al^{3+} \rightarrow Si^{4+}$ $N^{3} \rightarrow O^{2-}$)on Phase Transformation and Luminescence Properties of $Ba_3Si_6O_{15}$: Eu^{2+} Phosphors. Chemistry Of Materials[J]. 2017,29(4):1813-1829.

[220] Ali AG, Dejene BF, Swart HC. The influence of different species of gases on the luminescent and structural properties of pulsed laser-ablated Y_2O_2S: Eu^{3+} thin films. Applied Physics a-Materials Science & Processing[J]. 2016,122(5).

[221] Liu W, Wang D, Wang Y, Zhang J, Tao H. Investigation on Energy Transfer and Luminescent Properties of $K_3Gd(PO_4)(2)$: RE^{3+} (RE=Eu Tb)Under UV and VUV Excitation. Journal Of the American Ceramic Society[J]. 2013,96(7):2257-2263.

[222] Zhao D, Cui JY, Han HX, Li C. $K_8Nb_7P_7O_{39}$: a new type of complicated incommensurately modulated structure and photoluminescence properties of Eu^{3+}-doped solid solutions. Journal Of Materials Chemistry C[J]. 2016,4(48):11436-11448.

[223] Zhang M, Pan S, Han J, Yang Z, Su X, Zhao W. $Li_2Sr_4B_{12}O_{23}$: A new alkali and alkaline-earth metal mixed borate with $B_{10}O_{18}$(6−) network and isolated B_2O_5(4−) unit. Journal Of Solid State Chemistry[J]. 2012, 190: 92 - 97.

[224] Yang Y, Pan S, Li H, Han J, Chen Z, Zhao W, Zhou Z. $Li_4Cs_3B_7O_{14}$: Synthesis Crystal Structure and Optical Properties. Inorganic Chemistry[J]. 2011, 50(6): 2415 - 2419.

[225] Wu B, Tang D, Ye N, Chen C. Linear and nonlinear optical properties of the $KBe_2BO_3F_2$(KBBF) crystal. Optical Materials 1996 5(1 - 2): 105 - 109.

[226] Xu D, Zhang F, Sun Y, Yang Z, Lei B, Liu L, Pan S. $LiRb_2LaB_2O_6$: a new rare-earth borate with a MOF-5-like topological structure and a short UV cut-off edge. Dalton Transactions[J]. 2017, 46(1): 193 - 199.

[227] Han B, Zhang J, Li P, Li J, Bian Y, Shi H. Luminescence and energy transfer of emission tunable phosphors $YBa_3B_9O_{18}$: Ce^{3+} Tb^{3+}. Optik[J]. 2015, 126(19): 1851 - 1854.

[228] Wang B, Ren Q, Hai O, Wu X. Luminescence properties and energy transfer in Tb^{3+} and Eu^{3+} co-doped $Ba_2P_2O_7$ phosphors. Rsc Advances[J]. 2017, 7(25): 15222 - 15227.

[229] Zhang X, Seo HJ. Luminescence properties of novel Sm^{3+} Dy^{3+} doped $LaMoBO_6$ phosphors. Journal Of Alloys And Compounds[J]. 2011, 509(5): 2007 - 2010.

[230] Han B, Zhang J, Li P, Shi H. Luminescence properties of novel yellowish-green-emitting phosphor $KBaBP_2O_8$: Tb^{3+}. Physica Status Solidi a-Applications And Materials Science[J]. 2014, 211(11): 2483 - 2487.

[231] Chen MY, Xia ZG, Molokeev MS, Liu QL. Morphology and phase transformation from $NaCaSiO_3OH$ to $Na_2Ca_2Si_2O_7$ and photoluminescence evolution via Eu^{3+}/Tb^{3+} doping. Chemical Communications[J]. 2016, 52(75): 11292 - 11295.

[232] Nelli I, Kaczmarek AM, Locardi F, Caratto V, Costa GA, Van Deun R. Multidoped Ln (3+) gadolinium dioxycarbonates as tunable white light emitting phosphors. Dalton Transactions[J]. 2017, 46(9): 2785 - 2792.

[233] Wang JH, Wei Q, Cheng JW, He H, Yang BF, Yang GY. $Na_2B_{10}O_{17}$ center dot H(2) en: a three-dimensional open-framework layered borate co-templated by inorganic cations and organic amines. Chemical Communications[J]. 2015, 51(24): 5066 - 5068.

[234] Zhao D, Ma FX, Zhang RJ, Wei W, Yang J, Li YJ. A new rare-earth borate $K_3LuB_6O_{12}$: crystal and electronic structure and luminescent properties activated by Eu^{3+}. Journal Of Materials Science-Materials In Electronics[J]. 2017, 28(1): 129 - 136.

[235] Li G, Zhao Y, Wei Y, Tian Y, Quan Z, Lin J. Novel yellowish-green light-emitting Ca-10(PO_4)(6)O: Ce^{3+} phosphor: structural refinement preferential site occupancy and color tuning. Chemical Communications[J]. 2016, 52(16): 3376 - 3379.

[236] Cao XL, Kong F, Hu CL, Xu X, Mao JG. $Pb_4V_6O_{16}(SeO_3)(3)(H_2O)Pb_2VO_2(SeO_3)$ (2)Cl and $PbVO_2(SeO_3)F$: New Lead(II)-Vanadium(V) Mixed Metal Selenites Featuring Novel Anionic Skeletons. Inorganic Chemistry[J]. 2014, 53(16): 8816-8824.

[237] Hao YC, Xu X, Kong F, Song JL, Mao JG. $PbCd_2B_6O_{12}$ and $EuZnB_5O_{10}$: syntheses crystal structures and characterizations of two new mixed metal borates. Crystengcomm[J]. 2014, 16(33): 7689-7695.

[238] Hoeppe HA. The phase transition of the incommensurate phases beta-Ln(PO_3)(3) (Ln=Y Tb ... Yb) crystal structures of alpha-Ln(PO_3)(3)(Ln=Y Tb ... Yb) and Sc(PO_3)(3). Journal Of Solid State Chemistry[J]. 2009, 182(7): 1786-1791.

[239] Li K, Liang S, Shang M, Lian H, Lin J. Photoluminescence and Energy Transfer Properties with Y+SiO_4 Substituting Ba+PO_4 in $Ba_3Y(PO_4)(3)$: Ce^{3+}/Tb^{3+} Tb^{3+}/Eu^{3+} Phosphors for w-LEDs. Inorganic Chemistry[J]. 2016, 55(15): 7593-7604.

[240] Baur F, Glocker F, Juestel T. Photoluminescence and energy transfer rates and efficiencies in Eu^{3+} activated $Tb_2Mo_3O_{12}$. Journal Of Materials Chemistry C[J]. 2015, 3 (9): 2054-2064.

[241] Sawada K, Adachi S. Photoluminescence and resonant energy transfer from Tb^{3+} to Eu^{3+} in $Tb_3Ga_5O_{12}$: Eu^{3+} garnet phosphor. Journal Of Luminescence[J]. 2015, 165: 138-144.

[242] Gupta P, Bedyal AK, Kumar V, Khajuria Y, Lochab SP, Pitale SS, Ntwaeaborwa OR M, Swart HC. Photoluminescence and thermoluminescence properties of Tb^{3+} doped $K_3Gd(PO_4)(2)$ nanophosphor. Materials Research Bulletin[J]. 2014, 60: 401-411.

[243] Pavani K, Suresh Kumar J, Moorthy LR. Photoluminescence properties of Tb^{3+} and Eu^{3+} ions co-doped $SrMg_2La_2W_2O_{12}$ phosphors for solid state lighting applications. Journal Of Alloys And Compounds[J]. 2014, 586: 722-729.

[244] Zhang X, Qiao X, Seo HJ. Red Emission $LaMoBO_6$: Eu^{3+} Phosphor for Near-UV White Light-Emitting Diodes. Journal Of the Electrochemical Society[J]. 2010, 157(7): J267-J269.

[245] Fang M, Cheng WD, Xie Z, Zhang H, Zhao D, Zhang WL, Yang SL. A series of lithium rare earth polyphosphates LiLn(PO(3))(4)(Ln=Tb Ho Yb) and their structural optical and electronic properties. Journal Of Molecular Structure[J]. 2008, 891(1-3): 25-29.

[246] Sheldrick GM. A short history of SHELX. Acta Crystallographica Section A[J]. 2008, 64: 112-122.

[247] Xin M, Tu DT, Zhu HM, Luo WQ, Liu ZG, Huang P, Li RF, Cao YG, Chen XY. Single-composition white-emitting $NaSrBO_3$: Ce^{3+} Sm^{3+} Tb^{3+} phosphors for NUV light-e-

mitting diodes. Journal Of Materials Chemistry C[J]. 2015,3(28):7286－7293.

[248] Litterscheid C,Krueger S,Euler M,Dreizler A,Wickleder C,Albert B. Solid solution between lithium-rich yttrium and europium molybdate as new efficient red-emitting phosphors. Journal Of Materials Chemistry C[J]. 2016,4(3):596－602.

[249] Sun S,Lou F,Huang Y,Zhang B,Yuan F,Zhang L,Lin Z,Wang G,He J. Spectroscopy properties and high-efficiency semiconductor saturable absorber mode-locking operation with highly doped(11 at. %)Yb:$Sr_3Y_2(BO_3)(4)$crystal. Journal Of Alloys And Compounds[J]. 2016,687:480－485.

[250] Wang X,Zhao Z,Wu Q,Wang C,Wang Q,Li Y,Wang Y. Structure photoluminescence and abnormal thermal quenching behavior of Eu^{2+}-doped $Na_3Sc_2(PO_4)(3)$:a novel blue-emitting phosphor for n-UV LEDs. Journal Of Materials Chemistry C[J]. 2016,4(37):8795－8801.

[251] Zhao D,Ma FX,Zhang RJ,Huang M,Chen PF,Zhang RH,Wei W. Substitution disorder and photoluminescent property of a new rare-earth borate:$K_3TbB_6O_{12}$. Zeitschrift Fur Kristallographie-Crystalline Materials[J]. 2016,231(9):525－530.

[252] Zhang WL,Lin CS,He ZZ,Zhang H,Luo ZZ,Cheng WD. Syntheses of three members of A((II))M((IV))$(PO_4)(2)$:luminescence properties of PbGe$(PO_4)(2)$and its Eu^{3+}—doped powders. Crystengcomm[J]. 2013,15(35):7089－7094.

[253] Atuchin VV,Yelisseyev AP,Galashov EN,Molokeev MS. Synthesis and luminescence properties of $Li_2O—Y_2O_3—TeO_2$:Eu^{3+} tellurite glass. Materials Chemistry And Physics[J]. 2014,147(3):1191－1194.

[254] Yoon SJ,Dhoble SJ,Park K. Synthesis and photoluminescence properties of $La_{1-x}AlO_3$:$x$$Tb^{(3+)}$green phosphors for white LEDs. Ceramics International[J]. 2014,40(3):4345－4350.

[255] Yoon SJ, Hakeem DA, Park K. Synthesis and photoluminescence properties of $MgAl_2O_4$:Eu^{3+} phosphors. Ceramics International[J]. 2016,42(1):1261－1266.

[256] Zhao D,Ma FX,Wu ZQ,Zhang L,Wei W,Yang J,Zhang RH,Chen PF,Wu SX. Synthesis crystal structure and characterizations of a new red phosphor $K_3EuB_6O_{12}$. Materials Chemistry And Physics[J]. 2016,182:231－236.

[257] Jiao MM,Guo N,Lu W,Jia YC,Lv WZ,Zhao Q,Shao BQ,You HP. Tunable Blue-Green-Emitting $Ba_3LaNa(PO_4)(3)F$:Eu^{2+},Tb^{3+} Phosphor with Energy Transfer for Near-UV White LEDs. Inorganic Chemistry[J]. 2013,52(18):10340－10346.

[258] Zhang X,Zhao Z,Zhang X,Marathe A,Cordes DB,Weeks B,Chaudhuri J. Tunable photoluminescence and energy transfer of YBO_3:$Tb^{3+}Eu^{3+}$ for white light emitting diodes. Journal Of Materials Chemistry C[J]. 2013,1(43):7202－7207.

[259] Liu L, Liang YM, Li LL, Zou LC, Gan SC. White light-emitting properties of $NaGdF_4$ nanotubes through Tb^{3+} Eu^{3+} doping. Crystengcomm[J]. 2015, 17(40): 7754 - 7761.

[260] Zhao D, Zhang RH, Li FF, Yang J, Liu BG, Fan YC. (3+1)-Dimensional commensurately modulated structure and photoluminescence properties of diborate $KSbOB_2O_5$. Dalton Transactions[J]. 2015, 44(13): 6277 - 6287.

[261] Zhao D, Zhang RH, Ma FX, Li FF. (3+1)-Dimensional incommensurately modulated structure and photoluminescence property of polyphosphate $Ho(PO_3)(3)$. Materials Letters[J]. 2015, 157: 219 - 221.

[262] Chotard JN, Rousse G, David R, Mentre O, Courty M, Masquelier C. Discovery of a Sodium-Ordered Form of $Na_3V_2(PO_4)(3)$ below Ambient Temperature. Chemistry Of Materials[J]. 2015, 27(17): 5982 - 5987.

[263] Zhang SY, Guo WB, Yang M, Tang YY, Cui MY, Wang NN, He ZZ. A frustrated ferrimagnet Cu-5$(VO_4)(2)(OH)(4)$ with a 1/5 magnetization plateau on a new spin-lattice of alternating triangular and honeycomb strips. Dalton Transactions[J]. 2015, 44(47): 20562 - 20567.

[264] Chen WT, Ying SM, Liu DS, Liu JH, Kuang HM. Hydrothermal Synthesis Crystal Structure and Photoluminescence of $HgCl_2(C_6NO_2H_5)(n)$ n $HgCl_2$ n$(C_6NO_2H_5)$. Journal Of the Iranian Chemical Society[J]. 2010, 7(2): 510 - 515.

[265] Chen WT, Hu Ra, Wang YF, Zhang X, Liu J. In situ syntheses of two viologen(4,4′-bipyridinium)-based cadmium compounds: structures fluorescence and theoretical investigations. Journal Of the Iranian Chemical Society[J]. 2014, 11(6): 1649 - 1657.

[266] Ardanova LI, Get′man EI, Loboda SN, Prisedsky VV, Tkachenko TV, Marchenko VI, Antonovich VP, Chivireva NA, Chebishev KA, Lyashenko AS. Isomorphous Substitutions of Rare Earth Elements for Calcium in Synthetic Hydroxyapatites. Inorganic Chemistry[J]. 2010, 49(22): 10687 - 10693.

[267] Wang S, Ye N. $Na_2CsBe_6B_5O_{15}$: An Alkaline Beryllium Borate as a Deep-UV Nonlinear Optical Crystal. Journal Of the American Chemical Society[J]. 2011, 133(30): 11458 - 11461.

[268] Chen WT, Hu RH, Luo ZG, Chen HL, Liu J. A New 3-D Lanthanide Porphyrin: Synthesis Structure and Photophysical Properties. Chinese Journal Of Structural Chemistry[J]. 2015, 34(2): 279 - 284.

[269] Chen WT, Luo ZG, Kuang HM, Chen HL, Yao ZL. Photoluminescent Theoretical and X-ray Investigations on an Iron-nicotinato Cluster. Chinese Journal Of Structural Chemistry[J]. 2013, 32(10): 1443 - 1448.

[270] Yang G, Peng G, Ye N, Wang J, Luo M, Yan T, Zhou Y. Structural Modulation of An-

ionic Group Architectures by Cations to Optimize SHG Effects: A Facile Route to New NLO Materials in the ATCO(3)F(A=K Rh;T=Zn Cd)Series. Chemistry Of Materials[J]. 2015,27(21):7520-7530.

[271] Wang NN, He ZZ, Cui MY, Guo WB, Zhang SY, Yang M, Tang YY. Structure and Magnetic Properties of a New Oxohalogenide Compound $Ba_7CoV_6O_{21}CI_4$. Chinese Journal Of Structural Chemistry[J]. 2015,34(9):1357-1361.

[272] Palatinus L, Chapuis G. SUPERFLIP-a computer program for the solution of crystal structures by charge flipping in arbitrary dimensions. Journal Of Applied Crystallography[J]. 2007,40:786-790.

[273] Yang J, Wang X, Zhao X, Dai J, Mo S. Synthesis of Uniform Bi_2WO_6-Reduced Graphene Oxide Nanocomposites with Significantly Enhanced Photocatalytic Reduction Activity. Journal Of Physical Chemistry C[J]. 2015,119(6):3068-3078.

[274] Chen J, Luo M, Ye N. Synthesis Crystal Structure and Optical Properties of a New Sodium-Cadmium Carbonate $Na_4Cd_3(CO_3)$(4)(OH)(2). Zeitschrift Fur Anorganische Und Allgemeine Chemie[J]. 2015,641(2):460-463.

[275] Sheldrick GM. Crystal structure refinement with SHELXL. Acta Crystallographica Section C-Structural Chemistry[J]. 2015,71:3-8.

[276] Ma FX, Zhao D, Zhang RH, Li FF, Zhang AY. A New Coordination Polymer $Pb(C_{12}H_6O_4)$: Structure Resolution of Non-merohedral Twinning Crystal. Chinese Journal Of Structural Chemistry[J]. 2016,35(3):437-441.

[277] Zhang RH, Zhao D, Li FF, Fan YC, Liu BG. Structural Determination of a New La (III) Coordination Polymer with Pseudo-merohedral Twinning Structure. Chinese Journal Of Structural Chemistry[J]. 2015,34(6):938-944.

[278] Laguna M, Nunez NO, Becerro AI, Ocana M. Morphology control of uniform $CaMoO_4$ microarchitectures and development of white light emitting phosphors by Ln doping ($Ln=Dy^{3+}$ Eu^{3+}). Crystengcomm[J]. 2017,19(12):1590-1600.

[279] Latshaw AM, Morrison G, zur Loye KD, Myers AR, Smith MD, zur Loye HC. Intrinsic blue-white luminescence luminescence color tunability synthesis structure and polymorphism of $K_3YSi_2O_7$. Crystengcomm[J]. 2016,18(13):2294-2302.

[280] Guo W, Tang Y, Zhang S, Chen S, Xiang H, Xu J, Cui M, Wang L, Qiu C, He Z. $BaCo_4$(OH)(2)(H_2PO_4)(HPO_4)(2)(PO_4): Archimedean lattice T11 in distorted layers built from Co_4O_{12}(OH)(4) squares. Dalton Transactions[J]. 2016,45(21):8708-8711.

[281] Nelli I, Kaczmarek AM, Locardi F, Caratto V, Costa GA, Van Deun R. Multidoped $Ln^{(3+)}$ gadolinium dioxycarbonates as tunable white light emitting phosphors. Dalton

Transactions[J]. 2017,46(9):2785－2792.

[282] Yakubovich OV,Shvanskaya LV,Kiriukhina GV,Volkov AS,Dimitrova OV,Ovchenkov EA, Tsirlin AA, Shakin AA, Volkova OS, Vasiliev AN. Crystal structure and spin-trimer magnetism of Rb-2. 3(H_2O)(0. 8)Mn-3 $B_4P_6O_{24}$(O,OH)(2). Dalton Transactions[J]. 2017,46(9):2957－2965.

[283] Zhao D,Ma FX,Ma SQ,Zhang AY,Nie CK,Huang M,Zhang L,Fan YC. Four-Dimensional Incommensurate Modulation and Luminescent Properties of Host Material $Na_3La(PO_4)$(2). Inorganic Chemistry[J]. 2017,56(4):1835－1845.

[284] Zhao D, Zhang H, Huang SP, Zhang WL, Yang SL, Cheng WD. Crystal and band structure of $K_{(2)}$ AlTi($PO_{(4)}$)(3)with the langbeinite-type structure. Journal Of Alloys And Compounds[J]. 2009,477(1－2):795－799.

[285] Zhao D,Cui JY,Han HX,Li C. $K_8Nb_7P_7O_{39}$:a new type of complicated incommensurately modulated structure and photoluminescence properties of Eu^{3+}-doped solid solutions. Journal Of Materials Chemistry C[J]. 2016,4(48):11436－11448.

[286] Bi F,Gai G,Dong X,Xiao S,Liu G,Zhao L,Wang L. Facile electrospinning preparation and luminescence performance of color adjustable $Y_3Al_5O_{12}$:Dy^{3+} nanobelts. Journal Of Materials Science-Materials In Electronics[J]. 2017,28(14):10427－10432.

[287] Zhao D, Ma FX, Zhang RJ, Wei W, Yang J, Li YJ. A new rare-earth borate $K_3LuB_6O_{12}$:crystal and electronic structure and luminescent properties activated by Eu^{3+}. Journal Of Materials Science-Materials In Electronics[J]. 2017,28(1):129－136.

[288] Mbarek A. Synthesis structural and optical properties of Eu_3(+)-doped $ALnP_{(2)}O_{(7)}$ (A=Cs Rb Tl;Ln=Y Lu Tm) pyrophosphates phosphors for solid-state lighting. Journal Of Molecular Structure[J]. 2017,1138 149－154.

[289] Liu W,Wang D,Wang Y,Zhang J,Tao H. Investigation on Energy Transfer and Luminescent Properties of $K_3Gd(PO_4)$(2):RE^{3+}(RE=Eu Tb)Under UV and VUV Excitation. Journal Of the American Ceramic Society[J]. 2013,96(7):2257－2263.

[290] Kumar VR,Giridhar G,Veeraiah N. Concentration dependence of luminescence efficiency of Dy^{3+} ions in strontium zinc phosphate glasses mixed with Pb_3O_4. Luminescence[J]. 2017,32(1):71－77.

[291] Zhao D,Ma F,Zhang R,Zhang R,Zhang L,Fan Y. Crystal structure and luminescence properties of self-activated phosphor $CsDyP_2O_7$. Materials Research Bulletin[J]. 2017,87:202－207.

[292] Gupta P,Bedyal AK,Kumar V,Khajuria Y,Sharma V,Ntwaeaborwa OM,Swart HC. Energy transfer mechanism from Gd^{3+} to Sm^{3+} in $K_3Gd(PO_4)$(2):Sm^{3+} phosphor. Ma-

terials Research Express[J]. 2015,2(7).

[293] Ma R, Yang Y, Pan S, Sun Y, Yang Z. Structure comparison and optical properties of $Na_7Mg_{4.5}(P_2O_7)(4)$: a sodium magnesium phosphate with isolated P_2O_7 units. New Journal Of Chemistry[J]. 2017,41(9):3399 - 3404.

[294] Han B, Zhang J, Li P, Shi H. Luminescence properties of novel single-host white-light-emitting phosphor $KBaBP_2O_8:Dy^{3+}$. Optics And Spectroscopy[J]. 2015,118(1):135 - 141.

[295] Zhao D, Ma FX, Fan YC, Li HY, Zhang L. Self-activated luminescent material $K_3Dy(PO_4)(2)$: Crystal growth structural analysis and characterizations. Optik[J]. 2016, 127(22):10297 - 10302.

[296] Li L, Schoenleber A, van Smaalen S. Modulation functions of incommensurately modulated $Cr_2P_2O_7$ studied by the maximum entropy method(MEM). Acta Crystallographica Section B-Structural Science[J]. 2010,66:130 - 140.

[297] Zhou Z, Xu X, Fei R, Mao J, Sun J. Structure modulations in nonlinear optical(NLO) materials $Cs_2TB_4O_9$(T=Ge Si). Acta Crystallographica Section B-Structural Science Crystal Engineering And Materials[J]. 2016,72:194 - 200.

[298] Ma FX, Zhao D, Zhang RH, Li FF, Zhang AY. A New Coordination Polymer $Pb(C_{12}H_6O_4)$: Structure Resolution of Non-merohedral Twinning Crystal. Chinese Journal Of Structural Chemistry[J]. 2016,35(3):437 - 441.

[299] Barsukova M, Goncharova T, Samsonenko D, Dybtsev D, Potapov A. Synthesis Crystal Structure and Luminescent Properties of New Zinc(II) and Cadmium(II) Metal-Organic Frameworks Based on Flexible Bis(imidazol-1-yl)alkane Ligands. Crystals[J]. 2016,6(10).

[300] Wang G, Mudring AV. A New Open-framework Iron Borophosphate from Ionic Liquids: $KFeBP_2O_8(OH)$. Crystals[J]. 2011,1(2):22 - 27.

[301] Hao YC, Xu X, Kong F, Song JL, Mao JG. $PbCd_2B_6O_{12}$ and $EuZnB_5O_{10}$: syntheses crystal structures and characterizations of two new mixed metal borates. Crystengcomm[J]. 2014,16(33):7689 - 7695.

[302] Klimm D, Guguschev C, Kok DJ, Naumann M, Ackermann L, Rytz D, Peltz M, Dupre K, Neumann MD, Kwasniewski A, Schlom DG, Bickermann M. Crystal growth and characterization of the pyrochlore $Tb_2Ti_2O_7$. Crystengcomm[J]. 2017,19(28):3908 - 3914.

[303] Zhang WL, Lin CS, He ZZ, Zhang H, Luo ZZ, Cheng WD. Syntheses of three members of A((II))M((IV))$(PO_4)(2)$: luminescence properties of $PbGe(PO_4)(2)$ and its Eu^{3+}-doped powders. Crystengcomm[J]. 2013,15(35):7089 - 7094.

[304] Zhang SY, Mao JG. Syntheses Crystal Structures Magnetic and Luminescent Properties of two Classes of Molybdenum(VI) Rich Quaternary Lanthanide Selenites. Inorganic Chemistry[J]. 2011, 50(11): 4934 - 4943.

[305] Zhao D, Ma FX, Ma SQ, Zhang AY, Nie CK, Huang M, Zhang L, Fan YC. Four-Dimensional Incommensurate Modulation and Luminescent Properties of Host Material $Na_3La(PO_4)(2)$. Inorganic Chemistry[J]. 2017, 56(4): 1835 - 1845.

[306] Guo W, He Z, Zhang S. Syntheses and magnetic properties of new compounds $Ca_3M_3(PO_4)(4)$ (M=Ni Co) with a wave-like layer structure built by zigzag M-chains. Journal Of Alloys And Compounds[J]. 2017, 717: 14 - 18.

[307] Chen X, Xia Z, Yi M, Wu X, Xin H. Rare-earth free self-activated and rare-earth activated $Ca_2NaZn_2V_3O_{12}$ vanadate phosphors and their color-tunable luminescence properties. Journal Of Physics And Chemistry Of Solids[J]. 2013, 74(10): 1439 - 1443.

[308] Dalal M, Taxak VB, Chahar S, Khatkar A, Khatkar SP. A promising novel orange-red emitting $SrZnV_2O_7$: Sm^{3+} nanophosphor for phosphor-converted white LEDs with near-ultraviolet excitation. Journal Of Physics And Chemistry Of Solids[J]. 2016, 89: 45 - 52.

[309] Rajesh D, Naidu MD, Ratnakaram YC. Synthesis and photoluminescence properties of $NaPbB_5O_9$: Dy^{3+} phosphor materials for white light applications. Journal Of Physics And Chemistry Of Solids[J]. 2014, 75(11): 1210 - 1216.

[310] Sun J, Sun Y, Junhuizeng; Du H. Luminescence properties and energy transfer investigations of $Sr_3Gd(PO_4)(3)$: Ce^{3+}, Tb^{3+} phosphors. Journal Of Physics And Chemistry Of Solids[J]. 2013, 74(7): 1007 - 1011.

[311] Zhao D, Ma FX, Yang H, Wei W, Fan YC, Zhang L, Xin X. Structure twinning electronic and photoluminescence yavapaiite-type orthophosphate $BaTi(PO_4)(2)$. Journal Of Physics And Chemistry Of Solids[J]. 2016, 99: 59 - 65.

[312] Zhu Y, Liang Y, Liu S, Li K, Wu X, Xu R. High thermal stability and quantum yields of green-emitting $Sr_3Gd_2(Si_3O_9)(2)$: Tb^{3+} phosphor by co-doping Ce^{3+}. Journal Of Rare Earths[J]. 2017, 35(1): 41 - 46.

[313] Fang M, Cheng WD, Zhang H, Zhao D, Zhang WL, Yang SL. A sodium gadolinium phosphate with two different types of tunnel structure: Synthesis crystal structure and optical properties of $Na_3GdP_2O_8$. Journal Of Solid State Chemistry[J]. 2008, 181(9): 2165 - 2170.

[314] He Z, Guo W, Cheng W, Itoh M. Anisotropic magnetic behaviors of monoclinic $Li_3Fe_2(PO_4)(3)$. Journal Of Solid State Chemistry[J]. 2014, 215: 189 - 192.

[315] Krüger H, Kahlenberg V, Petíek V, Phillipp F, Wertl W. High-temperature structural

phase transition in studied by in-situ X-ray diffraction and transmission electron microscopy. Journal of Solid State Chemistry[J]. 2009,182(6):1515-1523.

[316] Liu W,Wang D,Wang Y,Zhang J,Tao H. Investigation on Energy Transfer and Luminescent Properties of $K_3Gd(PO_4)(2):RE^{3+}$ (RE=Eu Tb)Under UV and VUV Excitation. Journal Of the American Ceramic Society[J]. 2013,96(7):2257-2263.

[317] Abdelhedi M,Horchani-Naifer K,Dammak M,Ferid M. Structural and spectroscopic properties of pure and doped $LiCe(PO_3)(4)$. Materials Research Bulletin[J]. 2015, 70:303-308.

[318] Hou D,Pan X,Lai H,Li JY,Zhou W,Ye X,Liang H. Luminescence energy transfer and thermal stability of Eu^{2+} and Tb^{3+} in the $BaCa_2MgSi_2O_8$ host. Materials Research Bulletin[J]. 2017,89,57-62.

[319] Wang D,Wang Y,He J. Investigation of energy absorption and transfer process of Tb^{3+} or Eu^{3+} excited $Na_3Gd(PO_4)(2)$in the VUV region. Materials Research Bulletin [J]. 2012,47(1):142-145.

[320] Zeng C,Huang H,Hu Y,Miao S,Zhou J. A novel blue-greenish emitting phosphor $Ba_3LaK(PO_4)(3)F:Tb^{3+}$ with high thermal stability. Materials Research Bulletin[J]. 2016,76:62-66.

[321] Zhao D,Ma F,Zhang R,Zhang R,Zhang L,Fan Y. Crystal structure and luminescence properties of self-activated phosphor CsDyP2O7. Materials Research Bulletin [J]. 2017,87:202-207.

[322] Luchechko A,Kostyk L,Varvarenko S,Tsvetkova O,Kravets O. Green-Emitting $Gd_3Ga_5O_{12}:Tb^{3+}$ Nanoparticles Phosphor: Synthesis Structure and Luminescence. Nanoscale research letters[J]. 2017,12(1):263-263.

[323] Sebai S,Hammami S,Megriche A,Zambon D,Mahiou R. Synthesis structural characterization and VUV excited luminescence properties of $LixNa_{(1-x)}Sm(PO_3)(4)$ polyphosphates. Optical Materials[J]. 2016,62:578-583.

[324] Han B,Zhang J,Li P,Shi H. Luminescence properties of novel single-host white-light-emitting phosphor $KBaBP_2O_8:Dy^{3+}$. Optics And Spectroscopy[J]. 2015,118(1):135-141.

[325] Chengaiah T,Jamalaiah BC,Moorthy LR. Luminescence properties of Eu^{3+}-doped $Na_3Gd(PO_4)(2)$ red-emitting nanophosphors for LEDs. Spectrochimica Acta Part a-Molecular And Biomolecular Spectroscopy[J]. 2014,133:495-500.

[326] Chekir-Mzali J,Horchani-Naifer K,Ferid M. Synthesis of Er^{3+}-doped $Na_3La(PO_4)(2)$ micro-powders and photoluminescence properties. Superlattices And Microstructures [J]. 2015,85:445-453.

[327] Deyneko DV, Aksenov SM, Morozov VA, Stefanovich SY, Dimitrova OV, Barishnikova OV, Lazoryak BI. A new hydrogen-containing whitlockite-type phosphate Ca-9($Fe_{0.63}$ $Mg_{0.37}$)H-0.37(PO_4)(7): hydrothermal synthesis and structure. Zeitschrift Fur Kristallographie[J]. 2014, 229(12): 823 - 830.

[328] Petricek V, Dusek M, Plasil J. Crystallographic computing system Jana 2006: solution and refinement of twinned structures. Zeitschrift Fur Kristallographie-Crystalline Materials[J]. 2016, 231(10): 583 - 599.

[329] Zhao D, Ma FX, Zhang RH, Li FF, Zhang AY. Disorder pseudo symmetry and photoluminescence properties of a new diphosphate $K_2Ba_3(P_2O_7)(2)$. Zeitschrift Fur Kristallographie-Crystalline Materials[J]. 2015, 230(9 - 10): 605 - 610.

[330] Zhao D, Ma FX, Zhang RJ, Huang M, Chen PF, Zhang RH, Wei W. Substitution disorder and photoluminescent property of a new rare-earth borate: $K_3TbB_6O_{12}$. Zeitschrift Fur Kristallographie-Crystalline Materials[J]. 2016, 231(9): 525 - 530.